应用型本科信息安全专业系列教材

入侵检测与防御原理及实践

（微课版）

廖旭金　曹鹏飞　王秀英
李　颖　张新江　　编著

西安电子科技大学出版社

内 容 简 介

本书是一本关于入侵检测与防御技术及操作实践的专业教材。书中介绍了网络入侵与攻击的基本概念及典型方法，入侵检测及入侵防御系统的功能、基本模型、工作模式、部署方式、关键技术等，并以商用的思科入侵防御系统和开源的 Snort 为例介绍入侵检测及防御系统的配置和使用。

本书语言通俗，层次分明，理论与实践相结合，可作为高校网络安全、信息安全、计算机相关专业入侵检测技术课程的教学用书，也可以作为网络安全领域相关人员的培训用书及参考用书。

图书在版编目（CIP）数据

入侵检测与防御原理及实践：微课版 / 廖旭金等编著. -- 西安：西安电子科技大学出版社, 2024. 8. -- ISBN 978-7-5606- 7327-1

Ⅰ. TP393.08

中国国家版本馆 CIP 数据核字第 2024R1P750 号

策　　划　明政珠
责任编辑　孟秋黎
出版发行　西安电子科技大学出版社（西安市太白南路 2 号）
电　　话　（029）88202421　88201467　　　邮　　编　710071
网　　址　www.xduph.com　　　　　　电子邮箱　xdupfxb001@163.com
经　　销　新华书店
印刷单位　广东虎彩云印刷有限公司
版　　次　2024 年 8 月第 1 版　　2024 年 8 月第 1 次印刷
开　　本　787 毫米×1092 毫米　1/16　印 张　14.25
字　　数　335 千字
定　　价　46.00 元
ISBN 978-7-5606-7327-1
XDUP 7628001-1

*** 如有印装问题可调换 ***

前　言

　　计算机网络已成为生产和生活中不可或缺的一部分，网络的普及给人们带来了诸多便利，同时也使安全问题越发严重。入侵检测技术作为一种有效的信息防护手段，对计算机网络安全起到了十分重要的防护作用。

　　入侵检测与防御技术是一种主动的安全防御技术，相当于防火墙后的第二道安全闸门，能够在不影响网络正常通信的情况下对网络流量进行实时监测和分析，一旦发现可疑行为便实施报警、拦截等操作，并及时提醒操作人员采取应对措施，可以有效保护网络系统的安全，达到入侵检测与防御的目的。利用入侵检测与防御技术，不但能检测网络外部攻击，还可以检测内部攻击或误操作。

　　本书的内容兼顾理论教学需要与培养实践能力的需求，理论与实践并重，注重实践应用，突出实用性，相关实验可操作性强。本书共分为 6 章，主要内容介绍如下：

　　第 1 章介绍网络入侵与攻击的基本概念、基本流程、发展趋势及常用方法，并通过实践案例和工具帮助读者理解和掌握网络入侵与攻击的常用技术。

　　第 2 章介绍入侵检测及入侵防御的功能、原理、分类、基本模型、部署方式，以及入侵检测的流程、关键技术等。

　　第 3 章以商用的思科入侵防御系统为例，通过案例详细介绍思科入侵防御系统的安装、部署及策略配置等。

　　第 4 章介绍开源入侵检测系统 Snort 2 的 Windows 版的安装、部署、配置，并介绍 Snort 的命令行参数及常用的预处理器。

　　第 5 章介绍开源入侵检测系统 Snort 3 源码版及其依赖包、功能组件的安装及配置，将 Snort 3 配置为完整的网络入侵检测系统（NIDS），并配合著名的 SIEM 工具 Splunk 对 Snort 生成的日志信息进行分析和可视化。

第 6 章介绍 Snort 规则的基本语法、存储结构、规则组成等基本概念，并介绍规则的编写与测试方法。

本书提供全套的课程资源，包括书中使用的各种工具及实验环境、教学大纲、教案、PPT、实践指导书、课程思政、习题、参考答案等(http://www.xduph.com/)，方便教师安排实践课程或者学生自主学习实践内容。

希望通过本书的学习，读者能够学有所得。同时，由于作者水平有限，时间仓促，虽然付出了大量的时间和精力，但是书中难免有不当之处，欢迎广大同行和读者批评指正。

作　者

2024 年 5 月

目 录

第 1 章　　网络入侵与攻击

　　在网络世界里，安全威胁层出不穷，入侵与攻击的手法也千变万化。通常来说，网络入侵与攻击在流程上具有一定的规律，了解网络入侵者的思维方式、流程和攻击手段，才能更有效地部署入侵检测与防御的相关设备和工具来阻击入侵与攻击，查找攻击源，进行有效防御，实现网络安全。研究网络安全而不研究攻击技术就是闭门造车，研究攻击技术而不研究网络安全也完全是纸上谈兵。

　　本章将介绍入侵与攻击的相关概念、流程、发展趋势、应对方法和几种常见的网络攻击技术。

1.1　入侵与攻击的概念

　　网络入侵常指具有熟练编写和调试计算机程序技巧的人，使用某些技巧访问非法或未授权的网络或文件，入侵企业内部网络的行为。实施入侵行为的"人"称为入侵者。

　　攻击一般是指入侵者进行入侵所采取的技术手段和方法。入侵的整个过程(包括入侵准备、进攻、侵入)都伴随着攻击，因此有时也把入侵者称为攻击者。

1.1.1　入侵与攻击的基本概念

　　对计算机网络而言，入侵与攻击并没有什么本质的区别，入侵和攻击的结果是一样的，攻击的结果就是入侵。比如，在没有侵入目标之前，入侵者会想方设法利用各种手段对目标进行攻击，这属于网络外的主动攻击行为；当攻击者得手而侵入目标之后，入侵者会利用各种手段掠夺和破坏别人的资源，这属于网络内的主动攻击行为。

1. 入侵产生的原因

　　现在的网络中，入侵常有发生，究其原因有以下几点：

(1) 计算机网络系统相对不完善，或者安全管理薄弱。

(2) 当前互联网采用的 TCP/IP 协议在设计之初没有考虑到网络信任和信息安全的问题。

(3) 早期的操作系统更多地注重功能和体验，而忽略了安全方面的问题。

(4) 各种攻击软件、病毒、木马等的泛滥，大大降低了攻击的难度和成本。比如，Kali

Linux 系统上集成了 2000 多个相关工具,分为 Information Gathering(信息收集)、Vulnerability Analysis(漏洞分析)、Wireless Attacks(无线攻击)、Web Applications(Web 应用程序)、Exploitation Tools(开发工具)、Stress Testing(压力测试)、Forensics Tools(取证工具)、Sniffing & Spoofing(嗅探和欺骗)、Password Attacks(密码攻击)、Maintaining Access(维护访问权限)、Reverse Engineering(逆向工程)、Reporting Tools(报告工具)、Hardware Hacking(硬件黑客)、Anonymity(匿名)、Vulnerable testing environments(易受攻击的测试环境)共 15 大类。

上面这些因素都是滋生入侵者的土壤,有时入侵和攻击不需要高深的技术,十几岁的中学生就可以渗透企业内部网络,甚至政府和金融内部网络。在当前的网络环境下,想要实现一个相对安全的网络,需要安全技术人员、企业管理者和使用者三方共同的努力和改进。

2. 入侵的途径

入侵者的入侵途径一般有以下 3 类。

(1) 物理途径:入侵者利用管理缺陷或人们的疏忽大意乘虚而入,侵入目标主机,企图登录系统或窃取重要资源。

(2) 系统途径:入侵者使用自己所拥有的较低级别的操作权限进入目标系统,或安装"后门"、复制信息、破坏资源、寻找系统漏洞以获取更高级别的操作权限等。

(3) 网络途径:入侵者通过网络渗透到目标系统中进行破坏活动。

3. 入侵与攻击的对象

通常入侵与攻击的对象为计算机系统或网络中的逻辑实体和物理实体,包括服务器、安全设备、网络设备、数据信息、进程和应用系统等。

(1) 服务器:网络上对外提供服务的节点、服务器中的服务端软件及其操作系统等,如 Web 服务器、FTP 服务器、邮件服务器、DNS 服务器、数据库服务器、Windows/Linux 操作系统等。

(2) 安全设备:网络上提供安全防护的设备,如防火墙、IDS(入侵检测系统)/IPS(入侵防御系统)、陷阱、取证、扫描、抗毁、VPN(虚拟专用网络)、隔离设备等。

(3) 网络设备:组建网络所使用的联网设备和扩展设备,如路由器、交换机、桥接器、ModemPool(Modem 池)等。

(4) 数据信息:在各网络节点设备中存放的或用于对外提供服务的数据信息,如产品信息、财务信息、机密文件等。

(5) 进程:具有一定独立功能的程序关于某个数据集合的一次运行活动,可并发执行,是系统进行资源分配的基本单位,是操作系统结构的基础。程序是指令、数据及其组织形式的描述,进程是程序的实体。

(6) 应用系统:各业务流程运作的电子支撑系统或专用应用系统。

4. 安全和攻击的关系

安全与攻击是相辅相成、紧密结合的,从某种意义上说,没有攻击就没有安全。管理员可以利用常见的攻击手段对系统和网络进行检测,及时发现漏洞并采取补救措施。网络攻击也有善意和恶意之分,善意的攻击可以帮助管理员检查系统漏洞,发现潜在的安全威胁;恶意的攻击包括为了私人恩怨、商业或个人目的、民族仇恨、寻求刺激、给别人帮忙进行的攻击以及一些无目的的攻击等。

1.1.2　入侵与攻击的流程

网络入侵是一项系统性很强的工作，入侵者往往需要花费大量时间和精力进行充分的准备，才能侵入目标系统。一般的网络入侵流程可以概括为 3 个阶段 7 个步骤，如图 1-1 所示。

图 1-1　网络入侵流程

1. 确定目标

大多数情况下，网络入侵者会事先确定和探测要攻击的目标。当然也有专门以破坏为目的的骇客(Cracker)和以研究安全技术、自我表现为目的的黑客，他们经常漫无目的地在网络中扫描，发现漏洞主机便实施攻击。

2. 收集信息

确定被攻击的目标后，入侵者会通过各种途径对所要攻击的目标进行多方面的了解，利用公开协议或工具收集目标机的 IP 地址、操作系统类型和版本、系统管理人员的邮件地址等各种暴露出来的信息，根据收集的信息进行汇总和分析，寻找被攻击目标可能存在的漏洞。这也称为被动信息收集，常用的工具是百度、Google、Shodan 等搜索引擎和 Whois、NsLookup、Dnsenum 等域名信息收集工具。其中，Shodan 被称为互联网上最可怕的搜索引擎，可以搜索几乎一切联网的设备，如服务器、摄像头、打印机、路由器、红绿灯、家庭自动化设备、加热系统等，而很多设备几乎没有安装安全防御措施，因此可以随意进入。

3. 挖掘漏洞

收集到攻击目标的公开信息之后，入侵者会利用扫描工具直接扫描目标系统和网络上的每台主机来收集相关信息，以寻求该系统的安全漏洞或安全弱点。这也称为主动信息收集，常用的工具有 NMAP、OpenVAS、Burpsuite、域名遍历、目录遍历、指纹识别软件等。利用主动收集的方式能获取更多的信息，但这样的扫描操作很可能被目标系统记录下来。

漏洞挖掘包括漏洞扫描和漏洞分析。入侵者可以使用自编程序或利用公开的工具进行扫描和分析。

4. 模拟攻击

模拟攻击为根据收集的信息建立模拟环境，攻击模拟目标机系统，测试系统可能的反应。通过检查模拟目标机的系统日志，可以了解攻击过程中留下的"痕迹"。这样，入侵者就知道需要删除哪些文件来毁灭其入侵证据了。

5. 实施攻击

入侵者收集或探测到有用的信息之后，会使用多种方法对目标系统或网络实施攻击。例如，通过猜测程序可对截获的用户账号和口令进行破译，利用破译程序可对截获的系统密码文件进行破译，利用网络、系统本身的薄弱环节和安全漏洞实施电子引诱，安放特洛伊木马，利用漏洞或者其他方法获得系统及管理员权限并窃取网络资源和特权等。

获取管理员权限的目的是连接到目标系统并对其进行控制，来达到自己的入侵目的。获得系统及管理员权限的常见方法如下：

(1) 通过系统漏洞获得系统权限；

(2) 通过管理漏洞获得管理员权限；

(3) 通过软件漏洞得到系统权限；

(4) 通过监听获得敏感信息进一步获得相应权限；

(5) 通过弱口获得远程管理员的用户密码；

(6) 通过穷举法获得远程管理员的用户密码；

(7) 通过攻破与目标机有信任关系的另一台机器进而得到目标机的控制权；

(8) 通过欺骗获得权限以及其他有效的方法。

大多数攻击都利用了系统软件本身的漏洞，通常是利用缓冲区的溢出漏洞获得非法权限。获得一定的权限后，进一步发现受损系统在网络中的信任等级，进而以该系统为跳板展开对整个网络的攻击。

6. 留下后门

成功入侵目标之后，入侵者还会在受损系统上建立新的安全漏洞或后门，以便在先前的攻击点被发现之后继续访问该系统。留下后门的技术有很多，包括增加管理员账号、提升账户权限、安装木马等。

7. 擦除痕迹

一般来说，入侵者的所有活动都会被系统日志记录在案，为了隐藏入侵行为，避免被目标系统的管理员发现，入侵者一般会擦除入侵的痕迹，如删除日志文件、修改日志文件中有关自己的那一部分等。

1.1.3　入侵与攻击的发展趋势

入侵与攻击的发展趋势和特点主要体现在以下几个方面。

1. 形成黑色产业链

受经济利益的驱使，目前实施网络攻击行为的各个环节已经形成了一个完整的产业链，即黑色产业链。例如，针对个人网上银行的攻击，有制作木马软件的，有负责植入木马的，有负责转账和异地取现的等。这就使得入侵行为由一种个人行为上升到"组织"行为。网络犯罪组织化、规模化、公开化，形成了一个非常完善的流水线作业程序，这就使得攻击能力大大加强。

2. 针对移动终端的攻击大大增加

随着移动互联网的应用，各类智能移动终端(智能手机、笔记本电脑、PAD 等)成为互联网接入的重要组成部分，智能移动终端已经形成了一个巨大的用户群体。为了满足移动用户的需求，在各类智能移动终端功能不断丰富的同时，为用户提供软件下载的各类应用平台也应运而生。由于管理上存在问题，因此这些应用平台已经成为攻击者的另一个目标。

3. APT 攻击越来越多

APT(Advanced Persistent Threat，高级持续性威胁)是近几年来出现的一种新型攻击，是指隐秘而持久的入侵过程，通常由某些人员精心策划，出于商业或政治动机，针对特定组织或国家，是一种蓄谋已久的"恶意商业间谍威胁"。APT 攻击包含高级、长期、威胁三个要素。高级强调的是使用高级漏洞、复杂精密的恶意软件及技术以利用系统中的漏洞；长期暗指某个外部力量会持续监控特定目标，并从中获取数据；威胁则指人为参与策划的攻击。

APT 攻击的原理相对于其他攻击形式更为复杂和先进，这主要体现在 APT 在发动攻击之前需要对攻击对象的业务流程和目标系统进行精确的信息收集，并挖掘被攻击对象和应用程序的漏洞，在这些漏洞的基础上形成攻击者所需的工具。APT 攻击没有采取任何可能触发警报或者引起怀疑的行动，因此更易于融入被攻击者的系统或程序。

4. 攻击工具越来越复杂

开发者正在利用更先进的技术来开发攻击工具。与以前的攻击工具相比，现在攻击者使用的攻击工具的特征更难被发现，攻击手法更加隐蔽，更难利用特征进行检测。为防止被发现，攻击者会采用一定的技术隐藏攻击工具，这使得防御攻击及分析攻击工具的特征更加困难。与早期的攻击工具不同，现在的攻击工具更加成熟，攻击工具可以通过自动升级或自我复制等方式产生新的工具，并迅速发动新的攻击。有时，在一次攻击中会出现多种不同形态的攻击工具。此外，攻击工具越来越普遍地被开发为可在多种操作系统平台上执行。

5. 对基础设施的威胁增大

对基础设施攻击会导致 Internet 乃至各行业的关键服务出现大面积破坏直至瘫痪，轻则引起人们的担心，重则引起水电、能源、交通、公共服务等的瘫痪，影响国家的战略安全和社会稳定。目前，基础设施面临的攻击主要有 DoS(拒绝服务)/DDoS(分布式拒绝服务)攻击、蠕虫、域名系统(DNS)攻击、对路由器攻击或利用路由器的攻击等。

另外，网络攻击还呈现出了发现和利用安全漏洞的周期越来越短、防火墙渗透率越来越高、自动化和攻击速度越来越快等特点。

1.1.4　入侵与攻击的应对方法

在当今的网络环境下，新的漏洞和安全威胁不断出现，再加上自然和人为等因素的影响，实现完全安全的网络是不可能的。没有任何一种安全产品或安全解决方案能保证 100%的安全性。但是，通过多种技术手段的配合，在一定时间内实现相对的安全是可以做到的。这些技术包括访问控制技术、防火墙技术、入侵检测/防御技术、安全审计技术、安全扫描技术、安全管理技术等。

(1) 访问控制技术是网络安全保护和防范的核心策略之一，其主要目的是确保网络资源不被非法访问和非法利用。访问控制技术所涉及的内容较为广泛，包括网络登录控制、网络使用权限控制、目录级安全控制以及属性安全控制等技术。

(2) 防火墙技术是用来保护内部网络免受外部网络的恶意入侵和攻击，将入侵者拒之门外的网络安全技术。防火墙一般部署在网络边界，它能够根据设置的策略对流经它的数据包进行过滤和记录，起到阻挡入侵者、限制外部网络对内部网络的访问以及监视内部网络对外部网络的访问的作用。

(3) 入侵检测/防御技术是网络安全技术和信息技术结合的产物，是检测和响应计算机应用的科学，其作用包括威慑、检测、响应、损失情况评估、攻击预测和起诉支持等。入侵检测系统可以实时监视网络或系统，通过对行为、安全日志、审计数据或其他网络上可以获得的信息进行操作，识别各种入侵的方法和手段、监控内部人员的误操作，帮助用户及时发现并解决安全问题，协助管理员加强网络安全的管理。一旦检测到可疑行为或对系统的入侵或者入侵的企图，入侵检测系统可以进行及时的报警和响应，对来自内外部的各种入侵提供全面的安全防御，甚至可以动态调整防火墙的配置策略，通过与防火墙等安全设备的联动来实现对入侵行为的阻止。

(4) 安全审计技术是在网络中模拟现实社会的监察机构，对网络系统的活动进行监视、记录，并提出安全意见和建议的一种机制，包括主机审计、网络审计、数据库审计、运维审计、日志审计、业务审计、配置审计等。利用安全审计可以有针对性地对网络运行状态和过程进行识别、记录、跟踪和审查。通过安全审计不仅可以对网络风险进行有效评估，还可以为制定合理的安全策略和加强安全管理提供决策依据，使网络系统能够及时调整对策。2017 年 6 月 1 日网络安全法正式施行以来，关于安全审计方面的合规要求也更加严格了。

(5) 安全扫描技术是指对计算机及网络系统等设备进行相关安全检测，以查找安全隐患和可能被攻击者利用的漏洞。从安全扫描的角度来看，它既是保护计算机及网络系统必不可少的方法，也是攻击者攻击系统的技术之一。系统管理员利用安全扫描技术可以排除隐患，防止攻击者入侵；而攻击者也可以利用安全扫描技术来寻找入侵计算机及网络系统的机会。

(6) 安全管理技术一般是指为实现信息系统安全的目标而采取的一系列管理制度和技术手段，包括安全检测、监控、响应和调整的全部控制过程。

1.2　网络攻击的常用方法

网络攻击一般是利用网络和主机系统存在的漏洞和安全缺陷实现对系统和资源攻击的。网络和主机系统所面临的威胁来自很多方面，而且会随着时间的变化而变化。从宏观上看，这些威胁可分为自然威胁和人为威胁两大类。两者相比，精心设计的人为攻击威胁种类多、数量大、难防备。

自然威胁包括各种自然灾害、恶劣的场地环境、电磁干扰、网络设备的自然老化等。这些威胁是无目的的，但不可避免地会对网络或系统造成损害，危及通信安全。

人为威胁是对网络和主机系统的人为攻击，通过寻找网络和主机系统的弱点，以非授权方式达到破坏、欺骗和窃取数据信息等目的。

1. 网络攻击的原因

攻击者之所以能够对网络和主机系统实施攻击，网络和主机系统存在漏洞是内因，而人类与生俱来的好奇心、利益的驱动等则是外因。

2. 网络攻击的层次

网络攻击的层次从浅入深可以分为简单拒绝服务、本地用户获得非授权读权限、本地用户获得非授权写权限、远程用户获得非授权账号信息、远程用户获得特权文件的读权限、远程用户获得特权文件的写权限、远程用户或系统管理员权限七个层次。

3. 网络攻击的位置

根据实施网络攻击的位置的不同，可以分为远程攻击、本地攻击和伪远程攻击三种。

(1) 远程攻击：外部攻击者通过各种手段从该子网以外的地方向该子网或者该子网内的系统发动攻击。

(2) 本地攻击：本单位的内部人员通过所在的局域网向本单位的其他系统发动攻击，在本级上进行非法越权访问。

(3) 伪远程攻击：内部人员为了掩盖自己攻击者的身份，从本地获取目标的一些必要信息后，攻击过程从外部远程发起，造成外部入侵的假象。

4. 网络攻击的方法

常见的网络攻击的方法有信息收集、恶意代码、口令入侵、Web 应用攻击、软件漏洞攻击、拒绝服务攻击、假消息攻击、APT 攻击、社会工程攻击等。通常情况下，这些攻击方法不是单独存在的，一次成功的入侵往往是综合利用多种攻击方法完成的。

1.2.1 信息收集

在信息收集中，需要收集的信息有目标系统的 DNS 信息、IP 地址、子域名、旁站和 C 段、CMS 类型、敏感目录、端口信息、操作系统版本、网站架构、漏洞信息、服务器与中间件信息、管理人员邮箱、相关人员、地址等。

进行信息收集时，一般先进行被动收集，在不引起目标注意的前提下尽可能多地收集目标系统的信息，确定网络范围内的目标以及与目标相关的人员的邮箱、地址等信息，再选出重点渗透的目标，有针对性地进行主动信息收集。

下面对常用的信息收集工具进行介绍。

1. Google Hacking 技术

Google Hacking 技术是目前比较流行的信息收集手段，即利用搜索引擎的搜索语法，利用百度、搜狗、Google 等搜索引擎进行针对性的敏感信息搜集。Google Hacking 常用的语法参数如表 1-1 所示。

表 1-1　Google Hacking 常用的语法参数

参　　数	用　　　途
site	搜索和指定站点相关的页面
inurl	搜索包含有特定字符的 URL
intext	搜索网页的正文内容，忽略标题和 URL 等文字
intitle	搜索标题中包含指定关键字的网页
filetype	搜索包含指定的后缀名或者扩展名的文件
link	搜索所有连接到某一个特定 URL 的列表

以上参数还可以组合使用，从而获取所需的敏感信息。举例如下：

(1) 在指定域名的网站查找网页正文中包含"管理""后台""登录""用户名""密码""验证码"等关键词的网页，这样的网页通常是管理用户登录的网页。搜索结果如图 1-2 所示。

site:域名　intext:管理|后台|登录|用户名|密码|验证码|系统|账号|后台管理|后台登录

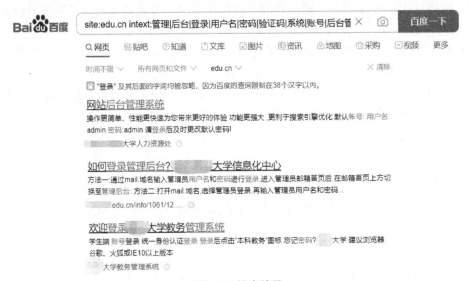

图 1-2　搜索结果

(2) 在指定网站查找所有 URL 中包含"login"的网页，这样的网页一般是与登录有关的网页。

site:域名　inurl:/login

还有一些可能会用到的关键词，如 admin、manage、admin_login、login_admin、system、boos、master、main、cms、wp-admin、sys、managetem、password、username、file、load、php?id=、fck、ewebeditor、editor、uploadfile、eweb、edit、upload、cms、data、templates、images、index 等。

(3) 在指定网站查找所有标题中包含"后台管理"四个字的网页，这样的网页很可能是管理员后台登录的网页。

site:域名　intitle:后台管理

类似的关键词还有转到父目录、转到父路径、powered by dedecms、index of、to parent directory、index of "parent directory"等。

更多 Google Hacking 的语法组合请自行参考其他资料。

2. Shodan

Shodan 是一个物联网搜索引擎，允许用户使用各种过滤规则搜索连接到互联网的设备，如计算机、网络摄像头、路由器、服务器等。比如，输入"Server: SQ-WEBCAM"可以搜索联网的摄像头，如图 1-3 所示；输入"port:3306"可以搜索 MySQL 数据库服务器，如图 1-4 所示。

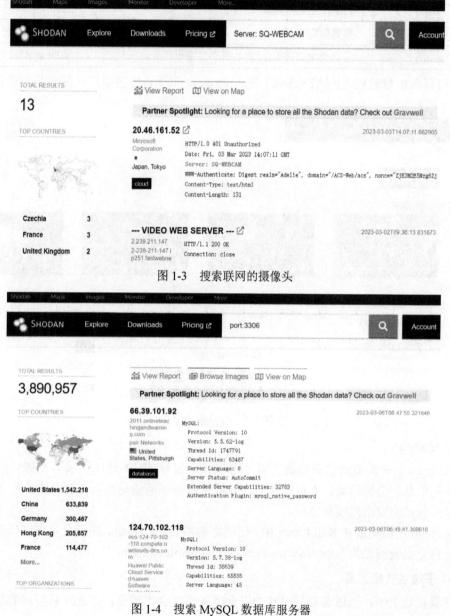

图 1-3　搜索联网的摄像头

图 1-4　搜索 MySQL 数据库服务器

Shodan 的官方网址为 https://www.shodan.io/，用户需要注册账号才能使用。Shodan 的部分过滤规则如表 1-2 所示。

表 1-2　Shodan 的部分过滤规则

参　数	用　　途	举　例
hostname	搜索指定的主机或域名	hostname:"siemens"
org	搜索指定的组织	org:"baidu"
port	搜索指定的端口	port:3306
product	搜索指定的操作系统/服务	product:SSH
net	搜索指定的网段或 IP 地址	net:8.8.0.0/16
city	搜索指定的城市	city:"San Diego"
country	搜索指定的国家(国家名用 2 位字母代替)	country:US

还可以单击导航栏上的"Explore"进入 Explore 页面，按照类别或搜索目录进行搜索，如图 1-5 所示。

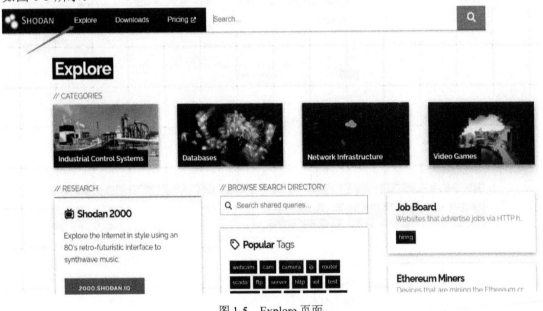

图 1-5　Explore 页面

3. Maltego

Maltego 是一款被动信息搜集工具，可以收集目标的 IP 地址、域名及域名的相关信息、邮箱信息、公司地址、人员等信息，并根据收集到的信息进行综合分析，有助于确定后期渗透测试的攻击范围和目标。

Maltego 已经集成在 Kali Linux 中，使用之前需要进行注册，注册之后可以使用社区免费版，官方安装网址为 https://www.paterva.com/downloads.php。

4. 子域名收集工具

在真实场景中，主域名对应网站的安全措施通常会比较强，因此可以转向收集子域名的信息。子域名收集工具主要有 Windows 版的 Layer、开源扫描器 OnlineTools 和 Kali Linux 中的 Fierce。

以 Kali Linux 中的 Fierce 为例，命令如下：

```
fierce --domain 域名
```

此命令的部分输出如图 1-6 所示。

```
kali@kali:~$ fierce --domain baidu.com
NS: ns7.baidu.com. ns4.baidu.com. dns.baidu.com. ns2.baidu.com. ns3.baidu.com.
SOA: dns.baidu.com. (110.242.68.134)
Zone: failure
Wildcard: failure
Found: 0.baidu.com. (111.206.223.136)
Found: 01.baidu.com. (110.242.68.125)
Found: 11.baidu.com. (182.61.62.50)
Found: a.baidu.com. (112.34.113.160)
Found: abc.baidu.com. (110.242.68.4)
Found: ac.baidu.com. (180.97.104.203)
```

图 1-6　Fierce 的部分输出

🔍 提示

若运行此命令时出现 "Failed to lookup NS/SOA, Domain does not exist" 的报错信息，说明域名解析失败，需要修改 /etc/resolv.conf 中 DNS 服务器的地址。

```
sudo vi /etc/resolv.conf
```

在此文件现有的语句前加 "#" 全部注释掉，然后添加下面的语句，再保存并退出 vi 即可。

```
nameserver 114.114.114.114
```

5. 网站架构收集工具

针对网站的架构，主要收集服务器类型、网站服务组件和脚本类型、WAF(Web Application Firewall，Web 应用防火墙)等信息。

1) 服务器类型

收集服务器类型即识别服务器的操作系统和版本信息，也叫操作系统指纹探测(OS Fingerprint)。

许多漏洞是与操作系统的类型及版本相关的，从操作系统或者应用系统的具体实现中发掘出来的攻击手段都需要辨识系统，因此操作系统指纹探测成了黑客攻击中必要的环节。

可以使用 Nmap 进行操作系统指纹探测，Nmap 已经集成在 Kali Linux 中，参数如下：

```
sudo nmap -A -T4 -v IP 地址
sudo nmap -O IP 地址
sudo nmap -sV IP 地址
```

2) 网站服务组件和脚本类型

网站服务组件和脚本类型可以利用 Linux 的网站指纹识别工具 Whatweb、Appprint、御剑指纹识别等来收集。

其中，Whatweb 是一个 Web 应用程序指纹识别工具，可自动识别 CMS、BLOG 等 Web 系统。Whatweb 可以识别网站的详细信息，如 CMS 类型、博客平台、中间件、Web 框架模块、网站服务器、脚本类型、JavaScript 库、IP、Cookie 等，还可标识版本号、电子邮件地址、账户 ID、Web 框架模块、SQL 错误等。Whatweb 已经集成在 Kali Linux 中，命令输出如图 1-7 所示。

```
kali@kali:~$ whatweb baidu.cn
http://baidu.cn [200 OK] Apache, Country[CHINA][CN], HTTPServer[Apache], IP[39.156.66.10], Meta-Refresh-Redirect[http://www.b
aidu.com/]
http://www.baidu.com/ [200 OK] Cookies[BAIDUID,BDSVRTM,BD_HOME,BIDUPSID,H_PS_PSSID,PSTM], Country[CHINA][CN], Email[index@2.p
ng,pop_tri@1x-f4a02fac82.png,qrcode-hover@2x-f9b16a848.png,qrcode@2x-daf987ad02.png,result@2.png], HTML5, HTTPServer[BWS/1.1
], IP[110.242.68.3], JQuery, Meta-Refresh-Redirect[http://www.baidu.com/baidu.html?from=noscript], OpenSearch[/content-search
.xml], Script[application/json,text/javascript], Title[百度一下，你就知道], UncommonHeaders[bdpagetype,bdqid,traceid], X-Fram
e-Options[sameorigin], X-UA-Compatible[IE=Edge,chrome=1,IE=edge]
http://www.baidu.com/baidu.html?from=noscript [200 OK] Apache, Cookies[BAIDUID], Country[CHINA][CN], HTML5, HTTPServer[Apache
], IP[110.242.68.3], Script, Title[百度一下，你就知道], X-UA-Compatible[IE=Edge]
```

图 1-7   Whatweb 的输出

3) 防火墙识别

WAF(Web 应用防火墙)是 Web 应用的保护措施，可以防止 Web 应用免受各种常见的攻击，如 SQL 注入、跨站脚本漏洞(XSS)等。WAF 能够监测并过滤掉某些可能让应用遭受 DOS(拒绝服务)攻击的流量。WAF 会在 HTTP 流量抵达应用服务器之前检测可疑访问，同时还能防止从 Web 应用获取某些未经授权的数据。目标网站的防火墙信息可以使用 WAFW00F 命令获取。

WAFW00F 是一个 WAF 指纹识别工具，可以探测目标防火墙信息，它已经集成在 Kali Linux 中，命令语法格式如下，输出如图 1-8 所示。

```
wafw00f 域名
```

```
kali@kali:~$ wafw00f https://www.baidu.com
```

```
                ~ WAFW00F : v2.2.0 ~

[*] Checking https://www.baidu.com
[+] Generic Detection results:
[*] The site https://www.baidu.com seems to be behind a WAF or some sort of security solution
[~] Reason: The server header is different when an attack is detected.
The server header for a normal response is "BWS/1.1", while the server header a response to an attack is "Apache",
[~] Number of requests: 7
```

图 1-8   WAFW00F 的输出

6. 旁站和 C 段收集工具

旁站是指与目标网站在同一台服务器上的其他网站。很多时候，目标网站可能不容易被入侵。此时，黑客可能会查看该网站所在的服务器上是否还有其他网站。如果有，则会尝试先取得其他网站的 Webshell(用于网站和服务器管理的命令执行环境)，再提权得到服务器的权限, 最后攻下目标网站。可用站长工具 https://stool.chinaz.com/same 在线查询旁站,
如图 1-9 所示。

图 1-9　在线查询旁站

C 段是指与目标服务器 IP 地址处在同一个 C 段的其他服务器。IPV4 地址的格式为
A.B.C.D, 如目标服务器 IP 为 192.168.0.1, 则 A 段是 192, B 段是 168, C 段是 0, D
段是 1, 而 C 段嗅探是指利用工具嗅探攻下与它同一 C 段中的其中一台服务器, 即 D
段的值为 1～255 的任一台服务器。C 段查询的工具有 Nmap、Masscan 等, 也可以使
用在线工具 FOFA(https://fofa.info/)、Shodan(https://www.shodan.io), 如图 1-10 和图 1-11
所示。

图 1-10　用 FOFA 在线查询 C 站

图 1-11　用 Shodan 在线查询 C 站

Nmap 和 Masscan 已经集成在 Kali Linux 中，命令语法格式如下：

```
sudo masscan -p 22,21,443,8080 -Pn --rate=1000 192.168.18.0/24
sudo nmap -p 22,21,443,8080 -Pn 192.168.18.0/24
```

7. 目录扫描

目录扫描是渗透测试中经常使用的方法，通过对目标网站的目录结构和子域名进行扫描，除了能够找到常规的针对普通用户的信息之外，还能找到隐藏的、更有价值的敏感目录和文件，如 mysql、robots.txt、后台目录、安装包、上传目录、后台管理页面、phpinfo、编辑器等，有助于实现对目标网站的渗透。其中，robots.txt 文件中可能包含网站的后台或者 CMS 信息等；安装包中包含网站的源码；phpinfo 中包含服务器的配置信息；编辑器、上传目录、后台目录可以利用相关的漏洞进行渗透；mysql、后台管理页面可以进行暴力破解，尝试登录进行下一步的安全测试。

常用的 Web 目录文件扫描工具有很多，如御剑后台扫描、Dirb、DirBuster、Dirsearch、Cansina 等。其中 Dirb、DirBuster 已经集成在 Kali Linux 中。

8. 网络扫描

网络扫描是指利用扫描器对网络或者系统服务进行扫描，以检验系统提供服务的安全性，确认网络中运行的主机，以便对网络进行安全评估，或对主机进行攻击。网络扫描的功能如下：

(1) 判断网络中主机的工作状态，即是否开机。若没有开机，一切攻击都是徒劳的。

(2) 判断主机系统的端口开放状态。

(3) 判断主机系统的操作系统类型和版本。

(4) 判断网络或者系统中可能存在的安全漏洞。通过向主机发送精心设计的探测数据包，根据目标主机的响应，判断其是否存在安全漏洞。

扫描器是一种通过收集系统信息自动检测远程或本地主机安全弱点的工具。通过扫描器，可以发现远程服务器中端口的使用情况、提供的网络服务和软件的版本等信息，让入侵者或管理员间接或直接地了解远程主机存在的安全问题。

扫描器向目标主机的不同端口服务发出请求访问，记录目标给予的应答，搜集大量关于目标主机的信息。扫描器并不是直接实施攻击的工具，它仅能帮助入侵者发现目标系统的某些内在的弱点。一个好的扫描器能对它得到的信息进行分析，帮助攻击者查找目标主机的漏洞，但一般不会提供入侵一个系统的详细步骤。

按照扫描的目的分类，扫描器可以分为端口扫描器和漏洞扫描器。

1) 端口扫描器

通过端口扫描器与目标主机的端口建立 TCP 或 UDP 连接、进行传输协议验证等，可以侦知目标主机的端口是否处于激活状态、主机提供了哪些服务、提供的服务中是否存在某些缺陷，从而进行针对性的攻击。

常见的端口扫描器有 Nmap、Portscan 等，这类扫描器并不能给出直接可以利用的漏洞信息，而是给出了目标系统中网络服务的基本运行信息，这些信息对于普通人来说也许是极为平常的，丝毫不能对系统安全造成威胁，但一旦到了网络入侵者手里，这些信息就成了突破系统必需的关键信息。

其中，Nmap 是安全渗透领域最强大的开源端口扫描器，能跨平台运行，是网络扫描和主机检测的一款非常有用的跨平台工具，用于主机发现、端口发现或枚举、服务发现、操作系统指纹探测以及脆弱性漏洞发现等，是网络管理员评估网络系统安全必用的软件之一，除了基于命令行实现，目前也支持通过 Zenmap 来实现图形化操作，可以在官网 https://nmap.org/download.html 下载 Nmap。

Nmap 使用不同的技术来执行扫描，包括 TCP 的 Connect 扫描、TCP SYN 扫描、TCP FIN 扫描、TCP Xmas 扫描、TCP Null 扫描、TCP ACK 扫描、UDP 扫描、Ping 扫描等，不同扫描的类型有自己的优点和缺点，因篇幅所限，在此不再叙述。

2) 漏洞扫描器

与端口扫描器相比，漏洞扫描器更直接，它检查目标系统中可能包含的已知漏洞，如果发现潜在的漏洞，就报告给扫描者。这种扫描器的威胁性极大，网络入侵者可以利用扫描到的结果直接攻击。常用的漏洞扫描器有 BurpSuite、Nessue、OpenVAS(Nessus 的开源版)、AWVS、AppScan、ZAP、WPscan、Joomscan 等。

其中，Burpsuite 是 PortSwigger 出品的全球最流行的 Web 漏洞挖掘、自动化安全测试工具，是 Web 应用安全/渗透测试界使用最广泛的漏扫工具之一，能实现从漏洞发现到利用的完整过程。它功能强大、配置复杂、选项众多、可跨平台、可定制性强，支持丰富的第三方拓展插件，基于 Java 编写，分为 Free 和 Professional 版本，可在官网 https://portswigger.net/burp 下载，其界面和功能模块如图 1-12 所示。

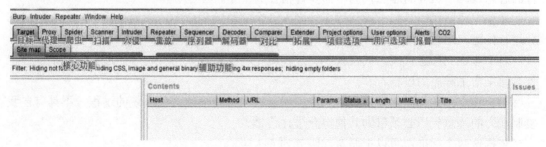

图 1-12　Burpsuite 的界面和功能模块

漏洞扫描器虽然可给出潜在的漏洞,但这些漏洞一般用手工方法同样可以检测到,使用漏洞扫描器只是为了提高效率。而使用漏洞扫描器被入侵检测设备和有经验的网络安全监测人员发现的可能性较大,从而暴露出网络入侵者的行踪和目的。

1.2.2　恶意代码

恶意代码(Malicious Code 或 Unwanted Code)是指故意编制或设置的、对网络或系统会产生威胁或潜在威胁的计算机代码,其设计目的是创建系统漏洞,造成后门、安全隐患、信息和数据盗窃以及其他对文件和计算机系统的潜在破坏。

恶意代码不仅会使企业和用户蒙受巨大的经济损失,而且会使国家的安全面临着严重威胁。1991 年的海湾战争,美国第一次公开在实战中使用了恶意代码攻击技术,并取得了重大军事利益。从此恶意代码攻击成为信息战、网络战最重要的入侵手段之一。恶意代码无论从政治上、经济上还是军事上,都是信息安全面临的首要问题。

1. 恶意代码的特征

编写恶意代码的目的一般是兴趣或商业利益或探测他人资料,如宣传产品、提供网络收费服务、对计算机系统进行破坏等。总体来说,恶意代码具有以下 3 个特征。

1) 以恶意破坏为目的

部分黑客进行恶意代码攻击是想通过破坏其他用户的系统获得成就感,更多的黑客则出于经济利益。比如,某些广告软件或代码通过利用用户的上网习惯来提高广告点击率以便获取经济利益,通过窃取用户身份、信用卡、银行账号、密码等敏感信息直接进行经济侵犯,还有潜伏性的恶意代码,都对用户和社会造成了严重的危害。

2) 其本身为程序

恶意代码是一段程序代码,可以隐蔽地嵌入另一个程序,在运行别的程序时自动运行,从而达到破坏被感染计算机的程序、数据和信息窃取等目的。

3) 通过执行发生作用

恶意代码只要用户运行就会发作。

2. 恶意代码的分类

恶意代码的分类标准主要有代码的独立性和自我复制性。

独立的恶意代码是指具备一个完整程序所应该具有的全部功能,是能够独立传播、运行的恶意代码,这样的恶意代码不需要寄宿在另一个程序中。

非独立恶意代码是指一段代码必须嵌入某个完整的程序中,作为该程序的一个组成部分进行传播和运行。

对于非独立恶意代码,其自我复制过程就是将自身嵌入宿主程序的过程,这个过程也称为感染宿主程序的过程。

对于独立恶意代码,其自我复制过程就是将自身传播给其他系统的过程。不具有自我复制能力的恶意代码必须借助其他媒介进行传播。

依据这两个标准,可以把恶意代码分为 4 大类:

(1) 具有自我复制能力的依附性恶意代码,主要代表是病毒。

(2) 具有自我复制能力的独立性恶意代码，主要代表是蠕虫。

(3) 不具有自我复制能力的依附性恶意代码，主要代表是后门。

(4) 不具有自我复制能力的独立性恶意代码，主要代表是木马。

恶意代码具体的分类包括计算机病毒、蠕虫、木马、后门、恶意移动代码、逻辑炸弹、僵尸程序、内核套件、流氓软件、间谍软件等。

(1) 计算机病毒(Virus)：编制者在计算机程序中插入的破坏计算机功能或者数据，影响计算机正常使用并且能够自我复制的一组计算机指令或程序代码，具有传染性、隐蔽性、感染性、潜伏性、可激发性、表现性或破坏性。病毒通过感染文件(可执行文件、数据文件、电子邮件等)或磁盘引导扇区进行传播，一般需要宿主程序被执行或人为交互才能运行，侧重于破坏系统和程序的能力，典型代表有 Brain、振荡波、CIH、勒索病毒等。

(2) 蠕虫(Worm)：一种能够利用系统漏洞进行自我传播的恶意程序，一般为不需要宿主的单独文件，可自动复制，通常无须人为交互便可感染传播，传染途径是网络和电子邮件等，侧重于网络中的自我复制能力和自我传染能力，典型代表有 Morris、CodeRed.F、Slammer 等。

(3) 木马(Trojan)：黑客用于远程控制计算机的程序，将控制程序寄生于被控制的计算机系统中，里应外合，对被控计算机实施监控、资料修改等非法操作。一般的木马程序主要是寻找计算机后门，伺机窃取被控计算机中的密码和重要文件等。木马具有很强的隐蔽性，可以根据黑客意图突然发起攻击，侧重于窃取敏感信息，典型代表有 BO2000、冰河、Netbus 等。

(4) 后门(Backdoor)：绕过正常的安全控制机制，为攻击者提供访问途径，典型代表有 Netcat 等。

(5) 恶意移动代码(Malicious Mobile Code)：从远程主机下载到本地执行的轻量级恶意代码，不需要或仅需要极少的人为干预。代表性的开发工具有 JavaScript、VBScript、Java、ActiveX，典型代表有 Santy Worm 等。

(6) 逻辑炸弹：在特定逻辑条件满足时，实施破坏的计算机程序，该程序触发后会造成计算机数据丢失、计算机不能从硬盘或者软盘引导，甚至会使整个系统瘫痪，并出现物理损坏的虚假现象。

(7) 僵尸程序(Bot)：使用一对多的命令与控制机制组成僵尸网络，典型代表有 Sdbot、Agobot 等。

(8) 内核套件(Rootkit)：通过替换或修改系统关键可执行文件(用户态)，或者通过控制操作系统内核(内核态)，获取并保持最高控制权(Root Access)，典型代表有 LRK、FU、Hdef 等。

(9) 融合型恶意代码：融合多种恶意代码技术，构成更具破坏性的恶意代码形态，典型代表有 Nimda 等。

(10) 流氓软件：介于病毒和正规软件之间的软件，具有强制安装、难以卸载、浏览器劫持、广告弹出、恶意收集用户信息、恶意卸载、恶意捆绑、恶意安装等特点，其最大的商业用途就是散布广告，并形成整条灰色产业链。

(11) 间谍软件：从计算机上搜集信息，并在未得到该计算机用户许可时便将信息传递到第三方的软件，包括监视击键、搜集机密信息(密码、信用卡号、PIN 码等)、获取电子邮件地址、跟踪浏览习惯等，这些行为不可避免地会影响网络性能，减慢系统速度。

3. 恶意代码的技术

恶意代码的技术可以分为隐蔽技术、生存技术和攻击技术三大类。

1) 隐蔽技术

(1) 本地隐藏：防止本地系统管理人员觉察而采取的隐蔽手段。

• 文件隐蔽：将恶意代码的文件命名为与系统的合法程序文件相似的名称，或者干脆取而代之，或者将恶意代码文件附加到合法程序文件中。

• 进程隐蔽：附着或替换系统进程，使恶意代码以合法服务的身份运行，从而隐蔽恶意代码；还可以通过修改进程列表程序、修改命令行参数使恶意代码进程的信息无法查询；也可以借助 RootKit 技术实现进程隐蔽。

• 网络连接隐蔽：借用现有服务的端口实现网络连接隐蔽，如使用 80 端口，攻击者在自己的数据包中设置特殊标识，通过标识识别连接信息，未标识的 Web 服务的网络包仍转交给原服务程序处理。

• 编译器隐蔽：由编译器在对程序代码进行编译时植入恶意代码，从而实现恶意代码在用户程序中的隐藏和原始分发攻击。恶意代码的植入者是编译器开发人员。

• RootKit 隐蔽：利用适当的 Rootkit 工具，可以很好地隐蔽自身或指定的文件、进程和网络连接等，很难被管理员发现。

(2) 网络隐藏：通信内容和传输通道的隐藏。

• 通信内容隐蔽：使用加密算法对所传输的内容进行加密能够隐蔽通信内容。

• 传输通道隐蔽：利用隐蔽通道(Covert Channel)技术，实现对传输通道的隐蔽。隐蔽通道是一个不受安全机制控制的、利用共享资源作为通信通路的信息流，包括存储型隐蔽通道和时间型隐蔽通道。

2) 生存技术

恶意代码的生存技术主要包括以下四种类型：

(1) 反跟踪技术：通过提高恶意代码分析难度，减少被发现的可能性。

(2) 加密技术：提高恶意代码的自我保护能力。

(3) 模糊变换技术：恶意代码可以躲避基于特征码的恶意代码检测系统，提高生存能力。

(4) 自动生成技术：在已有的恶意代码的基础上自动生成特征码不断变化的新的恶意代码，从而躲避基于特征码的恶意代码检测。

3) 攻击技术

(1) 进程注入技术：恶意代码程序将自身嵌入到操作系统和网络系统的服务程序中，不但实现了自身的隐藏，而且能随着服务的加载而启动。

(2) 三线程技术：恶意代码进程同时开启三个线程，其中一个是主线程，负责远程控制的工作，另外两个是辅助线程，分别负责监视和守护。一旦发现主线程被删除，则立即设法恢复。

(3) 端口复用技术：重复利用系统或网络服务打开的端口(如 80 端口)，可以欺骗防火墙，具有很强的欺骗性。

(4) 超级管理技术：恶意代码采用超级管理技术对反恶意代码软件系统进行攻击，使其无法正常运行。

(5) 端口反向连接技术：使恶意代码的服务端(被控制端)主动连接客户端(控制端)的技术。

(6) 缓冲区溢出技术：恶意代码利用系统和网络服务的安全漏洞植入并且执行攻击代码，造成缓冲区溢出，从而获得被攻击主机的控制权。

4. 恶意代码的传播

恶意代码是利用操作系统和应用软件的漏洞进行传播的，其传播途径有以下几种：

(1) 通过网站传播。

(2) 在网页上挂载恶意代码，当用户浏览该网页时，恶意代码会自动下载到主机上并执行。

(3) 将恶意代码与正常应用软件捆绑，当用户下载正常软件运行时，恶意代码也随之自动运行。

(4) 利用移动媒介传播，当主机访问 U 盘和硬盘时，恶意代码可以自动执行。

(5) 利用用户之间的信任关系传播，如冒充用户发送虚假链接、图片、邮件等。

5. 恶意代码的工作机制

恶意代码的行为表现各异，破坏程度千差万别，但基本工作机制大体相同，整个工作过程可分为以下六个部分：

(1) 侵入系统。这是恶意代码实现其恶意目的的必要条件。恶意代码入侵的途径很多，如从互联网下载的程序本身就可能含有恶意代码，接收已感染恶意代码的电子邮件，从光盘或 U 盘往系统上安装软件，黑客或者攻击者故意将恶意代码植入系统等。

(2) 维持或提升权限。恶意代码的传播与破坏必须盗用用户或者进程的合法权限才能完成。

(3) 隐蔽策略。为了不让系统发现恶意代码已经侵入系统，恶意代码可能会通过改名、删除源文件或者修改系统的安全策略来隐藏自己。

(4) 潜伏。恶意代码侵入系统后，等待一定的条件，并具有足够的权限时，就会发作并进行破坏活动。

(5) 破坏。恶意代码本质具有破坏性，其目的是造成信息丢失、泄密、破坏系统完整性等。

(6) 重复(1)至(5)对新的目标实施攻击过程。

6. 恶意代码的防范手段

通用恶意代码检测技术可分为静态检测技术和动态检测技术两类，其中静态检测技术包括基于特征的扫描技术和校验和法，动态检测技术包括沙箱技术和基于蜜罐的检测技术。

(1) 基于特征的扫描技术：建立恶意代码的特征文件，在扫描时根据特征进行匹配查找。

(2) 校验和法：对需要监控的文件生成校验，周期性地生成新校验和并与原始值比较。

(3) 沙箱技术：根据程序需要的资源和拥有的权限建立运行沙箱，可以安全地检测和分析程序行为。

(4) 基于蜜罐的检测技术：将主机伪装成运行着的脆弱服务或系统，同时安装强大的监测系统。

1.2.3　口令入侵

所谓口令入侵是指通过破解口令或屏蔽口令保护，使用某些合法用户甚至系统管理员的账号和口令登录到目的主机，然后实施攻击活动。这种方法的操作流程一般是先得到目标系统上的某个合法用户的账号，再进行合法用户口令的破译。

1. 获取用户账号

获取用户账号一般有以下方法：

(1) 利用目标系统的 Finger 功能：用 Finger 命令可以查询登录过目标系统的用户信息(如用户名、登录时间等)，如图 1-13 所示。

```
kali@kali:~$ finger
Login      Name       Tty      Idle  Login Time  Office      Office Phone
kali       Kali       tty7     31    Mar 13 10:47 (:0)
kali@kali:~$ finger kali
Login: kali                              Name: Kali
Directory: /home/kali                    Shell: /bin/bash
On since Mon Mar 13 10:47 (EDT) on tty7 from :0
   31 minutes 21 seconds idle
No mail.
No Plan.
```

图 1-13　用 Finger 命令查询用户信息

(2) 利用目标系统的 X.500 目录服务：有些系统提供了 X.500 的目录查询服务，也给攻击者提供了获得信息的一条简易途径。

(3) 从电子邮件地址中收集：有些用户电子邮件地址经常会透露其在目标主机上的账号。

(4) 查看是否有习惯性的账号：有经验的用户都知道，很多系统会使用一些习惯性的账号，如 admin、administrator、root、kali 等，造成账号的泄露。

(5) 利用工具暴力破解：建立用户名字典，配合 hydra(九头蛇)等工具进行暴力破解。

2. 口令安全现状

口令对于保护资产来说至关重要，但很多用户的口令保护意识薄弱，设置的口令过于简单，使用弱口令、默认口令、简单口令甚至不设口令的情况屡见不鲜，这样的口令很容易被攻击者通过猜解获取。

1) 弱口令

密码管理工具 NordPass 发布的"2022 年全球最常用的密码名单"显示，用户仍在使用众所周知的弱密码，前 10 名的密码分别是 password、123456、123456789、guest、qwerty、12345678、111111、12345、col123456、123123。统计数据显示，2022 年全球最常见的密码 password，黑客只用不到一秒钟就破解了，第二个和第三个最常见的密码同样如此。

2) 默认口令

很多应用或者系统甚至常见安全产品都存在默认口令，如 phpStudy 的 MySQL 数据库默认管理员的账号密码是 root/root、Tomcat 管理控制台默认的账号密码是 tomcat/tomcat、华为 USG 防火墙的默认账号密码是 admin/Admin@123、深信服防火墙的默认账号密码是 admin/admin 等。

3) 社工口令

很多用户使用自己或家人的生日、结婚纪念日、电话号码、房间号码、简单数字、身份证号码中的几位和自己、孩子、配偶或宠物的名字作为口令。也有用户使用字典中出现的词汇作为口令，比如"hello""love"或"password"等常见的单词或词组。

4) 相同口令

很多用户为了方便记忆，在不同的系统或网站上设置相同的口令，或者相同系统中的多个用户使用同样的口令，而且口令长期不变。如果攻击者利用被攻破的员工密码获取敏感数据，就有可能危及整个公司。

5) 口令泄露

在现实生活中，还有一些常见的、导致口令泄露的情况存在。比如，将账号和密码信息保存在文件、网站的配置文件、源代码的注释中，密码以明文的方式出现在邮件中，浏览器自动保存账号密码等。

3. 获取用户口令

通过破解获得用户甚至系统管理员的口令(密码)，进而掌握目标系统的控制权，是黑客的一个重要手段。常见的获得用户口令的方法有以下几种：

1) 通过网络监听获取用户口令

对于 Telnet、FTP、HTTP、SMTP 等传输协议，没有采用任何加密或身份认证技术，在网络中传输的数据流(包括口令认证信息)都是明文的，攻击者利用 Wireshark 等抓包工具很容易便可获取到账户和密码信息。

还可以利用 Ettercap 等工具用"中间人"攻击的方式获取密码，如图 1-14 所示。它通过 ARP 攻击充当网络通信的"中间人"，一旦 ARP 协议的攻击奏效，它就能够截获 FTP、HTTP、POP 和 SSH1 等协议的密码。

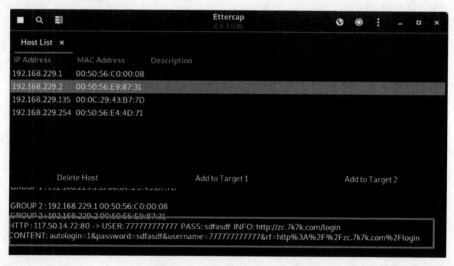

图 1-14　用 Ettercap 获取密码

2) 通过暴力破解获取用户口令

利用一个海量口令字典采用暴力猜解法去尝试字典中字符的每种可能的组合方式，强行破解用户口令，这种方法不受网段限制，但攻击者要有足够的耐心和时间，口令的长度越长，复杂程度越高，需要的时间也越长。随着人们安全意识的增强，登录认证系统通常限制失败登录次数，目前这种攻击方式已显著减少。

3) 通过字典穷举获取用户口令

通过合理的条件筛选或者过滤掉一些全字符组合的内容，把筛选出的密码组合成特定的字典，再用字典爆破密码，就会大幅度降低破解的成本，但是这样做可能会漏掉真正的密码。字典里通常会包括弱口令、默认口令、社工口令等。

4) 利用系统漏洞破解用户口令

利用系统漏洞破解口令的方式主要有三种形式：一种是利用系统存在的高危漏洞直接侵入系统，破解口令文件；一种是利用系统漏洞运行木马程序，记录键盘输入以获取口令；还有一种是利用登录界面找回口令环节的程序设计缺陷，修改用户口令，登录系统。

【例 1-1】 在 Kali Linux 上启动 SSH 服务，利用工具 hydra(九头蛇)进行弱口令暴力破解，获取账号密码。

(1) 在 Kali 虚拟机上，查看 SSH 服务是否开启，默认没有开启，如图 1-15 所示。

```
/etc/init.d/ssh status
```

```
kali@kali:~$ /etc/init.d/ssh status
o ssh.service - OpenBSD Secure Shell server
     Loaded: loaded (/lib/systemd/system/ssh.service; disabled; preset: disabled)
     Active: inactive (dead)
       Docs: man:sshd(8)
             man:sshd_config(5)
```

图 1-15　查看 SSH 服务是否开启

(2) 输入"sudo vi /etc/ssh/sshd_config"修改配置文件，在配置文件中添加下面两行，再输入":wq"保存并退出。

```
PasswordAuthentication yes
```

```
PermitRootLogin yes
```

(3) 输入"sudo /etc/init.d/ssh start"启动 SSH 服务，再次输入"/etc/init.d/ssh status"查看 SSH 服务是否开启，结果显示 SSH 服务已经启动，如图 1-16 所示。

```
kali@kali:~$ sudo vi /etc/ssh/sshd_config
[sudo] password for kali:
kali@kali:~$ sudo /etc/init.d/ssh start
Starting ssh (via systemctl): ssh.service.
kali@kali:~$ /etc/init.d/ssh status
● ssh.service - OpenBSD Secure Shell server
     Loaded: loaded (/lib/systemd/system/ssh.service; disabled; preset: disabled)
     Active: active (running) since Thu 2023-03-16 04:47:15 EDT; 17s ago
       Docs: man:sshd(8)
             man:sshd_config(5)
    Process: 4355 ExecStartPre=/usr/sbin/sshd -t (code=exited, status=0/SUCCESS)
   Main PID: 4356 (sshd)
      Tasks: 1 (limit: 4604)
     Memory: 1.9M
        CPU: 34ms
     CGroup: /system.slice/ssh.service
             └─4356 "sshd: /usr/sbin/sshd -D [listener] 0 of 10-100 startups"
```

图 1-16　启动 SSH 服务

（4）用 vi 在桌面创建用户名字典文件 user.txt，在文件中输入几个常见的用户名，如 admin、root、kali、rviews 等，再输入":wq"保存并关闭 vi。

```
sudo vi ~/Desktop/user.txt
```

（5）用 vi 在桌面创建密码字典文件 password.txt，在文件中输入一些常见的弱口令，如 123456、root、kali、rviews 等，再输入":wq"保存并关闭 vi。创建的用户字典文件和密码字典文件的内容如图 1-17 所示。

```
sudo vi ~/Desktop/password.txt
```

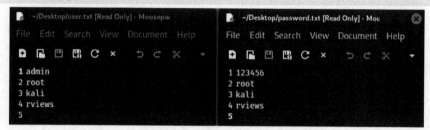

图 1-17　用户字典文件和密码字典文件

（6）用 hydra 对 SSH 服务进行弱口令爆破攻击，可以看到用户名和密码被成功破解，如图 1-18 所示。

```
hydra -L ~/Desktop/user.txt -P ~/Desktop/password.txt -V 127.0.0.1 ssh
```

```
kali@kali:~$ hydra -L ~/Desktop/user.txt -P ~/Desktop/password.txt -V 127.0.0.1 ssh
Hydra v9.4 (c) 2022 by van Hauser/THC & David Maciejak - Please do not use in military or secret service organizations, or for illegal
 purposes (this is non-binding, these *** ignore laws and ethics anyway).

Hydra (https://github.com/vanhauser-thc/thc-hydra) starting at 2023-03-16 05:02:13
[WARNING] Many SSH configurations limit the number of parallel tasks, it is recommended to reduce the tasks: use -t 4
[DATA] max 16 tasks per 1 server, overall 16 tasks, 16 login tries (l:4/p:4), ~1 try per task
[DATA] attacking ssh://127.0.0.1:22/
[ATTEMPT] target 127.0.0.1 - login "admin" - pass "123456" - 1 of 16 [child 0] (0/0)
[ATTEMPT] target 127.0.0.1 - login "admin" - pass "root" - 2 of 16 [child 1] (0/0)
[ATTEMPT] target 127.0.0.1 - login "admin" - pass "kali" - 3 of 16 [child 2] (0/0)
[ATTEMPT] target 127.0.0.1 - login "admin" - pass "rviews" - 4 of 16 [child 3] (0/0)
[ATTEMPT] target 127.0.0.1 - login "root" - pass "123456" - 5 of 16 [child 4] (0/0)
[ATTEMPT] target 127.0.0.1 - login "root" - pass "root" - 6 of 16 [child 5] (0/0)
[ATTEMPT] target 127.0.0.1 - login "root" - pass "kali" - 7 of 16 [child 6] (0/0)
[ATTEMPT] target 127.0.0.1 - login "root" - pass "rviews" - 8 of 16 [child 7] (0/0)
[ATTEMPT] target 127.0.0.1 - login "kali" - pass "123456" - 9 of 16 [child 8] (0/0)
[ATTEMPT] target 127.0.0.1 - login "kali" - pass "root" - 10 of 16 [child 9] (0/0)
[ATTEMPT] target 127.0.0.1 - login "kali" - pass "kali" - 11 of 16 [child 10] (0/0)
[ATTEMPT] target 127.0.0.1 - login "kali" - pass "rviews" - 12 of 16 [child 11] (0/0)
[ATTEMPT] target 127.0.0.1 - login "reviews" - pass "123456" - 13 of 16 [child 12] (0/0)
[ATTEMPT] target 127.0.0.1 - login "reviews" - pass "root" - 14 of 16 [child 13] (0/0)
[ATTEMPT] target 127.0.0.1 - login "reviews" - pass "kali" - 15 of 16 [child 14] (0/0)
[ATTEMPT] target 127.0.0.1 - login "reviews" - pass "rviews" - 16 of 16 [child 15] (0/0)
[22][ssh] host: 127.0.0.1   login: kali   password: kali
[REDO-ATTEMPT] target 127.0.0.1 - login "root" - pass "root" - 17 of 18 [child 10] (1/2)
[REDO-ATTEMPT] target 127.0.0.1 - login "reviews" - pass "rviews" - 18 of 18 [child 4] (2/2)
```

图 1-18　用 Hydra 对 SSH 服务进行弱口令攻击

（7）若已经知道用户名，可以不用用户字典文件，直接用 -l 参数指定用户名，对特定的用户名进行密码破解。

```
hydra -l kali -P ~/Desktop/password.txt -V 127.0.0.1 ssh
```

1.2.4　Web 应用攻击

Web 应用攻击是针对用户上网行为或网站进行攻击的行为，如注入攻击、植入恶意代码、修改网站权限、获取网站用户隐私信息等。Web 安全就是为保护站点不受未授权的访问、使用、修改和破坏而采取的行为或实践。

一个 Web 应用程序的正常运行，会涉及前后端的语言及框架、数据库、中间件/容器、服务器操作系统、协议等多个部分的知识，各个部分常用的技术及工具如图 1-19 所示。

图 1-19　Web 应用的常用技术及工具

Web 应用程序的安全性是任何基于 Web 业务的重要组成部分，确保 Web 应用程序安全十分重要，即使是代码中很小的 Bug 也有可能导致隐私信息被泄露。

要想更快更好地掌握 Web 安全，最好先了解 Web 应用的完整开发过程，用自己最熟悉的编程语言、最小单位、最快速度做一个 Web 站点出来，将前后端语言、数据库、服务器等知识串联起来，以便加深对 Web 应用有源代码级别的理解。在此基础上研究 Web 安全就会事半功倍，知道哪里是前端安全、哪里是后端安全，哪里是攻击点、哪里是防御点了。

Web 安全问题和攻击手法众多，由于篇幅所限，下面简单介绍 OWASP TOP 10，其他常见的 Web 攻击方式请自行参考其他资料。

OWASP(Open Web Application Security Project，开放式 Web 应用程序安全项目)是一个开源的非营利的全球性安全组织，不附属于任何企业或财团，被视为 Web 应用安全领域的权威参考，它提供有关计算机和互联网应用程序的公正、实际、有成本效益的信息。OWASP 在全球拥有 140 多个分会，四万多名会员，共同推动了安全标准、安全测试工具、安全指导手册等应用安全技术的发展。OWASP 的使命是使应用软件更加安全，使企业和组织能够对应用安全风险作出更清晰的决策。

OWASP 项目最具权威的就是其发布的"十大安全漏洞列表"(OWASP TOP 10)，用来分类网络安全漏洞的严重程度，目前被许多漏洞奖励平台和企业安全团队用来评估错误报告。这个列表总结了 Web 应用程序最可能、最常见、最危险的十大漏洞，是开发、测试、服务、咨询人员应该会的应用知识，可以帮助 IT 公司和开发团队规范应用程序开发流程和测试流程，提高 Web 产品的安全性。

OWASP TOP 10 有 3 个版本，2013 和 2017 的是之前两个版本，目前最新的版本是 2021 版。下面着重介绍 OWASP TOP 10 2021 版。

1. A01 失效的访问控制

访问控制是一种策略，在这种策略的控制下，用户的操作不能逾越预设好的权限边界。而访问控制一旦失效通常会导致未认证信息泄露、内部数据篡改、数据删除和越权操作等后果。

失效的访问控制，也称为越权攻击，是指攻击者通过非法手段提升自己的权限，超越原有的访问控制限制，然后冒充用户、管理员或拥有特权的用户执行本不应被允许的操作。这种攻击可能导致敏感信息泄露、数据篡改或破坏，以及系统功能的非法使用。

　　常见类型有以下几种：

　　(1) 修改 URL 或 API 攻击工具：攻击者通过修改应用程序的 URL 或使用定制的 API 攻击工具来绕过访问控制。

　　(2) 内部状态操纵：通过操纵应用程序的内部状态，攻击者可能获得未授权的访问权限。

　　(3) 特权提升：攻击者可能在未验证身份的情况下获得管理员级权限。

　　(4) 元数据操作：通过重放或篡改 JWT(JSON Web Token)令牌来提升权限。

　　(5) CORS 配置错误：错误配置的 CORS(Cross-Origin Resource Sharing, 跨域资源共享)规则可能允许未经授权的跨域资源访问。

　　(6) 强制浏览受限页面：未经身份验证的用户可能能够访问需要认证的页面。

　　(7) API 方法滥用：对 API 的 POST、PUT 和 DELETE 方法缺乏适当的访问控制。

　　失效的访问控制的防御策略如下：

　　(1) 服务器端控制：确保访问控制逻辑仅在服务器端实现，避免客户端可以修改。

　　(2) 默认拒绝原则：除非明确允许，否则默认拒绝所有访问请求。

　　(3) 统一的访问控制机制：在整个应用程序中实施一致的访问控制策略。

　　(4) 模型访问控制：强制实施基于所有权的访问控制，而非开放所有操作。

　　(5) 禁用不必要的目录列表：防止攻击者列出服务器目录内容。

　　(6) 记录和告警：记录访问控制失败事件，并及时通知管理员。

　　(7) 令牌失效策略：确保用户注销后，相关的访问令牌在服务器端失效。

2. A02 加密控制失效

　　在 TOP 10 之前的版本中，加密控制失效叫作敏感数据泄露，敏感数据泄露的根本原因是对数据加密存在有机可乘的漏洞，因此 2021 版改称为加密控制失效更贴切。

　　简单来说，如果应用系统向一个未得到访问授权的用户暴露了敏感信息，那么这就是一种敏感数据泄露风险。

　　敏感数据泄露即使在今天仍然是相当严重且普遍存在的一个风险点，主要原因是数据泄露并非一个纯粹的技术性问题，很多时候与业务流程、功能设计都息息相关。

　　单纯从漏洞危害程度来看，敏感数据泄露主要分为业务敏感数据泄露和技术敏感信息泄露两种。业务敏感数据泄露的危害性是巨大的，会直接影响到公司的品牌和业务运行；技术敏感信息泄露往往不能对应用系统安全性产生直接威胁，但配合其他漏洞的综合利用可以实现 1 + 1 > 2 的效果。

　　加密控制失效的常见类型有以下几种：

　　(1) 明文传输：数据在传输过程中未进行加密，如使用 HTTP、SMTP 和 FTP 等协议进行传输。

　　(2) 使用弱加密算法：默认或在旧版代码中使用已知脆弱的加密算法。

　　(3) 未强制执行加密：应用程序未强制要求数据加密，可能遗漏了加密步骤。

　　(4) 证书验证不足：用户代理(如浏览器)未验证服务器证书的有效性，可能导致中间人攻击。

加密控制失效可能导致敏感数据泄露，严重威胁信息安全。为了有效防御此类风险，可以采取以下策略：

(1) 数据分类与控制：对处理、存储或传输的数据进行分类，明确敏感数据的定义，并根据隐私法、监管要求或业务需求实施相应的控制措施。定期审查和调整数据分类标准以适应业务变化和法规更新。

(2) 访问权限控制：根据数据的敏感性实施不同级别的访问控制，确保只有授权人员能够访问敏感数据，并对访问行为进行记录和监控。

(3) 数据最小化：遵循数据最小化原则，仅收集和处理完成任务所必需的数据，并设定数据保留策略，及时销毁不再需要的数据。对于需要保留但不宜明文存储的数据，采用标记化或截断技术进行保护。

(4) 加密静态敏感数据：对存储的敏感数据使用全磁盘加密和文件/数据库加密，对传输中的数据使用 SSL/TLS 等协议进行加密，防止数据在未授权访问和传输过程中被截获。

(5) 强化加密技术与密钥管理：采用高强度的加密算法(如 AES-256)，并定期更新加密算法和协议。实施严格的密钥生命周期管理，使用硬件安全模块(HSM)等设备存储密钥，以提高安全性。

(6) 安全协议的使用：确保所有传输中的数据使用安全协议，如具有完美前向保密(PFS)的 TLS，并强制执行加密。

(7) 禁用敏感数据缓存：对包含敏感数据的响应禁用缓存，防止敏感数据被未授权访问。

(8) 强密码存储：使用具有延迟因子的强自适应和加盐散列函数存储密码，如 Argon2、Scrypt、Bcrypt 或 PBKDF2，提高密码的安全性。

(9) 独立验证：独立验证加密控制的配置和设置的有效性，确保所有安全措施得到正确实施。

3. A03 注入

由于应用程序代码中存在允许未经验证的用户输入的漏洞，因此攻击者通过注入攻击向 Web 应用程序提供恶意输入(注入)，并通过强制应用程序执行某些命令来更改应用程序。注入攻击可能会暴露或损坏数据，并导致拒绝服务或完全破坏 Web 服务器。

注入攻击是最常见和最危险的网络攻击之一。注入漏洞在 OWASP 十大 Web 应用程序安全风险中排名第一。常见弱点枚举(CWE)前 25 个最危险的软件弱点中也包含了几种注入攻击。

最常见的注入攻击类型是 SQL 注入和跨站脚本(XSS)攻击，还有代码注入、命令注入、CCS 注入等。

1) SQL 注入(SQL Injection)

SQL(Structured Query Language，结构化查询语言)是一种数据库查询和程序设计语言，用于存取数据以及查询、更新和管理关系数据库系统。这种语言具有交互性特点，能为用户提供极大的便利，不仅能独立应用于终端，还可以作为子语言为其他程序设计提供有效助力。

SQL 注入是指攻击者通过构造特殊的 SQL 语句入侵目标系统，致使后台数据库泄露数据的过程。应用程序没有检查用户输入，将用户输入作为原始 SQL 查询语句的一部分时，攻击者构造的恶意输入将会改变程序原始的 SQL 查询逻辑，并执行任意命令。这通常是通过 Web 表单的输入字段、注释字段或其他用户可以自由访问的字段来完成的。

此类恶意 SQL 语句利用应用程序的身份验证和授权过程中的漏洞进行攻击。如果成功，SQL 数据库将执行攻击者注入的命令。

2) 跨站脚本(Cross-Site Scripting，XSS)

当应用程序允许用户在其生成的输出中输入时，攻击者就可以在不验证或编码的情况下向其他最终用户发送恶意代码。跨站脚本(XSS)攻击利用这些机会将恶意脚本注入受信任的网站。

在跨站点脚本攻击期间，会将包含恶意代码的文本(通常为 JavaScript)插入到网页中。当一个毫无戒心的用户访问该网页时，代码就会被执行。例如，可以将一个文本字符串添加到 URL 中，如果应用程序未能验证并允许其通过，则用户的浏览器将执行导致漏洞的代码。

XSS 攻击可用于窃取 Cookie 的详细信息、更改用户设置、劫持用户会话等。这可能会为假冒和污损打开大门。据统计，高达 50%的网站容易受到基于 DOM 的 XSS 漏洞的攻击。

3) 代码注入(Code Injection)

攻击者通过在用户输入或其他数据传输途径中插入恶意代码，使系统在解析和执行代码时误将恶意代码作为合法指令来执行。这种攻击方式通常针对那些能够解析和执行代码的应用程序或系统。代码注入技术可以通过多种输入字段进行，包括但不限于文本输入、HTTP 请求的各种参数(如 GET、POST、PUT、DELETE 等)、HTTP 头部信息以及 Cookie 等。

一旦进入目标应用程序，攻击者就可以通过获得更大的权限来使 Web 服务器执行他们想要的操作。

代码注入可能会影响任何地方的应用程序，从获得对数据的访问到完全破坏系统。因此，代码注入的漏洞备受关注。

4) 命令注入(Command Injection)

有时，Web 应用程序需要在运行它们的 Web 服务器上调用系统命令。在这种情况下，如果用户输入没有得到验证和限制，就可能会发生命令注入。

与代码注入不同，命令注入只需要攻击者知道操作系统即可。攻击者使用用户权限向系统中插入命令，插入的命令在主机系统中执行。

命令注入可能会危害应用程序及其数据、整个系统、服务器和其他基础设施。

5) CCS 注入

CCS 注入利用了某些 OpenSSL 版本的 Change Cipher Spec 处理中发现的漏洞。在这种攻击过程中，攻击者会在服务器和客户端之间的握手会话中发送无效信号，从而获取加密密钥材料，访问服务器和客户端之间的通信，并可能进行身份盗窃。

为了防止对 Web 应用程序的注入攻击，必须对其进行安全编码。OWASP 定义了几种防止 SQL 注入攻击的方法，这些方法也适用于其他类型的数据库攻击。这些防御策略包括：

(1) 使用白名单和上下文配置：创建有效语句的允许列表，并根据上下文配置用户数据输入，验证用户输入的合法性。

(2) 参数化查询：结合使用准备好的语句和参数化查询，将用户输入作为参数传递，避免直接拼接 SQL 语句，防止注入攻击。

(3) 存储过程：使用存储过程来封装复杂的 SQL 语句，减少直接拼接 SQL 语句的风险，提高代码的安全性。

(4) 限制特殊字符：对用户输入进行过滤，限制可能引发注入攻击的特殊字符，如单引号、双引号等。

(5) 数据转义和编码：对用户输入进行适当的转义或编码处理，确保这些输入不会被数据库解释为可执行的 SQL 代码。

(6) 使用最少权限原则：为数据库用户分配最小的必要权限，限制攻击者对数据库的操作范围。

(7) 避免动态 SQL 拼接：减少直接拼接 SQL 语句的做法，特别是使用用户输入的数据拼接 SQL 语句，降低注入风险。

(8) 使用安全的数据库连接：合理配置数据库的安全策略，如限制数据库用户的权限、启用数据库防火墙、定期备份数据库等，提高数据库的安全性。

(9) 使用 Web 应用防火墙：部署 Web 应用程序防火墙，对输入的 HTTP 请求进行实时监控和过滤，识别和拦截恶意请求。

(10) 定期更新和维护：及时应用数据库和应用程序的安全更新和补丁，确保系统的安全性。

4. A04 不安全设计

不安全设计是 2021 版新增的一个类型，它代表一类漏洞，重点关注的是设计缺陷的风险，漏洞产生的原因是在开发 Web 应用程序时，没有在身份验证、访问控制、业务逻辑和关键流部位等进行安全的设计，如支付逻辑漏洞、找回密码漏洞、验证码暴力破解漏洞、验证码的重复使用漏洞、验证码客户端回显漏洞等。

5. A05 安全配置错误

安全配置错误是导致攻击的常见原因，系统可能在未知的情况下被完全攻破，导致用户数据被盗走或篡改，甚至整个系统被完全破坏。

据统计，90%的 Web 应用程序都有安全配置错误的情况，如不安全的默认配置、不完整或临时配置、启用或安装了不必要的功能、未修补的缺陷、未使用的页面、未受保护的文件和目录、开源云存储、错误配置的 HTTP 标头或加密、包含敏感信息的详细错误消息等，这些将导致安全风险。因此，有必要对操作系统、框架、库和应用程序进行安全配置，并及时修补和升级它们。

为了防御安全配置错误，可以采取以下策略：

(1) 实施安全安装过程：确保所有系统和应用程序在安装时遵循安全最佳实践，包括使用强密码、关闭不必要的服务和端口等。

(2) 采用自动化配置流程：开发自动化工具和流程，确保配置的一致性和减少人为错误。这些流程应包括快速部署、凭据管理和环境配置。

(3) 实施最小化平台部署：只部署必要的功能和框架，移除或不安装未使用的组件，减少攻击面和简化管理。

(4) 引入分段应用架构：通过分离组件和租户的分段应用架构，实现多租户环境下的数据和配置隔离，提高安全性和可维护性。

(5) 更新安全配置：定期检查和更新安全配置，包括云存储权限和其他敏感设置，以应对新的威胁和漏洞。

(6) 自动监控和验证：在所有环境中部署监控工具，自动验证安全配置的有效性，及时发现和响应安全事件。

(7) 自动化工作流程：建立自动化工作流程，实时解决安全问题，包括自动应用补丁和更新、自动执行安全扫描和修复操作。

6. A06 自带缺陷和过时的组件

组件(如库、框架和其他软件模块)拥有和应用程序相同的权限。如果应用程序中含有已知漏洞的组件被攻击者利用，那么可能会造成严重的数据丢失泄露；某些漏洞会使攻击者获得对服务器的控制权限，从而执行恶意代码、安装后门或进一步渗透到网络中的其他系统。同时，使用含有已知漏洞的组件的应用程序和 API 可能会破坏应用程序防御，造成各种攻击并产生严重影响。如果客户端和服务器使用了易受攻击的组件版本，就可能成为攻击者攻击的目标。

自带缺陷和过时的组件导致的常见漏洞如下：

(1) 版本不明确：不了解所使用组件的具体版本，可能导致使用已知漏洞的组件。

(2) 缺乏定期扫描：不定期进行漏洞扫描，忽视官方安全公告，未能及时发现和解决安全问题。

(3) 延迟修复或升级：未能基于风险及时修复或升级组件，导致存在潜在的安全风险。

(4) 兼容性测试不足：软件开发人员在更新或升级组件时，未充分测试其兼容性，可能引入新的安全隐患。

(5) 配置不当：未对组件进行安全配置，即使是安全的组件也可能变得不安全。

防御策略如下：

(1) 使用官方安全链接：确保通过官方渠道获取组件，并优先选择签名包以提高安全性。

(2) 监控未维护组件：持续监控不再维护或未提供安全补丁的库和组件。

(3) 部署虚拟补丁：使用虚拟补丁来监控、检测和防范未打补丁组件的问题。

(4) 清理无用依赖：删除所有未使用的依赖项和不必要的功能、组件、文件和文档。

(5) 自动化更新流程：保持组件及其版本和依赖项的最新状态，并自动化监控流程。

(6) 持续配置管理：在应用程序的整个生命周期内实施监视、分类、更新或更改配置的策略。

7. A07 身份识别和身份验证错误

通过错误使用应用程序的身份认证和会话管理功能，攻击者能够破译密码、密钥、会话令牌，或者利用其他开发缺陷来暂时性或永久性冒充其他用户的身份。通俗地说，该漏洞会导致攻击者使用用户的用户名和密码进行填充，从而入侵系统，可能导致部分甚至全部账户遭受攻击，一旦攻击成功，攻击者就能执行任何合法的操作。

身份识别和身份验证错误导致的常见漏洞如下：

(1) 自动攻击：攻击者可以使用预先准备的用户名和密码列表进行自动攻击，如撞库，尝试逐个登录以获取有效凭证。

(2) 蛮力攻击：攻击者通过自动化工具尝试大量可能的密码组合，破解用户账户。

(3) 使用弱密码：系统允许用户设置或保留默认、弱或众所周知的密码，如 "password1"

"admin"等，这些密码容易被猜测或破解。

(4) 无效的凭据恢复流程：如果找回密码的流程不够安全，例如依赖于易于猜测的"基于知识的答案"，攻击者可能利用这一点重置受害者的密码。

(5) 密码存储方式不当：使用明文或弱加密存储密码，使得攻击者能够轻易获取用户凭证。

(6) 缺乏多因素身份验证：仅依靠用户名和密码进行身份验证，忽略了使用多因素身份验证来增加安全性。

(7) 会话管理不当：在 URL 中暴露会话 ID，成功登录后不更换会话 ID，或者在用户注销后未能有效终止会话，可能导致会话劫持或非法访问。

为了有效防御身份识别和身份验证错误，可以采取以下策略：

(1) 划定范围和区分区域：确保公共范围和受限区域之间有明确的界线，减少未授权访问的风险。

(2) 实施账户锁定策略：对连续多次输入错误密码的账户实施锁定，防止暴力攻击。

(3) 执行密码策略：包括设置密码有效期、避免密码重复、要求密码包含特定字符类型等，增强密码的复杂性和安全性。

(4) 必要时禁用账户：对于长时间未使用或存在安全风险的账户，应暂时禁用以减少潜在的安全威胁。

(5) 避免存储明文密码：使用哈希技术加密存储密码，防止密码泄露。

(6) 使用 SSL 保护 Cookie：对会话身份验证 Cookie 进行加密，并限制会话时长，减少会话劫持的风险。

(7) 避免未经授权的会话状态：通过监控和分析用户行为，及时发现并处理未经授权的会话状态。

(8) 进行多因素身份验证：结合多种身份验证因素，如密码、短信验证码、生物识别等，提高身份验证的安全性。

8. A08 软件和数据完整性故障

这是一个新增的类型，主要关注在缺乏完整性验证的情况下，与软件更新、关键数据和 CI/CD(持续集成/持续交付)管道相关的各种假设和操作可能带来的安全风险。其中，软件更新是指未经验证的软件更新可能包含恶意代码，导致系统被攻击者控制；关键数据是指未加密或未经验证的关键数据在传输或存储过程中可能被窃取或篡改；CI/CD 管道是指在自动化部署过程中，如果未对源代码、构建文件或镜像等进行完整性验证，攻击者可能注入恶意代码，从而在生产环境中执行恶意操作。任何一个环节的疏忽都可能对整个系统的安全性造成威胁。

1) 软件完整性故障

软件完整性故障代表应用的运行代码可能受到篡改，攻击者可以将恶意代码加入应用程序中，使得应用程序运行时恶意代码也被执行。

对于攻击者来说，执行这一步操作有以下两种方式：

(1) 当应用依赖于一些来源不可信的插件或模块时，攻击者就可以尝试对这些依赖项的代码进行修改，这样应用在引入依赖项时也会将恶意代码引入，从而导致软件完整性被破坏。这种方法可以说是供应链攻击的一种方式。

(2) 利用应用更新过程来进行攻击，如果一个应用在更新时没有对其更新的内容进行完整性验证就将它添加到应用中，那么在这个过程中就可能会存在恶意代码的添加。

2) 数据完整性故障

数据完整性故障代表应用发送的数据可能受到篡改，攻击者可以通过修改一些数据实现欺骗其他用户乃至绕过访问控制，如受到了常见的中间人攻击。当然也可能是不安全的反序列化，不安全反序列化是一种攻击，将被操纵的对象注入 Web 应用程序的上下文中。如果存在应用程序漏洞，则对象将被反序列化并执行，从而导致 SQL 注入、路径遍历、应用程序拒绝服务和远程代码执行。不安全的反序列化漏洞曾经一度冲上过 OWASP 的 TOP 10 漏洞榜单，但在 2021 版中，它被归类为了数据的完整性故障。

对于软件和数据完整性故障的防御策略，可以根据软件和数据完整性故障产生的不同原因针对性地执行防御措施。以下是一些针对性的防御措施：

(1) 采用数字签名机制：通过在应用中实施数字签名，可以确保应用不被篡改，并且数据在传输过程中的完整性可以得到验证。

(2) 使用受信任的存储库：使用经过审核的存储库来获取库和依赖项目，减少因使用不受信任的组件而引入的风险。如果风险较高，可以考虑建立内部的存储库。

(3) 使用软件供应链安全工具：利用工具如 OWASP Dependency Check 或 OWASP CycloneDX 来检测和管理软件依赖中的已知漏洞，确保组件的安全性。

(4) 实施代码和配置更改审核：实施代码审查和配置管理策略，减少恶意代码或配置的引入，并确保所有更改都经过适当的审批。

(5) 确保 CI/CD 管道的安全配置：确保 CI/CD(持续集成/持续部署)管道具有适当的隔离、配置和访问控制，防止在构建和部署过程中的未授权修改。

(6) 进行序列化数据的完整性检查：对序列化数据进行完整性检查或数字签名，防止数据在传输过程中被篡改或重放攻击。

9. A09 安全日志和监控故障

在之前 TOP 10 的版本中，"安全日志和监控故障"叫作"日志记录和监控不足"，此类型已经扩展成包括很多类型的漏洞，它指的是在系统中未能正确实施或配置安全日志和监控机制，导致无法有效检测和响应安全事件的风险。这种漏洞可能导致组织无法及时发现和应对潜在的安全威胁，影响系统的可见性、事件报警和取证能力。

安全日志和监控故障导致的常见漏洞如下：

(1) 不记录可审计事件：如果系统未能记录登录、失败登录和高价值交易等可审计事件，将难以追踪潜在的未授权访问或欺诈行为。

(2) 日志消息不充分或不清晰：警告和错误事件如果没有产生足够的日志信息，或者日志信息不够清晰，将使得安全团队难以分析和响应安全事件。

(3) 缺乏对可疑活动的监控：如果应用程序和 API 的日志没有被监控以发现可疑活动，攻击者可能会长期潜伏在系统中而不会被发现。

(4) 日志存储本地化：如果日志仅存储在本地，而没有备份或异地存储，一旦本地系统遭到破坏，日志数据可能会丢失，影响事后分析和取证。

(5) 警报阈值和响应流程不当：没有设定合理的警报阈值和有效的响应升级流程，可能导致安全事件被忽视或响应不及时。

(6) DAST 工具渗透测试和扫描不触发警报：如果 DAST(动态应用程序安全测试)工具的渗透测试和扫描不能触发警报，那么组织将无法得知潜在的安全弱点。

(7) 实时检测能力不足：应用程序如果无法实时或接近实时地检测、升级或警告主动攻击，那么攻击者可能会利用这一时间窗口进行更深入的系统破坏。

为了有效防御安全威胁和监控故障，可以采取以下策略：

(1) 记录用户上下文和长期保留日志数据：确保所有登录尝试、访问控制失败和服务器端输入验证失败都被记录，并包含足够的用户上下文信息，有助于识别可疑活动和追踪潜在的安全威胁。日志数据应保留足够长的时间，以便进行事后分析和取证。

(2) 使用标准化的日志格式：采用易于处理的日志格式，便于对集中日志管理解决方案进行分析和管理。

(3) 实施审计跟踪：对所有高价值交易实施审计跟踪，并确保这些审计信息具有完整性控制，防止被篡改或删除。这可以通过将审计信息存储在只允许记录增加的数据库表中来实现。

(4) 建立监控和警报机制：利用监控工具及时发现可疑活动，并设置合理的告警阈值。确保关键人员能够在第一时间收到通知，并迅速采取应对措施。

(5) 制定事件响应和恢复计划：建立应急响应机制和恢复计划(包括定义响应流程、指定责任人和准备必要的恢复资源等)，在安全事件发生时能够迅速有效地应对和恢复系统的正常运作。

10. A10 服务端请求伪造

服务端请求伪造(Server Side Request Forgery，SSRF)指的是当攻击者无法访问 Web 应用的内网时，在未能取得服务器所有权限的情况下，利用服务器存在的漏洞，以服务器的身份发送一条精心构造好的请求给服务器所在内网，从而成功对内网发起请求。一旦 Web 应用程序在获取远程资源时没有验证用户提供的 URL，就会出现 SSRF 缺陷。

开发者可以采取一系列纵深防御措施来阻止服务器端请求伪造(SSRF)攻击。以下是一些有效的防御手段：

(1) 网络层防御：在隔离的网络中设置专门用于远程资源访问功能的网段，以减少 SSRF 的影响。执行"默认拒绝"的防火墙策略或网络访问控制规则，阻止不必要的内部网通信。

(2) 应用层防御：在应用层，对所有客户端提供的输入数据进行严格的检查和验证，使用白名单来限制可以执行的 URL 统一资源标识符、端口和目标。避免发送原始响应给客户端，禁用 HTTP 重定向，并注意 URL 的一致性，以避免 DNS 重新绑定和时间相关的攻击。

(3) 避免使用黑名单：不要依赖黑名单或正则表达式来缓解 SSRF，因为这些方法容易被绕过。

(4) 控制本地流量：不要在前端系统上部署其他安全相关的服务(如 OpenID)，并控制这些系统上的本地流量。

(5) 使用网络加密：对于专用和可管理的前端用户，可以使用网络加密(如 VPN)来提供更高级别的安全保护。

1.2.5　软件漏洞攻击

软件漏洞是在软件解决方案的代码、架构、实现或设计中发现的缺陷、错误、弱点或各种其他错误。攻击者可以利用漏洞获得系统的权限，从而使攻击者能够控制受影响的设备、访问敏感信息或触发拒绝服务条件等。比如，缓冲区溢出漏洞、栈溢出漏洞等，都是普遍存在且危险的漏洞，在各种操作系统、应用软件中广泛存在。

1. 软件漏洞的分类

软件漏洞按照软件类别不同，可以分为操作系统服务程序漏洞、文件处理软件漏洞、浏览器软件漏洞和其他软件漏洞等。

1) 操作系统服务程序漏洞

操作系统服务程序漏洞是操作系统平台中各项提供系统服务功能的模块中存在的漏洞。根据操作系统中各个服务模块工作层次的不同，操作系统服务程序漏洞可分为两种：

(1) 应用程序的漏洞。此类漏洞最佳的利用效果是获得操作系统管理员的权限。

(2) 内核程序的漏洞。此类漏洞实施攻击并成功利用后，可以获得操作系统内核的权限，这是操作系统级别最高的权限，可以使用操作系统的任何资源，安全防护技术也无法阻止。

按照操作系统中服务模块是否提供网络服务功能，也可以分为两种：

(1) 网络服务模块的漏洞。利用此类漏洞可以通过网络发起攻击，使攻击者可以通过网络获得远程的控制权限。

(2) 本地服务模块的漏洞。此类漏洞只能在操作系统运行漏洞利用程序时才能实现。

2) 文件处理软件漏洞

典型的文件处理软件有 Office 系列办公软件、PhotoShop 图形处理软件等。由于大多数文件处理软件不提供网络服务端口，因此针对这类软件漏洞发起的攻击只能在本地操作系统运行。

3) 浏览器软件漏洞

针对浏览器漏洞的攻击往往通过网络进行，不过通常不是采用主动攻击，而是采用诱骗式攻击。网站挂马就是针对浏览器漏洞的一种主要攻击手段。

4) 其他软件漏洞

其他软件漏洞是指除了上述三种软件漏洞外的其他应用广泛的软件中存在的漏洞，如 ActiveX 控件。为了增加浏览器对多媒体、交互式处理以及动能复杂程度的支持力度，ActiveX 控件被广泛用于开发各种浏览器的扩展功能，多家公司开发的应用广泛的 ActiveX 控件都被爆出了高危漏洞。ActiveX 控件漏洞的攻击方式和网站挂马相同。

2. 软件漏洞的攻击利用技术

操作系统下多种软件漏洞的攻击技术可以分为直接网络攻击技术和诱骗式网络攻击技术两类。

1) 直接网络攻击

直接网络攻击是指攻击者直接通过网络对目标系统发起主动攻击。针对对外提供网络服务的操作系统服务程序漏洞，可通过直接网络攻击方式发起攻击。对在网络上对外提供网络服务并开放网络访问端口的系统,攻击者可以通过网络针对其 IP 地址和端口发送含有漏洞攻击代码和后面的数据包,直接拿到目标主机的远程控制权。

例如,2001 年的"红色代码"病毒利用 IIS 处理请求数据时的缓冲区溢出漏洞;2002 年的"冲击波"病毒利用 RPC 处理 TCP/IP 消息时存在的缓冲区溢出漏洞;2004 年的"震荡波"病毒利用 LSASS 的缓冲区溢出漏洞等。

可用的软件有 Metasploit。Metasploit(简称 MSF)是一款由 Rapid7 公司开发和维护的开源渗透测试和漏洞利用工具。它提供了功能强大的工具和模块,本身附带数百个已知软件漏洞的专业级漏洞攻击工具,具有渗透测试、漏洞利用、信息收集、内网探测、生成后门、代码审计、报告生成等功能,也可用于测试和评估计算机系统、网络设备及应用程序的安全性。它采用模板化框架,允许开发者以插件的形式提交攻击脚本,用户可以根据需求配置和扩展攻击模块和 Payload 工具,提高渗透测试的效率和准确性,具有很好的扩展性。

2) 诱骗式网络攻击

对于没有开放网络端口且不提供对外服务的文件处理漏洞、浏览器软件漏洞和其他软件漏洞,攻击者无法直接通过网络发起攻击。因为这类漏洞只能在本地执行时才能触发,所以攻击者只有采用诱骗的方式诱使用户执行漏洞利用代码。

因此,根据诱骗的方式不同,诱骗式网络攻击可分为基于网站的诱骗式间接网络攻击和网络传播本地诱骗点击攻击两种:

(1) 基于网站的诱骗式间接网络攻击。

基于浏览器软件漏洞和其他需要处理网页代码的软件漏洞,在处理网页中嵌入漏洞利用代码才能实现漏洞的触发和利用。攻击者通常自己搭建网站或者篡改被其控制的网站,将含有漏洞触发代码的文件或脚本嵌入到网页中,诱使用户访问挂马网站,触发漏洞并向用户计算机植入恶意程序。

这种攻击要成功需具备两个条件:第一是必须通过第三方的网站服务器,第二是必须诱使用户访问挂马网站中的漏洞触发代码。因此,它是间接的。

IE 浏览器的 MS12-010、MS11-018、MS11-017,ActiveX 控件漏洞 MS09-046 以及 Windows 函数 GDI 的 MS07-017 等都属于这类漏洞。

(2) 网络传播本地诱骗点击攻击。

对于文件处理软件漏洞、操作系统服务程序中内核模块的漏洞以及其他软件漏洞中的本地执行漏洞,需要在本地执行漏洞利用程序才能触发。因此,攻击者通常使用 E-mail、QQ 等通信工具将含有漏洞触发代码的文件发送给用户,或者上传到网站诱使用户下载。当用户运行了漏洞利用程序,攻击者就可以获得权限执行恶意操作。

这种攻击也有两个前提条件才能成功:第一是要通过直接网络发送或者间接网络下载的方式,让用户先接收到含有漏洞利用程序的文件;第二是必须诱骗用户运行这个文件才能触发漏洞。

微软内核漏洞如 MS12-075、MS12-008、MS09-065、MS09-058,文件处理软件 Word 漏洞 MS12-029、MS10-056 等都属于这类漏洞。

3. 软件漏洞攻击的防范

可以通过以下措施防范软件漏洞攻击:

(1) 使用新版本的操作系统和软件及时更新补丁：定期更新操作系统、应用程序和软件，并安装最新的补丁和安全更新，以修复已知的漏洞。这是最基本的防范措施，可以大幅减少被黑客利用的风险。

(2) 访问正规网站：避免访问可疑或未经验证的网站，这些网站可能含有恶意软件或链接，可能会利用软件漏洞进行攻击。

(3) 不随意点击通过电子邮件或通信软件发来的文件：这些文件可能含有恶意代码，点击后可能会触发软件漏洞，导致系统被感染或数据被盗取。

(4) 使用安全杀毒软件和主动防御技术：安装可靠的安全软件，如防病毒、防恶意软件和入侵检测系统等，可以帮助检测和阻止潜在的威胁和攻击。

1.2.6 拒绝服务攻击

拒绝服务(Denial-of-Service，简称 DoS)攻击，是一种网络攻击手法，攻击者利用大量合理的服务请求来占用目标系统过多的服务资源，从而使合法用户无法得到服务的响应，造成拒绝服务。拒绝服务攻击的目的通常不是为了获得目标系统的访问权，而是让服务不可用或为完成其他攻击做准备。

1. 拒绝服务攻击的症状

美国国土安全部旗下的美国计算机应急准备小组(US-CERT)定义的拒绝服务攻击症状有网络异常缓慢(打开文件或访问网站时)、特定网站无法访问、无法访问任何网站、垃圾邮件的数量急剧增加、无线或有线网络连接异常断开、长时间尝试访问网站或任何互联网服务时被拒绝、服务器容易断线、卡顿等。

拒绝服务攻击也可能会导致与目标系统在同一网络中的其他计算机被攻击，互联网和局域网之间的带宽会被攻击导致大量消耗，不但影响目标系统，而且也影响网络中的其他主机。如果攻击的规模较大，那么整个地区的网络连接都可能会受到影响。

2. 拒绝服务攻击的分类

拒绝服务攻击按照不同的攻击方式可以分为资源消耗、系统或应用程序缺陷和配置修改三类。

1) 资源消耗

可消耗的资源包括目标系统的系统资源(如 CPU、内存、存储空间、系统进程总数、打印机等)和网络带宽。比如，通过发送大量合法或伪造的请求或垃圾数据包占用网络带宽，导致正常的数据包因为没有可用的带宽资源而无法到达目标系统；发送大量的垃圾邮件，占用系统磁盘空间；制造大量的垃圾进程占用 CPU 资源等。常见的攻击方式有 TCP SYN/ACK Floods(TCP SYN/ACK 泛洪攻击)、TCP LAND 攻击、ICMP Floods(ICMP 泛洪攻击)、UDP Floods(UDP 泛洪攻击)、HTTP CC(Challenge Collapsar，挑战黑洞)泛洪攻击等。

2) 系统或应用程序缺陷

利用操作系统、网络协议、应用程序的缺陷或漏洞来实现拒绝服务攻击，一个恶意的数据包可能导致协议栈崩溃，从而无法提供服务。这类攻击包括 Ping of Death(死亡之 Ping)、Teardrop(泪滴攻击)、Smurf 攻击、IP 分片攻击。

3) 配置修改

修改系统的运行配置会导致网络不能正常提供服务，如修改主机或路由器的路由信息、修改 DNS 缓存信息、修改注册表或者某些应用程序的配置文件等。常见的攻击方式有基于路由的 DoS 攻击和 DNS 攻击等。

3. 拒绝服务攻击的原理

不同的攻击方式使用的原理各有不同，下面分别介绍部分常见的 DoS 攻击方式。

1) TCP SYN/ACK 泛洪

根据 TCP 协议的三次握手机制，利用 TCP SYN 或 TCP ACK 泛洪实现 DoS 攻击，攻击者构造海量的 TCP SYN 或 ACK 数据包发起泛洪攻击，以此消耗目标系统的资源，实现 DoS 攻击。

正常情况下，目标系统在特定端口上收到 TCP SYN 数据包时，目标系统首先检查是否有侦听指定端口的程序运行，若该端口服务开启，则目标系统返回 SYN-ACK 进行响应，并进入半开连接阶段，等待发送方的确认，以便完成 TCP 的三步握手，建立会话。攻击者利用伪造的 IP 地址向目标系统发出 TCP 连接请求，目标系统发出的响应报文得不到被伪造 IP 地址的响应，从而无法完成 TCP 的三步握手，此时目标系统将一直等待最后一次握手消息的到来直到超时，即半开连接。如果攻击者在较短的时间内发送大量伪造的 IP 地址的 TCP 连接请求，则目标系统将存在大量的半开连接，占用目标系统的资源，假如半开连接的数量超过了目标系统的上限，则目标系统资源耗尽，从而达到了拒绝服务的目的。

目标系统在特定端口上收到 TCP ACK 数据包时，目标系统首先检查该数据包所对应的 TCP 连接是否已存在，若存在则继续上传给应用层，如果该会话没有开启或不合法，则服务器返回 RST 数据包。该过程消耗目标系统的资源，当攻击者发送大量伪造的 ACK 数据包时，可能会耗尽系统资源，从而导致拒绝服务。

2) TCP LAND

TCP LAND(Local Area Network Denial)同样利用了 TCP 的三次握手过程，通过向目标系统发送 TCP SYN 报文来完成对目标系统的攻击。与正常的 TCP SYN 报文不同的是，LAND 攻击报文的源 IP 地址和目的 IP 地址相同，都是目标系统的 IP 地址。因此，目标系统接收到这个 SYN 报文后，就会向自己发送一个 ACK 报文，并建立一个 TCP 连接。如果攻击者发送了足够多的 SYN 报文，则目标系统的资源就会耗尽，最终造成 DoS 攻击。

针对 LAND 攻击，只要判断网络数据包的源/目标地址是否相同即可。可以通过防火墙设置适当的防火墙过滤规则(入口过滤)来防止该类攻击。

3) ICMP 泛洪

ICMP 泛洪是利用 ICMP 报文进行攻击的一种方法。攻击者构造海量的 ICMP ECHO 报文发起泛洪攻击，目标系统会将大量的带宽和资源用于处理 ICMP ECHO 报文，而无法处理正常的请求或响应，从而实现对目标系统的 DoS 攻击。

4) UDP 泛洪

UDP 泛洪的实现原理与 ICMP 泛洪类似，攻击者通过向目标系统发送大量的 UDP 报文，导致目标主机忙于处理这些 UDP 报文，而无法处理正常的报文请求或响应。UDP 数据包的目的端口可能是随机或指定的端口，目标系统将尝试处理接收到的数据包以确定本地运行的服务，若没有应用程序在目标端口运行，则目标系统就会丢弃攻击者发送的数据包，并可能会回应 ICMP 的 "Destination unreachable(Port unreachable)" 消息给攻击者。无论目标端口有没有开启，攻击者消耗目标系统带宽的目的都已经达到了。几乎所有的 UDP 端口都可以作为攻击目标端口。

5) HTTP CC 泛洪

攻击者控制某些主机利用 HTTP 协议构造大量的 GET/POST 请求发起 HTTP CC 泛洪攻击，模拟大量正常用户点击目标网站，造成服务器资源耗尽，致使其瘫痪，从而实现对目标系统的 DoS 攻击。CC 攻击直接攻击应用层，而且通过 CC 攻击方式模拟的虚假用户几乎和真实用户行为完全一致，很难通过算法加以识别，故其防御难度更大。

6) Teardrop

Teardrop 攻击是利用 TCP/IP 协议栈中分片重组代码中的 Bug 来实现的，攻击者向目标系统发送伪造的、损坏的 IP 包，如重叠的包或过大的包载荷，使其难以被目标系统重组，造成目标系统死机或重启。泪滴攻击一般不会对目标系统造成太大的损失，大多数情况下，一次简单的重新启动就能解决，当然系统重新启动会导致正在运行的应用程序中未保存的数据丢失。

7) Smurf 攻击

Smurf 攻击结合了 IP 欺骗和 ICMP 回复方法，构造大量的 ICMP Echo 请求包，其目标地址为一个具有大量主机和因特网连接的网络(受害网络)的广播地址，源地址为目标系统的地址，最终导致该网络的所有主机都对此 ICMP Echo 请求做出答复，使大量网络流量充斥目标系统，使目标系统无法提供正常服务。更加复杂的 Smurf 将源地址改为第三方的受害者，最终导致第三方崩溃。

8) Ping of Death

Ping of Death 是一种畸形报文攻击，攻击者故意发送超过 IP 协议能容忍的数据包数 (65 500 字节)，若系统没有检查机制，就会出现冻结、宕机或重新启动的情况。ICMP 数据包最大尺寸不超过 65 535 字节，很多操作系统只开辟 64 KB 的缓冲区用于存放 ICMP 数据包。如果 ICMP 数据包的实际尺寸超过 64 KB，就会产生缓冲区溢出，导致 TCP/IP 协议堆栈崩溃，造成主机重启或死机，从而达到拒绝服务攻击的目的。

通过 Ping 命令的 -l 选项可以指定发送数据包的大小。如果设置的大小超过了缓冲区大小将触发协议栈崩溃。现在的操作系统已经修复了该漏洞，当用户输入超出缓冲区大小的数值时，系统会显示 "选项 -l 的值有错误，有效范围从 0 到 65500。"，提示用户输入范围错误，如图 1-20 所示。

```
C:\Windows\system32>ping -l 65540 192.168.1.1
选项 -l 的值有错误，有效范围从 0 到 65500。
```

图 1-20　Ping 包大小超出缓冲区限制

4. 拒绝服务攻击的工具

拒绝服务攻击的工具很多，包括 hping、ab、Pentmenu、HULK、Slowloris、LOIC、XOIC 等，这些工具既可以对服务器或网站进行 DoS 攻击，也可以作为压力测试的工具，下面简单介绍 hping3 和 ab 这两个工具。

1) hping3

hping 是面向命令行的、用于生成和解析 TCP/IP 协议数据包的开源工具，也是安全审计、防火墙测试等工作的标配工具，支持 TCP、UDP、ICMP、RAW-IP 协议，具有跟踪路由模式、能够在覆盖的信道之间发送文件等诸多功能，优势在于能够定制数据包的各个部分，灵活地对目标系统进行细致的探测。

使用 hping3 可以很方便地实现 DoS 攻击。hping3 已经集成在 Kali Linux 中，它的参数很多，可以用输入"hping3 --help"命令查看所有参数，举例如下：

(1) SYN 泛洪攻击如下：

sudo hping3 -S -a 8.8.8.8 -p 80 --flood 192.168.18.18

sudo hping3 -S --random-source -p 443 --flood 192.168.18.18

(2) ACK 泛洪攻击如下：

sudo hping3 -A -a 8.8.8.8 -p 80 --flood 192.168.18.18

sudo hping3 -A --random-source -p 443 --flood 192.168.18.18

(3) ICMP 泛洪攻击如下：

sudo hping3 --icmp --rand-source --flood 192.168.18.18

(4) UDP 泛洪攻击如下：

sudo hping3 -a 8.8.8.8 --udp -p 444 --flood 192.168.18.18

sudo hping3 --udp --rand-source --flood 192.168.18.18

其中，-a 参数用于指定发送的数据包的源地址；--rand-source 参数表示发送的数据包的源地址随机；-p 参数用于指定端口号；--flood 表示泛洪模式，即尽可能快地发送数据包；192.168.18.18 为要攻击的目标系统的 IP 地址。

2) ab

ab 工具会创建多个并发访问线程，模拟多个访问者同时对某一 URL 地址进行访问。使用 ab 工具，可以很方便地对 HTTP 或 HTTPS 的目标网站发起 CC 泛洪攻击。ab 已经集成在 Kali Linux 中，它的参数很多，可以通过输入"ab -h"命令查看所有参数，举例如下：

ab -n 1000 -c 500 http://testhtml5.vulnweb.com/

其中，-n 参数表示发包总数量；-c 参数表示并发数量；http://testhtml5.vulnweb.com/ 为测试用的目标网站的网址，也可以用 IP 地址。

5. 分布式拒绝服务攻击

DoS 攻击一般是一对一的。当目标系统各项性能指标不高(如 CPU 速度低、内存小或者网络带宽小等)时，DoS 攻击的效果是明显的。但随着计算机与网络技术的发展，计算机的处理能力与网络带宽的提高，DoS 攻击对目标系统的影响明显降低，此时分布式拒绝服务攻击应运而生。

分布式拒绝服务攻击(Distributed Denial-of-Service，DDoS)是指攻击者控制网络上两个或以上被攻陷的电脑作为"僵尸主机(肉鸡)"向目标系统发动拒绝服务式攻击。

DDoS 的攻击目标一般是游戏、电子商务、互联网金融、博彩等暴利且竞争激烈的行业。恶意竞争是目前 DDoS 攻击的主要动机，利润越高、竞争越激烈的行业，遭受攻击的频率越高。游戏行业已经成了 DDoS 攻击的重灾区。

DDoS 发起攻击容易，因为攻击者很容易从互联网获取各类 DDoS 攻击工具。比较出名的免费工具有卢瓦(LOIC)、HOIC(LOIC 升级版)、XOIC、Hulk、DAVOSET、黄金眼等。另外，DDoS 攻击者往往可以借助正常的普通软件或网站发起攻击，如历史上著名的"暴风影音事件"和"搜狐视频事件"。

6. 拒绝服务攻击的防御

为了有效防御拒绝服务攻击(DoS/DDoS)，可以采取以下策略：

(1) 基础设施升级：增强网络带宽和 CPU 性能是缓解攻击的基础措施。这涉及到投资更高性能的网络设备和服务器，以支撑更大的流量负载和处理能力。

(2) 防御体系构建：结合使用多种网络安全设备和工具，如防火墙、入侵检测系统(IDS)、入侵防御系统(IPS)和网络异常行为检测器，可以在网络边界形成多层次的防御体系。这些系统能够自动限速、整形流量、识别后期连接、执行深度包检测和过滤假 IP 地址，从而有效抵御攻击。

(3) 系统安全管理：定期更新网络设备和主机的系统漏洞，关闭不必要的服务，并安装必要的防病毒和防火墙软件，以减少安全漏洞被利用的风险。同时，进行安全意识培训和应急响应演练，提高团队对 DDoS 攻击的快速反应能力。

(4) 实时监控与响应：实施实时流量监测和日志分析，以便及时发现异常流量模式和攻击行为。在检测到攻击时，能够迅速采取措施，如调整网络配置、启用流量清洗服务等，以减轻攻击影响。

(5) 利用云服务与建立合作伙伴：利用云服务提供商的 DDoS 防护服务，可以通过其庞大的带宽资源和高级分析能力来吸收和过滤恶意流量，减轻本地网络负担。此外，与互联网服务提供商(ISP)建立合作关系，可以获得额外的支持和资源来应对大规模攻击。

1.2.7　假消息攻击

假消息攻击是一种内网渗透方法，是指利用网络协议设计中的安全缺陷，通过发送伪装的数据包达到欺骗目标、从中获利的目的。目前最常用的协议 TCP/IP 存在缺乏有效的信息加密机制和缺乏有效的身份鉴别和认证机制的设计缺陷，导致其通信内容容易被第三方截获、通信双方无法确认彼此的身份，很多的假消息攻击方法就是利用了这些缺陷实现攻击的。假消息攻击的方法很多，下面简单介绍 ARP 欺骗攻击、ICMP 重定向攻击、IP 欺骗攻击和 DNS 欺骗攻击。

1. ARP 欺骗攻击

ARP(地址解析协议)是 TCP/IP 协议簇中的子协议，用于根据 IP 地址获取对应的物理地址(MAC 地址)。主机将包含目标 IP 地址的 ARP 请求以广播的形式发送给网络上的所有主机，并接收目标设备返回的 ARP 应答消息，以此确定目标的物理地址；为了提高性能，避免网络中出现过多的 ARP 广播包，主机收到返回的 ARP 应答消息后，将该 IP 地址和物理地址的映射信息存入本机 ARP 缓存中并保留一定时间，以便下次请求时直接查询 ARP 缓存。可通过 arp -a 命令查询本机 ARP 缓存中 IP 地址与 MAC 地址的对应关系。

ARP 缓存的更新机制如下：

(1) 收到 ARP 请求包时，会将发送者的 IP-MAC 映射信息更新至缓存。

(2) 收到 ARP 应答包时，同样也会更新发送者的 IP-MAC 映射信息。

(3) 为保证缓存的有效性，ARP 缓存定时清空。

ARP 没有安全认证机制，是建立在网络中各个主机互相信任的基础上的，网络上的主机可以自主发送 ARP 应答消息，其他主机收到应答报文时不会检测该报文的真实性就会将其记入本机 ARP 缓存。因此，攻击者可以向某一主机发送伪造的 ARP 应答报文，使其发送的信息无法到达预期的主机或到达错误的主机，这就构成了 ARP 欺骗。

ARP 欺骗的危害很大，可以导致目标主机与网关通信失败，通信重定向，所有的数据都会通过攻击者的机器，因此存在极大的安全隐患，主要包括以下三种：

(1) 拒绝服务。攻击者可以发送大量的 ARP 请求包，阻塞正常的网络带宽，使局域网中有限的网络资源被这些无用的广播信息所占用，使服务器的 ARP 缓存达到上限，从而造成网络异常甚至拒绝服务。

(2) 数据嗅探。攻击者持续不断地发出伪造的 ARP 请求包，就能更改目标主机 ARP 缓存中的 IP-MAC 映射关系，导致网络中所有的流量都重定向到攻击者的 MAC 地址，这样攻击者就可以获取到所有的数据。

(3) 中间人攻击。攻击者获取数据后可以丢弃数据或对数据进行篡改，从而导致目标主机无法正常访问外网，访问的网页被添加了恶意内容(俗称挂马)，网络速度、网络访问行为(如某些网页打不开、某些网络应用程序用不了)受第三者非法控制。

ARP 欺骗的防范策略如下：

(1) 使用固定 IP 地址：确保网络中的设备使用固定的 IP 地址，这样可以建立稳定的“IP + MAC”信任关系，减少动态 ARP 学习带来的安全风险。

(2) 绑定静态 ARP：在网络设备上手动配置静态 ARP 条目，将特定的 IP 地址与正确的 MAC 地址静态绑定，防止动态 ARP 缓存被恶意更新。

(3) 使用 ARP 服务器：通过设置 ARP 服务器来统一管理 ARP 转换表，减少直接在网络设备上的 ARP 广播，提高安全性。

(4) 安装防御设备或软件：部署专门针对 ARP 攻击的防御设备或软件，如 ARP 防火墙，以自动监测和阻止异常 ARP 请求和响应。

(5) 使用入侵检测系统和防火墙：利用这些安全设备及时发现并隔离进行 ARP 欺骗的主机，防止攻击扩散。

2. ICMP 重定向攻击

ICMP(Internet 控制报文协议)是 TCP/IP 协议簇的一个子协议，用于在 IP 主机、路由器之间传递网络通不通、主机是否可达、路由是否可用等控制消息。这些控制消息虽然并不传输用户数据，但是对于用户数据的传递起着重要的作用。

ICMP 重定向报文是 ICMP 控制报文中的一种，用于保证主机拥有动态的、既小又优的路由表。在特定的情况下，当路由器检测到一个主机使用非优化路由的时候，路由器会向该主机发送一个 ICMP 重定向报文，请求该主机改变路由。路由器也会把初始数据包向它的目的地转发。

ICMP 重定向报文没有协议状态检查及合法性机制验证，可以轻而易举地被利用进行欺骗攻击。ICMP 重定向攻击利用的就是重定向报文。攻击者伪装成路由器(网关)给主机发送一个 ICMP 重定向包，告诉该主机最佳路由是攻击者的机器，这样该主机后续发送的数据就都要经过攻击者。

由此可见，ICMP 重定向攻击的危害有如下两点：

(1) 改变目标主机的路由表：攻击者通过发送伪造的 ICMP 重定向报文，可以误导目标主机更新其路由表，将原本应该直接发送到目的地的数据包重定向到攻击者指定的路由器或主机。这样，攻击者可以截取、分析甚至篡改流经其设备的数据包。

(2) 实现拒绝服务、数据嗅探及中间人攻击等：由于 ICMP 重定向攻击可以改变数据包的正常传输路径，因此攻击者可以利用这一点来实施拒绝服务攻击(DoS)，通过重定向流量导致目标主机或网络服务不可用。此外，攻击者还可以进行数据嗅探，截获网络通信中的敏感信息。在某些情况下，攻击者还能实现中间人攻击，控制或篡改通信双方的数据交换。

ICMP 重定向攻击也有一定的限制：

(1) 单次指定单一目的地址：ICMP 重定向攻击一次只能指定一个新的目的地址，也就是说，攻击者不能在单个重定向报文中指示多个不同的路由更改。

(2) 新路由必须是直达的：重定向的目的是告知主机一个更优的路由路径。因此，指定的新路由必须是直达目标的，不能通过其他网络设备进一步转发。

(3) 重定向包必须来自当前路由器：为了确保其合法性，ICMP 重定向报文必须来自当前的路由器，而不是任意的主机或网络设备，因为主机通常会信任来自路由器的重定向信息。

ICMP 重定向攻击的防范策略如下：

(1) 配置防火墙规则：在网络设备上配置防火墙规则，以拒绝接收 ICMP 重定向报文，阻止攻击者通过伪造的 ICMP 重定向消息误导网络流量。

(2) 关闭 ICMP 重定向功能：在路由器或网络设备上关闭 ICMP 重定向功能，以避免路由器发送重定向消息，减少被攻击的风险。

(3) 修改注册表设置：在 Windows 系统中，可以通过修改注册表来禁止 ICMP 重定向报文或禁止响应 ICMP 路由通告报文。

(4) 使用网络监控工具：定期使用网络监控工具检查 ICMP 流量，及时发现并处理任何异常的 ICMP 重定向报文。

(5) 更新和维护系统：保持操作系统和网络设备的软件更新，修补可能被利用进行 ICMP 重定向攻击的安全漏洞。

(6) 实施网络流量监控：通过实施网络流量监控，可以检测并识别异常的 ICMP 重定向报文，保护网络安全。

3. IP 欺骗攻击

IP 欺骗是指攻击者伪造源数据的 IP 报文头部字段，将其设置为他人的或者不存在的 IP 地址后再向被攻击方发送此 IP 报文，以达到掩人耳目、隐匿攻击源的目的。这是一种黑客的攻击形式，黑客使用一台计算机上网，而借用另外一台机器的 IP 地址，从而冒充另外一台机器与服务器打交道。

通常，攻击者会选择具有某种网络特权或者高度信任的 IP 地址作为伪造的 IP 地址。最初 IP 欺骗用来对基于源 IP 地址信任的应用进行攻击。IP 欺骗需要伪造 IP 头部和源 IP 地址。

IP 欺骗的危害在于：

(1) 以可信任的身份与服务器建立链接：攻击者可以通过伪造源 IP 地址使自己看起来像是网络中的合法用户或系统，从而绕过安全措施(如访问控制和身份验证)，成功与服务器建立信任关系。

(2) 隐藏攻击者身份：通过伪造源 IP 地址，攻击者可以在发起网络攻击时隐藏自己的真实身份，使得追踪和定位攻击者变得困难。

IP 欺骗的防范策略如下：

(1) 抛弃基于 IP 地址的信任策略：不应单纯依赖 IP 地址作为身份验证的依据，因为这容易被攻击者利用。可以通过引入多因素认证机制(如基于密钥的 SSH 认证或注册账号验证)，来增加安全性。

(2) 实施包过滤：在网络设备上实施包过滤规则，限制只有内部网络的主机能够使用信任关系，阻止所有未经授权的外部访问尝试。

(3) 利用安全设备过滤连接请求：配置路由器或防火墙等安全设备，根据防护等级要求过滤外部网络向内部网络发出的连接请求，减少潜在的攻击面。

(4) 采用加密方式：要求所有通信数据进行加密传输，确保数据的完整性和来源的真实性。使用如 SSL/TLS 这样的加密协议，可以防止数据被中间人截取，并通过证书和密钥确保通信双方的身份。

(5) 使用随机化的初始序列号：在 TCP 连接中，随机化初始序列号可以阻止攻击者预测下一个序列号，从而阻碍其攻击尝试。

4. DNS 欺骗攻击

DNS(Domain Name System，域名系统)用于域名和 IP 地址的相互映射，使人能方便地使用域名访问互联网。DNS 使用 UDP 端口 53，而 UDP 协议是无状态、不可靠的协议，DNS 协议本身也没有好的身份认证机制，因此很容易被攻击者利用。

DNS 欺骗就是攻击者冒充域名解析服务器，或者篡改被攻击后的正常域名解析查询到真实 IP 地址，从而实现欺骗的一种攻击方式。DNS 客户端以特定的标识 ID(可以结合 ARP 欺骗或 ICMP 重定向等手段，采用嗅探的方法得到)向 DNS 服务器发送域名查询数据包，DNS 服务器查询之后以同样的 ID 返回给客户端响应数据包，攻击者拦截该响应数据包，并修改其内容，把查询的 IP 地址改为攻击者的 IP 地址，返回客户端。DNS 欺骗采用了冒名顶替的手法来欺骗网络用户访问恶意网站，通常与钓鱼网站相结合使用，包括缓存感染、DNS 劫持、DNS 重定向等。

DNS 欺骗造成的危害是将用户访问的合法网址重定向到另一个网址，使用户在不知情的情况下访问恶意网站，还可能导致用户的信息被窃取、出现虚假广告甚至断网的现象。

DNS 欺骗攻击的防御比较困难，甚至用户都不知道自己遭受到攻击，比如用户完全不知道已经将网上银行账号信息输入到错误的网址，直到接到银行的电话告知其账号已购买某某高价商品。DNS 欺骗攻击的防范策略如下：

(1) 使用最新版本的 DNS 服务器软件：确保 DNS 服务器运行的是最新版本的软件，保证及时安装安全补丁，以修复已知的安全漏洞。

(2) 关闭 DNS 服务器的递归查询功能：递归查询是指 DNS 服务器利用缓存中的记录

信息回答查询请求或是 DNS 服务器通过查询其他服务获得查询信息并将它发送给客户机，这两种查询称为递归查询，容易被攻击者利用来实施 DNS 欺骗。

(3) 防止 ARP 欺骗：通过将 IP 地址和 MAC 地址进行绑定，可以防止 ARP 欺骗攻击。DNS 欺骗攻击通常需要结合 ARP 欺骗，如果能有效防范或避免 ARP 欺骗，就能使 DNS 欺骗攻击无从下手。

(4) 不完全依赖 DNS：对于高度敏感的系统，尽量不使用 DNS 进行解析，以减少对 DNS 的依赖。如果有软件依赖于主机名来运行，可以在 hosts 文件中指定可信的 IP 地址，绕过 DNS 解析。

(5) 保护内部设备：像这样的攻击大多数都是从网络内部执行攻击的，如果内部网络很安全，那么欺骗攻击就很难成功。

(6) 使用入侵检测系统：入侵检测系统可以检测出大部分形式的 DNS 欺骗攻击，特别是那些针对 ARP 缓存的攻击。

(7) 启用 DNS 安全扩展：DNS 安全扩展通过数字签名验证 DNS 记录的真实性，防止针对 DNS 的相关攻击。

(8) 采用加密的 DNS 传输：使用 DNS over HTTPS(DoH) 或 DNS over TLS(DoT) 来加密 DNS 请求和响应，防止中间人攻击。

【例 1-2】利用 Ettercap 实现 ARP 欺骗攻击，以获取上网账号及密码的情况。具体步骤如下：

用 Ettercap 实现
ARP 欺骗攻击

(1) 打开 Kali Linux 与 Win7 虚拟机，分别用 ifconfig 和 ipconfig 命令查看 Kali 和 Win7 的 IP 地址，并用 Ping 命令测试两者的连通性。

(2) 在 Win7 虚拟机中，用 arp -a 命令查看 ARP 缓存。

(3) 在 Kali Linux 中，打开 Wireshark，监听虚拟机网卡 eth0。

(4) 进入 Kali Linux 虚拟机的终端，输入下面的命令以图形化界面运行 Ettercap 程序。

```
sudo ettercap -G
```

(5) 在图 1-21 所示的界面中，单击 "√" 启动 Ettercap 程序。

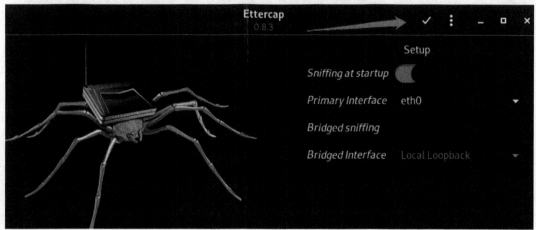

图 1-21　启动 Ettercap

(6) 在图 1-22 所示的界面中，单击放大镜图标 🔍 进行主机搜索。

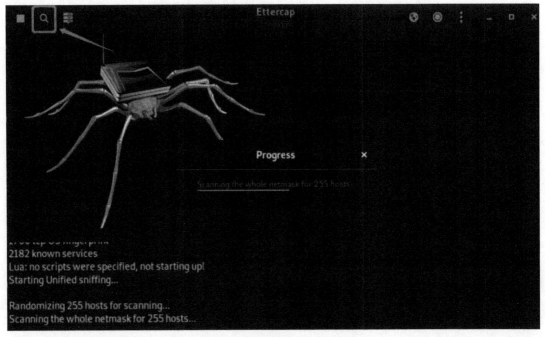

图 1-22　搜索主机

(7) 在图 1-23 所示的界面中，单击图标 查看搜索到的主机列表。其中，192.168.18.243 为 Win7 虚拟机的 IP 地址，192.168.18.2 为网关的 IP 地址，分别单击选择这两个地址，单击"Add to Target1"和"Add to Target2"将其添加为目标，在界面最下方可以查看添加的结果。

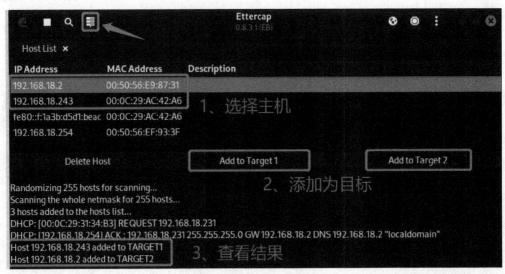

图 1-23　查看主机列表

(8) 在图 1-24 所示的界面中，单击右上方的 MITM menu 图标 🌐，在菜单中选择"ARP poisoning"(ARP 毒化)，在随后出现的"MITM Attack: ARP Poisoning"对话框中单击"OK"按钮，开始 ARP 毒化攻击。

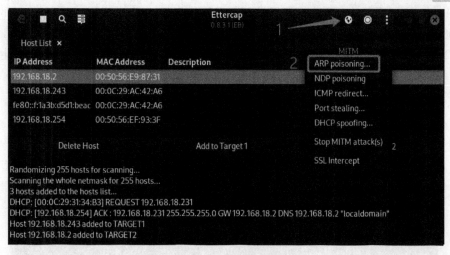

图 1-24 开启 ARP 毒化攻击

(9) 切换到 Wireshark 界面，可以看到不断地捕获到 ARP 包，将 IP 地址 192.168.18.243 和 192.168.18.2 的物理地址解析成相同的 00:0c:29:31:34:b3，如图 1-25 所示。

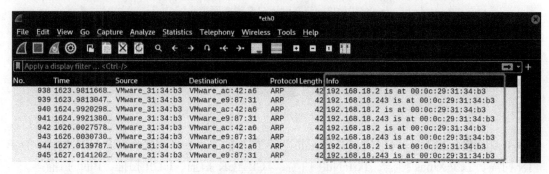

图 1-25 捕获到 ARP 包

(10) 进入 Win7 虚拟机，查看 ARP 缓存的变化情况，如图 1-26 所示。可以看到攻击后，网关 192.168.18.2 的物理地址也变成 Kali 虚拟机的物理地址了，说明网关的物理地址被欺骗了。

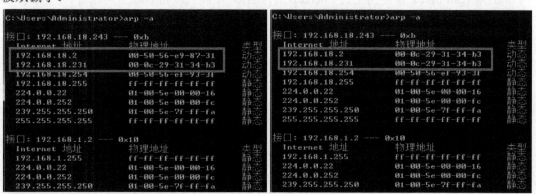

(a) ARP 攻击前   (b) ARP 攻击后

图 1-26 ARP 缓存的变化情况

(11) 在 Win7 虚机中,用 IE 浏览器访问相关网址,如 http://zc.7k7k.com/login,http://login. kaixin001.com/,在登录窗口随意输入用户名和密码,点击"登录"按钮进行登录。

(12) 回到 Kali Linux 虚拟机,切换到 Ettercap,观察是否获取到 Win7 虚拟机上输入的用户名和密码信息,如图 1-27 所示。

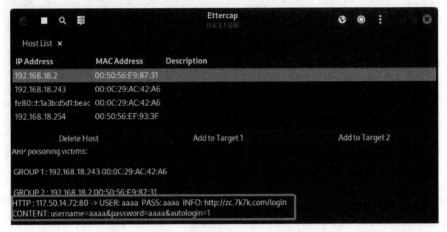

图 1-27　获取到用户名和密码信息

(13) 单击右上角的 Stop MITM 图标◎即可停止 ARP 毒化攻击。

本 章 习 题

1. 利用 Kali Linux 自带的工具 Nmap 进行 TCP 的 Connect 扫描、TCP SYN 扫描、TCP FIN 扫描、TCP Xmas 扫描、TCP Null 扫描、TCP ACK 扫描、UDP 扫描、Ping 扫描等。

2. 用 Kali Linux 自带的工具 hydra 对 Internet 上的服务器 12.0.1.28 的 telnet 服务进行弱口令爆破攻击。

3. 用 Kali Linux 自带的工具 hping3 实现对 192.168.1.1 主机进行 UDP 泛洪攻击。

4. 用 Kali Linux 自带的工具 Ettercap 进行 ARP 中间人攻击获取上网账号。

5. 网络入侵的基本流程是什么?

6. 拒绝攻击服务是如何实施的?

7. 半开连接扫描的原理是什么?

8. SQL 注入攻击的原理是什么?

9. ARP 欺骗攻击的原理是什么?

10. IP 欺骗攻击的实质是什么?

第 2 章 入侵检测与防御原理

在网络安全方面，大家对防火墙已经有了比较深入的了解，对入侵检测/防御系统了解得却不多。但要实现现代网络的安全，光有防火墙是远远不够的，入侵检测/防御系统也是不可或缺的。如果把防火墙比作大门警卫，那么入侵检测/防御系统就是网络中的摄像机，可以不间断地获取网络数据，并判断其中是否含有攻击的企图，不但可以发现外部的攻击行为，也可以发现内部的恶意行为，还可以通过各种手段向管理员进行报警。所以，入侵检测/防御系统是防火墙之后的第二道安全防线，是防火墙的必要补充，提供对内部攻击、外部攻击和误操作的实时保护，是构成完整网络安全解决方案的必备工具。

本章介绍入侵检测与防御的基本概念、分类、基本模型、工作流程及关键技术等。

2.1 入侵检测与防御的基本概念

入侵检测与防御是为了保证计算机系统的安全而设计与配置的一种能够及时发现并报告系统中未授权或异常现象的技术，可以检测计算机网络中违反安全策略的行为，是一种积极主动的安全防御技术。它能够帮助系统对付网络攻击，扩展系统管理员的安全管理能力(包括安全审计、监视、攻击识别和响应)，提高信息安全基础结构的完整性。

入侵检测过程可以监控网络中发生的事件并对它们进行分析，以确定是否存在与安全策略不符、可能引发事故、违规或迫在眉睫的威胁的迹象。入侵防御过程可以执行入侵检测，并阻止检测到的事故。这些安全措施整合为入侵检测系统(Intrusion Detection System，IDS)和入侵防御系统(Intrusion Prevention System，IPS)后部署到网络中，检测并阻止潜在的事故。

2.1.1 入侵检测

入侵检测从计算机网络系统中的若干关键点收集信息，并分析这些信息，检测对系统的入侵或者入侵的企图，一旦发现有违反安全策略的可疑行为或恶意攻击，将立即进行报警和响应，甚至可以调整防火墙的配置策略，与其进行联动。

入侵检测系统是指用于入侵检测的所有软硬件系统。入侵检测系统的建立依赖于入侵检测技术的发展，而入侵检测技术的价值最终要通过实用的入侵检测系统检验。

1. 入侵检测系统的功能

一个合格的入侵检测系统能大大简化管理员的工作，保证网络安全运行。具体来说，入侵检测系统的主要功能如下。

(1) 监视、分析用户及系统活动。

(2) 对系统构造和系统弱点的审计。

(3) 识别反映已知进攻的活动模式并报警。

(4) 对异常行为模式进行统计分析。

(5) 对重要系统和数据文件的完整性进行评估。

(6) 对操作系统的审计追踪管理。

(7) 识别用户违反安全策略的行为。

目前，入侵检测系统已能为来自内外部网络的各种入侵提供全面的安全防御，识别各种黑客入侵的方法和手段、监控内部人员的误操作等，及时发现并解决安全问题，协助管理员加强网络安全的管理。

2. 入侵检测系统的部署

但由于入侵检测系统是一个旁路监听设备，不需要直接接入任何链路，因此 IDS 部署的唯一要求就是挂接在所有所关注流量都必须流经的链路上。在这里，"所关注流量"指的是来自高危网络区域的访问流量和需要进行统计、监视的网络报文。入侵检测系统的类型不同、应用环境不同，部署方案也就会有所差别，具体如下。

(1) 基于主机的入侵检测系统一般用于保护关键主机或服务器，因此只要将它部署到这些关键主机或服务器中即可。

(2) 基于网络的入侵检测系统的部署比较复杂，根据网络环境的不同，其部署方案也会有所不同。一般来说，网络入侵检测系统通常采用旁路部署的方式，它在交换式网络中的位置应该尽可能地靠近攻击源和受保护源。常见的部署位置是服务器区域的交换机、Internet接入路由器之后的第一台交换机、重点保护网段的局域网交换机上。为了让入侵检测系统能监听所有的流量，应该开启交换机的端口镜像功能。

当网络边界部署防火墙时，可以和入侵检测系统互相配合，实现更有效的安全管理。通常将入侵检测系统部署在防火墙之后，进行防火墙过滤之后的二次防御，这样防火墙可以先过滤掉一些攻击行为。对于安全性要求比较高的环境，可以在防火墙前后同时部署入侵检测系统，这样用户可以预知恶意攻击防火墙的行为，并及时采取相应的安全措施，以保证整个网络的安全。

2.1.2 入侵防御

随着网络攻击技术的不断提高和网络安全漏洞的不断发现，传统防火墙技术和入侵检测技术已经无法应对一些安全威胁。在这种情况下，入侵防御技术应运而生，入侵防御技术可以深度感知并检测流经的数据流量，对恶意报文进行丢弃以阻断攻击，对滥用报文进行限流以保护网络带宽资源。

入侵防御技术是一种既能发现又能阻止入侵行为的新型安全防御技术。通过检测发现网络入侵后，入侵防御系统能自动丢弃入侵报文或阻断攻击源，从而从根本上避免攻击行为。入侵防御系统是一种发现入侵行为时能实时阻断的入侵检测系统。IPS 使得 IDS 和防火墙走向统一。

1. 入侵防御系统的功能

入侵防御系统是能够实时识别并拦截攻击的软硬件系统，根据系统和网络安全的需求，IPS 应具有以下功能。

(1) 入侵防护。实时、主动拦截黑客攻击、蠕虫、网络病毒、后门木马、DoS 等恶意流量，保护企业信息系统和网络架构免受侵害，防止操作系统和应用程序损坏或宕机。

(2) 应用保护。IPS 最核心的功能就是保护各种应用系统，如 Web 服务器、数据库、邮件系统、存储系统，以及 Windows、Unix/Linux 等各种操作系统。各种系统都存在弱点和漏洞，而攻击正是针对这些漏洞的探测和利用行为，IPS 必须能够保护这些弱点和漏洞。

(3) 网络架构保护。一方面，构成网络基础的路由器、交换机、防火墙等设备本身的操作系统也被发现存在弱点和漏洞，IPS 必须能够识别和拦截这些针对网络设备本身漏洞的攻击。另一方面，DDoS 攻击会产生大量和正常应用一样的攻击流量，这可能导致路由器、交换机、防火墙因过载而瘫痪，进而造成网络阻断，网上应用也随即中断，IPS 应该具有一定的 DDoS 防护功能。

(4) 性能保护。保护网络带宽及主机性能，阻断或者限制应用程序占用网络或者系统资源，防止网络链路拥塞导致关键应用程序数据无法在网络上传输。

(5) Web 安全。基于互联网 Web 站点的挂马检测结果，结合 URL 信誉评价技术，保护用户在访问被植入木马等恶意代码的网站时不受侵害，有效地第一时间拦截 Web 威胁。

(6) 流量控制。阻断一切非授权用户流量，管理合法网络资源的利用，有效保证关键应用全天候畅通无阻，通过保护关键应用带宽来不断提升企业 IT 产出率和收益率。

(7) 上网监管。全面监测和管理 IM 即时通信、P2P 下载、网络游戏、在线视频以及在线炒股等网络行为，协助企业辨识和限制非授权网络流量，更好地执行企业的安全策略。

2. 入侵防御系统的部署

入侵防御系统(IPS)主要用于一些重要服务器的入侵防护，如 OA 系统、ERP 系统数据库、FTP 服务器、Web 服务器等。部署 IPS 时应该首先保护重要设备，而不是保护所有的设备。当然，如果是小型网络，可以将 IPS 部署在网络前端保护所有服务器和办公终端。

在办公网络中，以下区域需要部署 IPS。

(1) 网络边界，比如办公网络与外部网络连接的位置。

(2) 重要的集群服务器前端。

(3) 办公网内部接入层。

(4) 其他区域(可根据情况酌情部署)。

入侵防御系统(IPS)有串联与并联两种部署方式：

1) 串联部署

将 IPS 直接串联接入网络，一般部署在网络边界，位于防火墙和网络设备之间，可以实现在线部署、在线阻断。串联部署有如下特点。

(1) 可以对网络的所有传输数据进行实时监控，可以立即阻断各种隐蔽攻击，如 SQL

注入、旁路注入、脚本攻击、反向连接木马、蠕虫病毒等。

(2) 具有内网管理功能,可以对上网行为进行管理,如禁止 QQ、微信、MSN 等即时通信工具,禁止或限制网上看电影,禁止或限制 P2P 下载,禁止或限制在线游戏等。

(3) 串联的 IPS 一旦死机,可以采用硬件 Bypass 立即开启网络全通功能,放行所有流量,避免网络中断。

2) 并联部署

将 IPS 以旁路部署的方式并联接入网络中的交换机,此时 IPS 的功能等同于 IDS。并联部署有如下特点。

(1) IPS 设备不会对网络传输形成瓶颈,设备一旦死机,不会造成网络中断。

(2) 可以监控网络传输的所有数据,并分析数据安全审计。

3. 入侵防御技术的优势

(1) 实时阻断攻击。IPS 设备采用串联的方式部署在网络中,能够在检测到入侵时实时对入侵活动和攻击性网络流量进行拦截,把其对网络的入侵降到最低。

(2) 深层防护。由于新型的攻击都隐藏在 TCP/IP 协议的应用层里,入侵防御能检测报文应用层的内容,还可以对网络数据流重组进行协议分析和检测,并根据攻击类型、策略等来确定哪些流量应该被拦截。

(3) 全方位防护。入侵防御可以提供针对蠕虫、病毒、木马、僵尸网络、间谍软件、广告软件、CGI(Common Gateway Interface)攻击、跨站脚本攻击、注入攻击、目录遍历、信息泄露、远程文件包含的攻击、溢出攻击、代码执行、拒绝服务、扫描工具、后门等攻击的防护措施,全方位防御各种攻击,保护网络安全。

(4) 内外兼防。入侵防御不但可以防止来自于企业外部的攻击,还可以防止发自于企业内部的攻击。系统对经过的流量都可以进行检测,既可以对服务器进行防护,也可以对客户端进行防护。

(5) 不断升级,精准防护。入侵防御特征库会持续更新,以保持最高水平的安全性。用户可以从升级中心定期升级设备的特征库,以保持入侵防御的持续有效性。

2.1.3 入侵检测与入侵防御的区别

入侵检测系统可以对网络、系统的运行状况进行监视,发现各种攻击企图、攻击行为或者攻击结果,以保证网络系统资源的机密性、完整性和可用性。入侵防御系统作为一种新型网络安全防护技术,在入侵检测的基础上添加了防御功能,一旦发现网络攻击,可以根据该攻击的威胁级别立即采取抵御措施。IPS 能够实现积极、主动地阻止入侵攻击行为对网络或系统造成危害,同时结合漏洞扫描、防火墙、IDS 等构成整体、深度的网络安全防护体系。

1. IDS 与 IPS 的区别

IDS 与 IPS 的区别主要有以下几个方面。

(1) 功能不同。IDS 存在于网络外,可以检测恶意行为并报警,但无法直接进行阻止(当然也可以设置 IDS 与防火墙联动,发现入侵后通知防火墙进行阻断);IPS 则在入侵检测的基础之上可以实时阻断恶意行为，是一种侧重于风险控制的安全机制，能够提供更有效、更深层次的安全防护。

(2) 实时性要求不同。IPS 必须分析实时数据，而 IDS 可以基于历史数据做事后分析。

(3) 部署方式不同。IDS 一般通过端口镜像进行旁路部署，而 IPS 一般要串联部署在防火墙和网络的设备之间。

(4) 部署位置不同。IDS 一般部署在网络内部的中心点，以便获取所有的网络数据，全面检测网络安全状况。如果信息系统中包含多个逻辑隔离的子网，则需要在整个信息系统中实施分布部署，即每个子网部署一个入侵检测分析引擎，并统一进行引擎的策略管理以及事件分析，以达到掌控整个信息系统安全状况的目的。而 IPS 一般部署在网络边界，这样所有来自外部的数据必须串行通过 IPS，IPS 可以实时分析网络数据，发现攻击行为立即予以阻止，保证来自外部的攻击数据不能通过网络边界进入网络，从而实现对外部攻击的防御。

(5) 检测攻击的方法不同。IPS 可以实施深层防御安全策略，即可以在应用层检测出攻击并予以阻断，这是防火墙和入侵检测产品做不到的。

(6) 价值不同。IDS 注重的是网络安全状况的监管，通过对全网信息的分析，了解信息系统的安全状况，进而指导信息系统安全建设目标以及安全策略的确立和调整。IPS 关注的是对入侵行为的控制和安全策略的实施，即对黑客行为的阻击。

(7) 响应方式不同。IPS 既可以像 IDS 一样对入侵攻击进行检测并报警响应，同时又能够主动阻止入侵行为、自动切断攻击源。IPS 可以采取诸如发送警报、丢弃检测到的恶意数据包、重置连接或阻止来自有问题 IP 地址的流量之类的操作。IPS 还可以纠正循环冗余校验(CRC)错误，对数据包流进行碎片整理，减轻 TCP 排序问题以及清理不必要的内容传输和网络层选项。

2. IPS 与防火墙的区别

IPS 是一种智能化的入侵检测和防御产品，它不但能检测入侵的发生，而且能通过一定的响应方式实时中止入侵行为的发生和发展，实时保护信息系统不受实质性的攻击，IPS 使得 IDS 和防火墙走向统一。可以简单地理解为 IPS 就是防火墙加上入侵检测系统，但并不是说 IPS 可以代替防火墙或入侵检测系统。IPS 看起来和防火墙相似，也具备防火墙的一些基本功能，但 IPS 与防火墙还是有区别的。

(1) IPS 不但可以发现外部的攻击，也可以发现内部的恶意行为；而防火墙只能发现流经它的恶意流量，对没有流经它的流量无法进行任何操作。

(2) 防火墙是针对入侵行为的一种被动防御，旨在保护，属于静态安全防御技术，对网络环境下日新月异的攻击手段缺乏主动的反应；而 IDS/IPS 则是主动出击寻找潜在的攻击者，发现入侵行为，是动态安全技术的核心技术之一，可以作为防火墙的合理补充，帮助系统对付网络攻击，扩展系统管理员的安全管理能力，提高信息安全基础结构的完整性。

(3) 一般来说，防火墙默认阻止所有网络流量，除了明确设置为允许通行的流量；而 IPS 默认通行所有网络流量，除了明确设置为阻止的。

(4) 防火墙是粒度比较粗的访问控制产品，它在基于 TCP/IP 的过滤方面效率高，而且很多防火墙还集成了网络地址转换(NAT)、服务代理、流量统计、VPN 等功能。而 IPS 的功能则比较单一，它只能串联在网络上，对防火墙不能过滤的攻击进行过滤。这样两级的过滤模式可以最大限度地保证系统安全。

如果把防火墙比作大门警卫，IDS/IPS 就是网络中的监控系统，不间断地获取网络数据并进行分析，发现问题及时采取响应措施。所以，IDS/IPS 是网络的第二道安全闸门，是防火墙的必要补充，一起构成了完整的网络安全解决方案。

2.1.4　入侵检测与防御技术的发展趋势

入侵检测与防御技术的发展趋势主要包括五个方向。

1. 分布式入侵检测

传统的集中式入侵检测/防御系统利用多个探测结点分别采集信息，并将采集到的信息提交给系统的中心控制器进行集中的分析和处理。这种集中式的体系结构存在以下四方面缺陷。

(1) 信息传输存在时延开销。探测结点采集的信息发送到中心控制器存在传输时延的问题，中心控制器处理的信息并不能反映网络的实时状态，难以实时发现入侵。

(2) 信息传输会增加网络通信负担，影响网络的通信性能。

(3) 中心控制器是整个体系的瓶颈，如果中心控制器的处理能力无法满足入侵检测的计算要求，将有很多信息无法及时处理，造成漏报。

(4) 中心控制器一旦出现故障，整个入侵检测系统将失效。

而分布式的入侵检测系统往往会利用智能代理技术构建，指定一些代理作为中央代理，负责整体的协调、分析工作，再使用一些本地代理负责局域性事件的处理，网络中的每个中央代理在收集本地代理信息的基础上可以共享信息，相互协同。分布式体系结构强调全体智能代理协同工作，准确分析和处理入侵者的攻击意图和攻击手段。如何有效地使大量智能代理相互协作进行入侵判定是此类系统需要重点解决的问题。

2. 更广泛的信息源

网络入侵的形式越来越复杂，各种类型的网络应用都可能被攻击者利用。实施入侵检测必须尽可能广泛地收集与入侵行为相关的信息，包括主机系统的信息、网络系统的信息、应用系统的信息。比如，终端客户主机的配置信息，通信连接情况，交换机、路由器等通信硬件设备的信息，防火墙等安全产品的信息等。与入侵相关的信息都应当被收集并及时、高效地加以分析，为第一时间检测入侵奠定扎实的基础。

3. 更快速的处理能力

宽带网络技术发展迅速，千兆以太网日益普及，网络带宽的增长速度甚至超越了计算机处理能力的增长速度。入侵检测系统在对数据包进行检查的过程中，往往需要拆封数据包并查看数据负载，此过程需要消耗计算资源。网络带宽的增长意味着入侵检测/防御系统在单位时间内需要处理的数据包数量迅猛增加，也就意味着入侵检测/防御系统必须耗费更多的计算资源以完成必需的检查。目前，入侵检测系统的性能指标与实际需求之间还有很大差距。入侵检测系统的硬件体系、软件结构以及处理算法都需要进一步改进，从整体上进一步提升运行速度和工作效率。

4. 可扩展性问题

在入侵检测领域，可扩展性主要体现在以下两方面。

(1) 时间上的可扩展性。此类可扩展性强调的是对时间跨度较大的攻击活动的检测能力。一些攻击者会有意减缓入侵动作，将入侵行为隐藏在正常活动中以避免被检测发现，如慢扫描就是将扫描活动分散在较长的时间内进行的。如果入侵检测/防御系统不能长时间地保存可疑行为信息并进行有效分析，就无法检测到时间跨度较大的隐蔽攻击。

(2) 空间上的可扩展性。以 DDoS 为代表的分布式攻击技术被越来越多的攻击者所采用。由于攻击由大量主机协同进行，因此入侵检测/防御系统在进行入侵判断时复杂度大大增加，不能仅仅对个别地址进行监控和防范，而必须从整体的角度检查各类攻击活动。

5. 综合的安全态势感知

随着网络战这一新的战争形式的出现，以 APT 攻击为代表的网络攻击技术正向专业化、复杂化、隐蔽化、长期化方向发展，给现有的入侵检测技术带来了严峻的挑战。斯诺登事件披露出来的一系列材料充分说明了这一点。如何从海量主机和网络数据中发现潜在的安全威胁，准确了解、预测网络的安全态势是入侵检测技术下一步需要重点解决的问题。

2.2 入侵检测系统的基本模型

入侵检测系统的发展历程大致经历了集中式、层次化和集成式三个阶段，分别对应通用入侵检测模型(Denning 模型)、层次化入侵检测模型(IDM)和管理式入侵检测模型(SNMP-IDSM)三个基本模型。

2.2.1 通用入侵检测模型

1984 年到 1986 年，Dorothy Denning 在美国海军空间和海军战争系统司令部(SPAWARS)的资助下研究并发展了一个入侵检测模型，也叫 Denning 模型，如图 2-1 所示。它是一个基于主机的入侵检测模型，提出了异常活动和计算机不正当使用之间的相关性，独立于任何特殊的系统、应用环境、系统脆弱性或入侵种类，因此它是一个通用入侵检测模型。

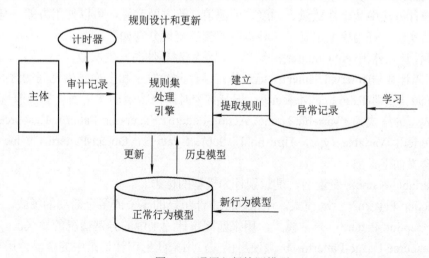

图 2-1　通用入侵检测模型

Denning 模型假设对主机的入侵行为可以通过检查系统的审计记录，辨识其中异常使用系统的入侵行为加以发现。首先需要对主机事件按照一定的规则进行学习，产生用户的正常行为模型(Activity Profile)，然后再将当前的事件和模型进行比较，如果不匹配，则认为异常。Denning 模型能够检测出黑客入侵、越权操作及其他种类的非正常使用计算机系统的行为。

该模型由主体、对象、审计记录、行为模型、异常记录和活动规则六个主要部分组成。

1. 主体

主体(Subject)是指系统操作的主动发起者，是在目标系统上活动的实体，如操作系统的进程、网络的服务连接等。

2. 对象

对象(Object)是指系统所管理的资源，如文件、设备、命令等。

3. 审计记录

审计记录(Audit Record)是指主体对对象实施操作时系统产生的数据，如用户注册、命令执行、文件访问等。审计记录是一个六元组，其格式为 <Subject, Action, Object, Exception-Condition, Resource-Usage, Time-Stamp>。其中各字段的含义如下。

(1) Subject：主体，是活动(Action)的发起者。

(2) Action：活动，是主体对目标实施的操作。对操作系统而言，这些操作包括读、写、登录、退出等。

(3) Obiect：对象，是活动的承受者。

(4) Exception-Condition：异常条件，是系统对主体的活动的异常报告，如违反系统读写权限规则。

(5) Resource-Usage：资源使用状况，是系统的资源消耗情况，如 CPU、内存使用率等。

(6) Time-Stamp：时间戳，是活动的发生时间。

4. 行为模型

行为模型(Activity Profile)用来保存主体正常活动的有关信息，其具体实现依赖于检测方法。在统计方法中从事件数量、频度、资源消耗等方面度量，可以使用方差、马尔可夫模型等方法实现。行为模型定义了三种类型的随机变量分别如下。

(1) 事件计数器(Event Counter)：简单地记录特定事件的发生次数。

(2) 间隔计数器(Interval Timer)：记录特定事件此次发生和上次发生之间的时间间隔。

(3) 资源计量器(Resource Measure)：记录某个时间内特定动作所消耗的资源量。

行为模型的格式为 <Variable-Name, Action-Pattern, Exception-Pattern, Resource-Usage-Pattern, Period, Variable-Type, Threshold, Subject-Pattern, Object-Pattern, Value>。其中各字段的含义如下。

(1) Variable-Name：变量名，是识别行为模型的标志。

(2) Action-Pattern：活动模式，用来匹配审计记录的零个或多个活动的模式。

(3) Exception-Pattern：异常模式，用来匹配审计记录中的异常情况的模式。

(4) Resource-Usage-Pattern：资源使用模式，用来匹配审计记录中的资源使用模式。

(5) Period：测量的间隔时间或者取样时间。

(6) Variable-Type：一种抽象的数据类型，用来定义一种特定的变量和统计模型。

(7) Threshold：阈值，指统计测试中一种表示异常的参数值。

(8) Subject-Pattern：主体模式，用来匹配审计记录中主体的模式，是识别行为模型的标志。

(9) Object-Patter：对象模式，用来匹配审计记录中对象的模式，是识别行为模型的标志。

(10) Value：当前观测值和统计模型使用的参数值。比如，在平均值和标准差模型中，这些参数可能是变量和或者变量的平方和。

5. 异常记录

异常记录(Anomaly Record)表示异常事件的发生情况，其格式为<Event, Time-Stamp, Profile>。其中各种字段的含义如下。

(1) Event：指明导致异常的事件，如审计数据。

(2) Time-Stamp：产生异常事件的时间戳。

(3) Profile：检测到异常事件的行为模型。

6. 活动规则

活动规则是指当一个审计记录或异常记录产生时应采取的动作。规则集是检查入侵是否发生的处理引擎，结合行为模型用专家系统或统计方法等分析接收到的审计记录，调整内部规则或统计信息，在判断有入侵发生时采取相应的措施。

规则由条件和动作两部分组成，共有四种类型的规则，分别如下。

(1) 审计记录规则(Audit-Record Rule)：触发新生成的审计记录和动态的行为模型之间的匹配，更新行为模型以及检测异常行为。

(2) 定期活动更新规则(Periodic-Activity-Update Rule)：定期触发动态行为模型中的匹配以及更新活动简档和检测异常行为。

(3) 异常记录规则(Anomaly-Record Rule)：触发异常事件的发生，并将异常情况报告给安全管理员。

(4) 定期异常分析规则(Periodic-Anomaly-Analysis Rule)：定期触发产生当前发生的安全状态报告。

Denning 模型实际上是一个基于规则的匹配模式系统，不是所有的 IDS 都能够完全符合该模型。Denning 模型最大的缺点在于没有包含已知系统漏洞或攻击方法的知识，而这些知识在许多情况下是非常有用的信息。

2.2.2　层次化入侵检测模型

Steven Snapp 等人在设计和开发分布式入侵检测系统时，提出了一个层次化的入侵检测模型，简称 IDM。IDM 模型给出了网络中的计算机受攻击时数据的抽象过程。也就是说，它给出了将分散的原始数据转换为高层次的有关入侵和被检测环境的全部安全假设过程。通过把收集到的分散数据进行加工抽象和数据关联操作，IDM 构造了一台虚拟的机器，这台机器由所有相连的主机和网络组成。将分布式系统看作是一台虚拟的计算机的观点简化了对跨越单机的入侵行为的识别。IDM 也应用在只有单台计算机的小型网络。

IDM 模型将入侵检测系统分为六个层次,从低到高依次为数据(Data)层、事件(Event)层、主体(Subject)层、上下文(Context)层、威胁(Thread)层和安全状态(Security State)层。

1. 第一层——数据层

数据层包括主机操作系统的审计记录、局域网监视器结果和第三方审计软件包提供的数据。在该层中,刻画客体的语法和语义与数据来源是关联的,主机或网络上的所有操作都可以用这样的客体表现出来。

2. 第二层——事件层

事件层处理的客体是对第一层客体的补充,该层的客体称为事件。事件描述第一层的客体内容所表示的含义和固有的特征性质,用来说明事件的数据域是动作(Action)和域(Domain)。动作描述了审计记录的动态特性,而域则描述了审计记录对象的特征。很多情况下,对象也指文件或设备,而域要根据对象的特征或其所在文件系统的位置确定。由于进程也是审计记录的对象,因此可以根据进程的功能将其归到某个域中。事件的动作包括会话开始、会话结束、读文件或设备、写文件或设备、进程执行、进程结束、创建文件或设备、删除文件或设备、移动文件或设备、改变权限、改变用户号等。事件的域包括标签、认证、审计、网络、系统、系统信息、用户信息、应用工具、拥有者和非拥有者等。

3. 第三层——主体层

主体是唯一的标识号,用来鉴别在网络中跨越多台主机使用的用户。

4. 第四层——上下文层

上下文层描述了事件发生的各种环境因素(如时间、地点、网络拓扑结构等)或者事件产生的背景,这些因素对于理解事件的真正含义和可能产生的威胁至关重要。上下文可以分为时间型和空间型两类。

(1) 时间型上下文通常关注事件发生的时间、持续的时间和发生的顺序。一个在正常工作时间才会出现的操作在非工作时间出现,那么这个操作就很值得怀疑。例如,异常登录尝试发生在公司正常工作时间之外,如深夜或凌晨,这个时间点通常不是公司员工正常登录系统的时间,因此就增加了这些登录尝试的可疑性。这些登录尝试持续了一段时间,而非一次性尝试,持续性的登录尝试表明攻击者可能正在尝试不同的登录凭据或策略,以绕过系统的安全防护。另外,事件发生的时间顺序也常用来检测入侵。IDM 要选取某个时间点为参考点,然后利用相关的事件信息检测入侵。

(2) 空间型上下文说明了事件的来源和入侵行为的相关性,事件与特别的用户或者一台主机相关联。还以上面的异常登录尝试为例,通过分析登录 IP 地址的地理位置信息,发现这些登录尝试来自一个与公司没有业务往来的国家。这种地理上的异常增加了攻击来自外部恶意源的可能性。进一步分析发现,这些登录尝试都试图通过公司的某个特定入口点进入系统,这个入口点可能是公司的防火墙或 VPN 服务器。这种集中的攻击路径表明攻击者可能已经针对该入口点进行了深入研究,并试图利用其中的漏洞。通常来说,需要关注一个用户从低安全级别计算机向高安全级别计算机的转移操作,而反方向的操作则不太重要。

5. 第五层——威胁层

威胁层考虑事件对网络和主机构成的威胁。当把事件及其上下文结合起来分析时,就能发现存在的威胁。威胁类型可以根据滥用的特征和对象进行划分，即入侵者做了什么和入侵对象是什么。滥用分为攻击、误用和可疑三种操作。攻击表明机器的状态发生了改变，误用则表明越权行为，而可疑只是入侵检测感兴趣的事件，不与安全策略冲突。滥用的目标划分为系统对象或者用户对象、被动对象或者主动对象。用户对象是指没有权限的用户或者是用户对象存放在没有权限的目录，系统对象则是用户对象的补集。被动对象是文件，而主动对象是运行的程序。

6. 第六层——安全状态层

安全状态层用 1～100 的数字表示网络的安全状态，数字越大，网络的安全性越低。实际上，可以将网络安全的数字值看作是系统中所有主体产生威胁的函数。尽管这种表示系统安全状态的方法会丢失部分信息，但是可以使安全管理员对网络的安全状态有一个整体的认识。在 DIDS(决策信息发布系统)中实现 IDM 模型时，使用一个内部数据库保存各个层次的信息，安全管理员可以根据需要查询详细的相关信息。

层次化入侵检测模型与通用入侵检测模型相比具有如下优势。

(1) 针对不同的数据源采用了不同的特征提取方法。Denning 通用入侵检测模型利用一个事件发生器处理全部的审计数据和网络数据包；层次化入侵检测模型将数据源分为两个层次，采用不同的特征提取和行为分析方法进行处理，提高了检测效率和可信度。

(2) 用攻击特征库和安全策略库取代活动记录。在通用入侵检测模型中，活动记录中保存了所有的信息，这样虽然集中，但是为检测引擎带来了相当大的麻烦，效率很低。而在层次化入侵检测模型中，已知的各种攻击行为都被存储在攻击特征库中，而处理未知入侵行为的正常行为模式和安全策略则被存放在安全策略库中。这两个库各有所长，相互补充。

(3) 以分布式结构取代单一结构。层次化入侵检测模型可以很方便地应用到分布式入侵检测环境中，可以实现分布式的网络入侵检测。

2.2.3　管理式入侵检测模型

随着网络技术的飞速发展，网络攻击手段越来越复杂，攻击者大都通过合作的方式攻击某个目标系统，单独的 IDS 难以发现这种类型的入侵行为。如果 IDS 也能够像攻击者那样合作，就有可能检测到。这样就需要一种公共的语言和统一的数据表达格式，能够让 IDS 之间顺利交换信息，从而实现分布式协同检测。但是，相关事件在不同层面上的抽象表示也是一个很复杂的问题。基于这样的因素，北卡罗来纳州立大学的 Felix Wu 等人从网络管理的角度考虑 IDS 的模型，提出了基于 SNMP 的 IDS 模型，简称 SNMP-IDSM。

SNMP-IDSM 以 SNMP 为公共语言实现 IDS 之间的消息交换和协同检测，它定义了 IDS-MIB，从网络管理的角度出发解决多个 IDS 协同工作的问题，通过共享信息和情报来进行更有效的网络监控和攻击检测，使原始事件和抽象事件之间关系明确，并且使这些关系易于扩展。

在 SNMP-IDSM 中，每个 IDS 作为一个独立的实体，通过 SNMP 协议与其他 IDS 进行通信。这种通信机制使得 IDS 之间可以传递警告信息、分享检测到的攻击特征、更新安全策略等。通过这种方式，网络中的 IDS 形成一个协同工作的网络，提高了整体的安全防护能力。

具体来说，SNMP-IDSM 通过以下方式实现 IDS 间的协同工作。

(1) 消息交换：IDS 之间通过 SNMP 协议交换消息，包括警告、攻击特征、安全策略更新等信息。

(2) 协同检测：通过共享情报，IDS 可以更好地识别和响应潜在的网络威胁。

(3) 管理视角：SNMP-IDSM 从网络管理的角度出发，解决了多个 IDS 协同工作的问题，提高了网络安全的整体水平。

下面举例说明 SNMP-IDSM 的工作原理，如图 2-2 所示。

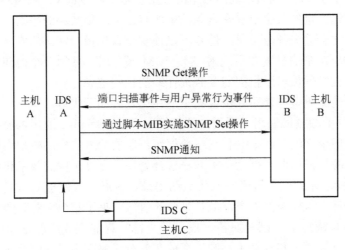

图 2-2　SNMP-IDSM 的工作原理

在该图中，IDS A 和 IDS B 分别负责监视主机 A 和主机 B，同时监视最新的 IDS 事件。IDS A 观察到一个来自主机 B 的攻击企图，IDS A 通过 SNMP 的 Get 操作与 IDS B 联系，IDS B 响应 IDS A 的请求，将半小时前发现有人扫描主机 B 的信息反馈给 IDS A。这样，某用户的异常活跃事件被 IDS B 发布，IDS A 怀疑主机 B 受到了攻击。为了验证和寻找攻击者的来源，IDS A 使用 MIB 脚本对 IDS B 实施 SNMP Set 操作。这些操作类似于"netstat""lsof"等命令，它们能够搜集主机 B 的网络活动和用户活动的信息。结果表明，是用户 X 在某个时刻实施了攻击行为，而且 IDS A 进一步得知用户 X 来自主机 C，此时 IDS A 会和 IDS C 进行联系，要求主机 C 向 IDS A 报告入侵事件。

🔎 提示

netstat 命令的作用是显示网络连接、路由表、网络接口信息等；lsof 命令的作用是列出当前系统打开的文件。

一般来说，攻击者在一次入侵过程中通常会采用以下步骤。

(1) 使用端口扫描、操作系统检测或者其他黑客工具收集目标的有关信息。

(2) 寻找系统的漏洞并且利用这些漏洞，如 Sendmail 的错误、匿名 FTP 的错误配置、X 服务器授权给任何人访问等。一些攻击企图失败被记录下来了，另外一些攻击企图则可能成功实施。

(3) 如果攻击成功，入侵者就会清除日志信息或者隐藏自己而不被其他人观察到。

(4) 安装后门，如 Rootkit、木马或者网络嗅探器等。

(5) 使用已攻破的系统作为跳板入侵其他主机，如用窃听口令攻击相邻的主机、搜索主机间的非安全信任关系等。

根据上述的攻击原理，SNMP-IDSM 采用五元组形式描述攻击事件。该五元组的格式为 <WHERE，WHEN，WHO，WHAT，HOW>。其中各个字段的含义如下。

(1) WHERE：描述产生攻击的位置，包括目标所在地、在什么地方观察到事件发生等。

(2) WHEN：事件的时间戳，用来说明事件的起始时间、终止时间、信息频度或发生次数。

(3) WHO：表明 IDS 观察到的事件，如果可能，记录哪个用户或进程触发事件。

(4) WHAT：记录详细信息，如协议类型、协议说明数据和包的内容。

(5) HOW：用来连接原始事件和抽象事件。

SNMP-IDSM 定义了用来描述入侵事件的管理信息库(MIB)，并将入侵事件分为原始事件(Raw Event)和抽象事件(Abstract Event)两层结构。原始事件指的是引起安全状态迁移的事件或者是表示单个变量偏移的事件，而抽象事件是指分析原始事件所产生的事件。原始事件和抽象事件的信息都用四元组 <WHERE，WHEN，WHO，WHAT>来描述。

2.3　入侵检测系统的分类

通过对现有的入侵检测技术的研究，可以从以下六个方面对入侵检测系统进行分类。

2.3.1　按数据来源分类

根据入侵检测系统所用的数据来源可以分为基于主机的入侵检测系统、基于网络的入侵检测系统和基于混合数据源的入侵检测系统。

1. 基于主机的入侵检测系统(HIDS)

基于主机(Host-Based)的入侵检测系统是早期的入侵检测系统结构，通常安装在重点监测的主机上，用于保护运行关键应用的服务器，其检测的目标主要是主机系统和系统本地用户。它从单个主机上提取数据(如系统日志、应用程序日志等)作为入侵分析的数据源，检测可疑行为和攻击；它还监控该主机的网络实时连接、关键的系统文件和可执行文件的完整性、主机的端口活动等，发现入侵或入侵企图，并启动相应的应急措施。HIDS 适用于检测利用操作系统和应用程序运行特征的攻击手段，如利用后门进行的攻击等。

HIDS 的关键点是审计信息，即分析数据的准确性和效率等。这种方法的最大弱点是系统自身的安全性，由于检测系统的特殊性，自身很容易受到攻击。当系统受到攻击后，检测和分析的准确度和性能都会受到影响。如果该主机被控制，那么整个内部网络就会被攻陷。

HIDS 的优点有：通过系统日志能够发现一个攻击的成功或失败；能够更加精密地监视主机系统中的各种活动，如对敏感文件、目录、程序或端口的存取；非常适用于加密和交换环境；不需要额外的硬件；能迅速、准确地定位入侵者，并可以结合操作系统和应用程序的行为特征对入侵进行分析。

HIDS 存在的问题是：依赖于特定的操作系统和审计跟踪日志，系统的实现主要针对某种特定的系统平台，兼容性和通用性比较差；会对服务器的性能造成一定影响；如果入侵者修改系统核心，则可以骗过 HIDS；不能通过分析主机的审计记录检测网络攻击。

2. 基于网络的入侵检测系统(NIDS)

基于网络(Network-Based)的入侵检测系统能够实时监听网络上的所有分组，根据相应的网络协议和工作原理实现对网络数据包的捕获和过滤，并进行入侵特征识别和协议分析，从而检测出网络中存在的入侵行为。NIDS 使用原始的网络包作为数据源，通常利用一个运行在混杂模式下的网络适配器来进行实时监控，并分析通过网络的所有通信业务。

NIPS 通过检测流经的网络流量，提供对网络系统的安全保护。NIPS 通常被设计成类似于交换机的网络设备，提供线速吞吐速率以及多个网络端口，因此需要具备很高的性能，以免成为网络的瓶颈。

NIDS 不依赖于被保护的主机操作系统，能检测到 HIDS 发现不了的入侵攻击行为，并且由于网络监听器对入侵者是透明的，因此使得监听器被攻击的可能性大大减小，具有良好的隐蔽性，可以提供实时的网络行为检测，同时保护多台网络主机；但另一方面，由于无法实现对加密信道和某些基于加密信道的应用层协议数据的解密，网络监听器对其不能进行跟踪，导致对某些入侵攻击的检测率较低。

网络数据包捕获机制是 NIDS 的基础。通过捕获整个网络的所有信息流量，根据信息源主机、目标主机、服务协议端口等信息简单过滤掉不关心的数据，再将用户感兴趣的数据发送给更高层的应用程序进行分析。一方面，要能保证采用的捕获机制能捕获到所有网络上的数据包，尤其是检测到被分片的数据包。另一方面，数据捕获机制捕获数据包的效率也很重要，它直接影响整个 NIDS 的运行速度。

NIDS 的优点主要包括如下几方面。

(1) NIDS 实时分析网络数据，检测来自网络的攻击和超过授权的非法访问，不但可以对攻击预警，还可以通过与防火墙的联动，更有效地阻止非法入侵和破坏。

(2) NIDS 可以监视同一网段的多台主机的网络行为。

(3) NIDS 配置简单且不占用其他计算机系统的任何资源，不需要改变其他系统和网络的配置和工作模式，也不影响其他系统和网络的性能。

(4) 作为一个独立的网络设备，NIDS 属于被动接收方式，很难被入侵者发现，隐秘性好，发生故障时不会影响网络的正常运行。

(5) 有较强的分析能力：NIDS 可以从底层开始分析，对基于协议攻击的入侵手段有较强的分析能力。

(6) 实时保护，事后分析取证：NIDS 既可以用于实时监测系统，也可以作为记录审计系统，可以做到实时保护，事后分析取证。

3. 基于混合数据源的入侵检测系统

基于混合数据源的入侵检测系统(也可以称为分布式入侵检测系统)将基于主机和基于网络的检测方法集成到一起，一般由多个部件组成，这些部件分布在网络的各个部分，以完成相应的功能，分别进行数据采集、数据分析等，通过中心的控制部件进行数据汇总、分析、产生入侵报警等。

基于混合数据源的入侵检测系统以多种数据源为检测目标，既可以发现网络中的攻击信息，检测到针对整个网络的入侵；也可以从系统日志中发现异常情况，检测到针对单独主机的入侵，具有比较全面的检测能力。

2.3.2　按分析方法分类

按照不同的入侵检测分析方法，可将入侵检测系统分为异常入侵检测系统和误用入侵检测系统两类。

1. 异常入侵检测系统

异常检测(Anomaly Detection)首先需要总结正常行为应该具有的特征或轨迹，当用户活动与正常行为有重大偏离时即被认为是入侵；异常检测可以发现未知的攻击方法。

异常入侵检测系统以被监控系统的正常行为轨迹作为检测入侵行为和异常活动的依据，当发现与正常行为不同的行为时，就认定为有入侵行为发生。

异常阈值与特征的选择是异常入侵检测系统的关键。如何对检测建立异常阈值，如何定义正常的模式、降低误报率，都是目前比较难解决的问题。

异常入侵检测的优点是不依赖于攻击特征，不需要专门维持操作系统缺陷的特征库，立足于受检测的目标发现入侵行为能有效检测对合法用户的冒充检测；缺点是建立正常的行为轮廓和确定异常行为轮廓的阈值困难，而且不是所有的入侵行为都会产生明显的异常。

2. 误用入侵检测系统

误用检测(Misuse Detection)收集非正常行为的特征(知识、模式等)，建立相关的特征库，当检测的用户或系统行为与库中的记录相匹配时，系统就认为这种行为是入侵。误用检测适用于对已知模式的可靠检测。误用检测也称为特征检测(Signature-based Detection)。

相比于异常检测，误用检测更侧重于已知入侵行为的模式、特征，将这些模式、特征用各种方式表达出来，形成各种规则。误用入侵检测系统假定所有入侵行为和手段(及其变种)都能够表达为一种模式或特征，所有已知的入侵方法都可以用匹配的方法进行检测。

误用入侵检测的关键是如何表达入侵的模式，把真正的入侵和正常行为区分开。入侵行为的变种就比较难发现，这就需要模式库不断更新，才能有效地检测到各种入侵行为。

误用检测的方法很多，比如基于条件概率的误用检测，利用条件概率的方法进行入侵检测；基于专家系统的误用检测，利用专家系统提供入侵知识库，利用已有的知识检测入侵行为；基于神经网络的误用检测，神经网络具有可训练性，对它不断测试、训练可以达到入侵检测的效果。

误用入侵检测的优点是比较简单，效率也较高，误报率较低，可检测所有已知的入侵行为，能够明确入侵行为并提示防范方法；缺点是只能发现已知的入侵行为，对未知的入侵行为无能为力，对内部人员的越权行为无法进行检测。

2.3.3　按检测方式分类

按照不同的入侵检测方式，可将入侵检测系统分为实时入侵检测系统和非实时入侵检测系统两类。

1. 实时入侵检测系统

实时入侵检测系统也称为在线入侵检测系统，通过实时监测并分析主机或网络的流量、审计记录及各种日志信息发现攻击，快速响应，用来保护系统的安全。这种实时性只是在一定的条件下、一定的系统规模中具有的相对实时性，如果超出一定的网络规模，这种相对的实时性也难以保证。在高速网络中，它的检测率难以令人满意，但随着计算机硬件速度的提升，对入侵攻击进行实时检测和响应成了可能。

2. 非实时入侵检测系统

非实时入侵检测系统也称为离线入侵检测系统，通常是对一段时间内的被检测数据进行分析，发现入侵攻击并做出相应的处理。这种检测主要为事后响应服务，同时它也可以通过不断地完善信息(如规则库中的规则、知识库中的知识量)提高准确率。非实时的离线批量处理方式虽然不能及时发现入侵攻击，但可以运用复杂的分析方法发现某些实时方式不能发现的入侵攻击，可以一次分析大量事件，系统的成本更低。

在高速网络环境下，因为要分析的网络流量非常大，直接用实时检测方式对数据进行详细的分析是不现实的，往往是用在线检测方式和离线检测方式相结合的方式，用实时方式对数据进行初步的分析，对那些能够确认的入侵攻击进行报警，对可疑的行为再用离线的方式作进一步的检测分析，同时分析结果可用来对 IDS 进行更新和补充。

2.3.4　按检测结果分类

按照不同的入侵检测结果，可将入侵检测系统分为二分类入侵检测系统和多分类入侵检测系统两类。

1. 二分类入侵检测系统

二分类入侵检测系统只提供是否发生入侵攻击的结论性判断，不能提供更多可读的、有意义的信息，只输出有无入侵发生，而不报告具体的入侵行为。

2. 多分类入侵检测系统

多分类入侵检测系统能够分辨出当前系统遭受的入侵攻击的具体类型，如果认为是非正常行为，则输出的不仅是有无入侵发生，而且会报告具体的入侵类型，以便管理员快速采取合适的应对措施。

2.3.5　按响应方式分类

按照不同的响应方式，可将入侵检测系统分为主动入侵检测系统和被动入侵检测系统两类。

1. 主动入侵检测系统

主动入侵检测系统在检测出入侵行为后，可自动对目标系统中的漏洞采取修补、强制可疑用户退出系统以及关闭相关服务等对策和响应措施。

2. 被动入侵检测系统

被动入侵检测系统在检测出对系统的入侵攻击后，只是产生报警信息通知系统安全管理员，之后的处理工作由系统管理员完成。

早期的入侵检测系统大多是采用被动响应的方式实现的。被动响应只起为用户提供通知或警报的作用，由用户自己决定用什么方式或措施应对这种入侵行为。

2.3.6　按发布方式分类

按照系统各个模块运行的分布方式不同，可将入侵检测系统分为集中式入侵检测系统和分布式入侵检测系统两类。

1. 集中式入侵检测系统

集中式入侵检测系统的各个模块(包括数据的收集、分析、响应)都集中在一台主机上运行，这种方式适用于网络环境比较简单的情况。集中式的网络入侵检测系统存在主机压力大、可扩展性差、易单点失败等问题，且精确度一般比较差，无法知道主机内部网络用户对系统的安全威胁。

2. 分布式入侵检测系统

分布式入侵检测系统的各个模块分布在网络中的不同位置，分别完成数据收集、数据分析、控制输出分析结果等功能。一般来说，分布性主要体现在数据收集模块上，如果网络环境比较复杂、数据量比较大，那么数据分析模块也会按照层次性的原则发布部署。

与集中式入侵检测系统相比，分布式入侵检测系统的优点有：主机的压力明显减少，可扩展性大大提高，单点失败问题也能有效地解决。但分布式入侵检测技术要求比较高，各个组件之间的协调比较困难，需要研究如何合理地结合这些组件，使系统的性能、负载等达到最优。

2.4　入侵检测系统的体系架构

为解决入侵检测系统之间的互操作性，国际上的一些研究组织开展了标准化工作，目前对 IDS 进行标准化工作的有两个组织，分别是 IETF 的 Intrusion Detection Working Group (IDWG)和 Common Intrusion Detection Framework(CIDF)。CIDF 早期由美国国防部高级研究计划局赞助研究，现在由 CIDF 工作组负责，是一个开放组织。

1. 入侵检测系统的体系架构

CIDF 的体系结构文档将一个入侵检测系统分为四个相对独立的组件，分别是事件产生器(Event Generators)、事件分析器(Event Analyzers)、响应单元(Response Units)和事件数据库(Event Databases)。

(1) 事件产生器：负责原始数据的收集，将收集到的原始数据转换成事件，向系统的其他部分提供此事件。收集的信息包括系统或网络的日志文件、网络流量、系统目录和文件的异常变化、程序执行中的异常行为。入侵检测很大程度上依赖于收集信息的可靠性和正确性。

(2) 事件分析器：负责接收事件信息，对获得的数据进行分析，判断是否为入侵行为或异常现象，将判断的结果转变为告警信息。事件分析器的分析方法有如下三种。

- 模式匹配：将收集到的信息与已知的网络入侵和系统误用模式数据库进行比较，从而发现违背安全策略的行为。
- 统计分析：首先给系统对象(如文件、用户目录和设备等)创建一个统计描述，统计正常使用时的一些测量属性(如访问次数、操作失败次数和延时等)；然后测量属性的平均值和偏差将被用来与网络、系统的行为进行比较，观察值在正常范围外时，就认为有入侵发生。
- 完整性分析：主要关注某个文件或对象是否被更改，往往用于事后分析。

(3) 响应单元：负责对分析结果作出反应，可以做出切断连接、改变文件属性等强烈反应，也可以只是简单地报警。

(4) 事件数据库：负责存放各种中间和最终数据的地方的统称，它可以是复杂的数据库，也可以是简单的文本文件。

这四个组件交换数据的形式是通用入侵检测对象(Generalized Intrusion Detection Objects, GIDO)，并用 CISL(Common Intrusion Specification Language，通用入侵规范语言)表示。CIDF 的架构图如图 2-3 所示。

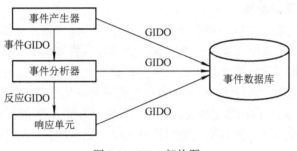

图 2-3　CIDF 架构图

一个 GIDO 可以表示在一些特定时刻发生的一些特定事件，也可以表示从一系列事件中得出的一些结论，还可以表示执行某个行动的指令。CIDF 中的事件产生器负责从整个计算环境中获取事件，但它并不处理这些事件，而是将事件转化为 GIDO 标准格式提交给其他组件使用。

2. 入侵检测系统的工作模式

无论是什么类型的入侵检测系统，其工作模式都可以总结为以下四个步骤。

(1) 从系统的不同环节收集信息。

(2) 分析该信息，试图寻找入侵活动的特征。

(3) 自动对检测到的行为进行响应。

(4) 记录并报告检测过程和结果。

3. 入侵检测系统的功能结构

一个典型的入侵检测系统从功能上可分为感应器(Sensor)、分析器(Analyzer)和管理器(Manager)三个组成部分，如图 2-4 所示。

(1) 感应器：也称为传感器，负责收集信息，其信息源可以是系统中可能包含入侵细节的任何部分，比较典型的信息源有网络数据包、log 文件、系统调用的记

图 2-4　入侵检测系统的功能结构

录等。感应器收集这些信息并将其发送给分析器。

(2) 分析器：从许多感应器接收信息，并对这些信息进行分析，以判断是否有入侵行为发生。如果有入侵行为发生，分析器将提供关于入侵的具体细节，并提供可能采取的对策。一个入侵检测系统通常可以对检测到的入侵行为采取相应的措施进行反击，如防火墙丢弃可疑的数据包、当用户表现出不正常行为时拒绝其进行访问、向其他同时受到攻击的主机发出警报等。

(3) 管理器：也称为用户控制台，它以一种可视的方式向用户提供收集到的各种数据及相应的分析结果，用户可以通过管理器对入侵检测系统进行配置，设定各种系统的参数，从而对入侵行为进行检测以及对相应措施进行管理。

 ## 2.5 入侵检测与防御的流程

入侵检测与防御技术的核心问题就是如何获取描述行为特征的数据，如何利用特征数据精确地判断行为的性质以及如何按照预定策略实施响应。因此，入侵检测与防御的流程可以分为信息收集、信息分析和告警与响应三个阶段，如图 2-5 所示。

图 2-5　入侵检测与防御的流程

2.5.1　信息收集

信息收集，即从入侵检测系统的信息源中收集信息，这些信息是能反映受保护系统运行状态的原始数据，包括系统、网络、数据以及用户活动的状态和行为等，以便为后续的入侵分析提供安全审计数据。

在进行信息收集时，需要在计算机网络系统中的不同关键点(不同网段、不同主机)收集。信息收集的范围越广，入侵检测系统的检测范围越大。此外，从一个信息源收集到的信息可能看不出疑点，但从几个信息源收集到的信息的不一致性却可能是可疑行为或入侵的最好标志。

信息收集获取的原始数据可能非常庞大，并存在杂乱性、重复性和不完整性等问题。

(1) 杂乱性是指将原始数据从各个代理服务器中采集后送到中心检测平台，而各个代理服务器的审计机制的配置并不完全相同，所产生的审计日志信息存在一些差异，所以有些数据就显得杂乱无章。

(2) 重复性是指对于同一个客观事物，系统中存在多个物理描述。

(3) 不完整性是指由于实际系统存在的缺陷以及一些人为因素，数据记录中出现数据属性的值丢失或不确定的情况。黑客入侵后，为了隐藏其入侵的痕迹，经常会对一些审计日志文件进行修改，这样就会造成数据或数据的某个数据项丢失。

因此，在获得原始数据之后，还需要通过数据集成、数据清洗、数据简化等几个方面对原始数据进行预处理，如审计日志精简、格式化、网络数据包协议解析和连接记录属性精简等预处理工作，然后将能够反映系统或网络行为事件的数据提交给入侵检测分析引擎进行分析。

入侵检测是基于审计数据分析来判断事件性质的。数据源的可靠性数据质量、数据数量和数据预处理的效率都会直接影响 IDS 的检测性能，所以信息收集是整个 IDS 的基础工作。

信息收集的数据源包括基于主机的数据源、基于网络的数据源、应用程序日志、来自其他入侵检测系统的报警信息和其他设备的日志信息。

1. 基于主机的数据源

审计数据是收集一个给定机器用户活动信息的唯一方法。但是，当系统受到攻击时，系统的审计数据很有可能被修改。这就要求基于主机的入侵检测系统必须满足一个重要的实时性条件，即检测者必须在攻击者接管并暗中破坏系统审计数据或入侵检测系统之前完成对审计数据的分析，产生报警并采取相应措施。

系统主机的数据来源包括系统的运行状态信息、系统的记账信息、系统日志、C2 级安全审计信息等。

1) 系统的运行状态信息

所有的操作系统都会提供一些系统命令来获取系统的运行情况。在 Unix 环境中，这类命令有 ps、pstat、vmstat、gertlimit 等。这些命令直接检查系统内核的存储区，所以它们能够提供相当准确的关于系统事件的关键信息。但是，由于这些命令不能以结构化的方式收集或存储对应的审计信息，因此很难满足入侵检测系统连续进行审计数据收集的需求。

2) 系统的记账信息

记账(Accounting)是通用性的信息源，具有记录格式一致、压缩以节省空间、开销小、易集成等优点，但也存在空间达到 90%自动停止、缺乏精确的时间戳、缺乏精确的命令识别(只记录命令的前 8 个字符)、缺乏活动记录(只记录运行终止的信息)、获取信息的时间太迟等缺点，导致其不能可靠地作为 IDS 的数据源，一般只作为审计数据的一个补充。

3) 系统日志

系统日志一般是指 Syslog 守护程序提供的信息。Syslog 是操作系统为系统应用提供的一项审计服务，这项服务在系统应用提供的文本串形式的信息前面添加应用运行的系统名和时间戳信息，然后进行本地或远程归档处理。

Syslog 很容易使用，如 login、Sendmail、NFS HTTP 等系统应用和网络服务，还有安全类工具(如 sudo、klaxon、TCP wrappers 等)都用它作为自身的审计记录。但是 Syslog 并不安全，据 CERT(Computer Emergency Response Team，计算机安全应急响应组)报告，一些 Unix 的 Syslog 守护程序极易遭受缓冲区的溢出性攻击。因此，只有少数入侵检测系统采用 Syslog 守护程序提供的信息。

4) C2 级安全审计信息

美国国家标准局公布的可信计算机系统评估标准(Trusted Computer System Evaluation Criteria，TCSEC)将计算机系统的安全划分为 D1、C1、C2、B1、B2、B3、A 共 4 个等级、7 个级别，从 C2 级开始提出了安全审计的要求，随着保护级别的增加安全审计逐渐增强，B3 级以及之后更高的级别则不变化。

按照 TESEC，DOS、Windows 3.x 及 Windows 95(不在工作组方式中)属于 D 级的计算机操作系统；某些 Unix、Novell 3.x 或更高版本、Windows NT 属于 C1 级的兼容计算机操作系统，部分达到 C2 级；一些 Unix、Windows 2000、Windows XP 及更高版本的计算机操作系统属于 C2 级及以上。

系统的安全审计记录了系统中所有潜在的安全相关事件的信息。在 Unix 系统中，审计系统记录了用户启动的所有进程执行的系统调用序列。和一个完整的系统调用序列比较，审计记录将其进行了有限的抽象，其中没有出现上下文切换、内存分配、内部信号量以及连续的文件读的系统调用序列。这也是一个把审计时间映射为系统调用序列的直接方法。Unix 的安全记录中包含了大量关于事件的信息，包括用于识别用户、组的详细信息(如登录身份、用户相关的程序调用)，系统调用执行的参数(如路径的文件名、命令行参数)，系统程序执行的返回值、错误码等。

使用安全审计的优点是可对用户进行验证，可通过配置审计系统实现审计事件的分类，可根据用户、类别、审计事件、系统调用的成功与否获取详细的参数化信息等。

使用安全审计的缺点是详细监控时会耗费大量系统资源，通过填充磁盘空间可造成 DoS 攻击，异构环境获得的审计数据量大且复杂。

C2 级安全审计是目前唯一能够对信息系统中活动的详细信息进行可靠收集的机制，是大多数 IDS 的主要信息源。一些研究小组建议制定一个审计记录通用格式并定义必须包含在审计记录中的信息。

2. 基于网络的数据源

在商业入侵检测产品中，最常见的是基于网络的数据源。这是因为通过网络监控获得信息的性能代价低，当数据包通过网络时，监控器很容易读取它们，但监控器并不影响网络上运行的其他系统的性能，而且在网络上运行的监控器可以是透明的，攻击者很难轻易找到并使之无效。

网络监控器还可以发现基于主机的系统不容易发现的攻击的证据，包括基于非法格式包和各种拒绝服务攻击的网络攻击等。

1) SNMP 信息

SNMP(Simple Network Management Protocol，简单网络管理协议)是一种应用层协议，专门设计用于在 IP 网络中管理网络节点(如服务器、工作站、路由器、交换机、集线器等)的一种标准协议。SNMP 使网络管理员能够管理网络效能，发现并解决网络问题以及规划网络增长。

SNMP 的管理信息库(MIB)是一个用于网络管理的信息库，其中存储有网络配置信息(如路由表、地址、域名等)、性能、记账数据(如不同网络接口和不同网络层业务测量的计数器)。例如，可以利用 SNMP v1 管理信息库中的计数器作为基于行为的入侵检测系统的输入信息。一般在网络接口层检查这些计数器，这是因为网络接口主要用来区分信息是发送到网络，还是通过回路接口发送回操作系统内部。有些研究人员在安全工具研究中考虑使用 SNMP v3 的相关信息。

2) 网络通信包

多数入侵行为是通过网络进行的，几乎所有的拒绝服务攻击都是基于网络的攻击，而且对它们的检测也只能借助网络，HIDS 靠审计系统不能获取关于网络数据传输的信息。攻击者经常使用网络嗅探器来捕获网络数据包，获取有用的系统信息，如口令甚至全部通信内容。

在利用网络通信包作为数据源时，如果入侵检测系统作为过滤路由器直接利用模式匹配、签名分析或其他方法对 TCP 或 IP 报文的原始内容进行分析，那么分析的速度就会很快；但如果入侵检测系统作为一个应用网关来分析与应用程序或所用协议有关的每个数据报文，那么对数据的分析就会更彻底，但开销也很大。

将网络通信包作为入侵检测系统的分析数据源，可以解决以下安全相关的问题。

(1) 检测只能通过分析网络业务才能检测出的网络攻击，如拒绝服务攻击。

(2) 不存在 HIDS 在网络环境下遇到的审计记录格式的异构性问题，因为 IT 网络的协议基本采用标准的 TCP/IP。

(3) 由于使用专门的设备进行信息收集和分析，因此不会影响网络的性能。

(4) 某些工具可通过签名分析报文的头信息来检测针对主机的攻击。

这种方法也存在一些典型的弱点：

(1) 由于报文信息和发出命令的用户之间没有可靠的联系，因此检测出入侵时很难确定入侵者。

(2) 若使用了加密技术，则这些检测工具将会失去大量有用的信息，因为无法对网络通信包进行分析。

3. 应用程序日志

系统应用服务器化的趋势，使得应用程序的日志文件在入侵检测系统的分析数据源中具有相当重要的地位。与系统审计记录和网络通信包相比，应用程序的日志文件具有以下三方面的优势。

1) 精确性(Accuracy)

C2 级安全审计和网络通信包必须经过数据预处理才能被入侵检测系统分析引擎使用。这种预处理过程是基于协议规范和应用程序接口(API)规范的解释，应用程序开发者的解释可能与入侵检测系统中的解释不一致，从而造成入侵检测系统对安全信息的理解偏差。而直接从应用程序日志中提取信息，可以尽量保证入侵检测系统获取安全信息的准确性。

2) 完整性(Completeness)

使用 C2 级安全审计或网络通信包时，需要对多个审计进行调用或对网络通信包进行重组，以便重建应用层的会话，特别是在多主机系统中。但这种重组很难达到要求。例如，通过匹配 HTTP 请求和响应确定一个成功的请求，用目前的工具很难完成。而对应用程序日志文件来说，即使应用程序是一个运行在一组计算机上的分布系统，如 Web 服务器、数据库服务器等，它的日志文件也能包含所有的相关信息。另外，应用程序还能提供审计记录或网络包中没有的内部数据信息。

3) 性能(Performance)

通过应用程序日志选择与安全相关的信息，会出现系统信息收集机制的开销远小于使用安全审计记录的情况。

使用应用程序日志也有以下的缺点。

(1) 只有当系统能够正常写应用程序日志时，才能够检测出针对系统的攻击行为。如果对系统的攻击使系统不能正常记录应用程序日志，那么入侵检测系统将得不到检测需要的信息，比如许多拒绝服务攻击会导致系统无法正常记录应用程序日志。

(2) 许多入侵攻击只是针对系统软件底层协议中的安全漏洞，如网络驱动程序、IP 协议等。而这些攻击行为不利用应用程序代码，所以它们受攻击的过程就不会被记录在应用程序日志中，唯一能够看到的是攻击结果，如系统重新启动。

4. 其他入侵检测系统的报警信息

随着网络技术和分布式系统的发展，入侵检测系统也从基于主机的系统转向基于网络分布式的系统。基于网络、分布式环境的检测系统为了覆盖较大的范围，一般采用分层的结构，由许多局部的入侵检测系统进行局部检测，然后把局部检测结果汇报给上层检测系统，而且各局部入侵检测系统也可以把其他局部入侵检测系统的结果作为参考，弥补不同检测机制的入侵检测系统的不足。因此，其他入侵检测系统的报警信息也是入侵检测系统的重要数据来源。

5. 其他设备的日志信息

大部分的网络设备(如交换机、路由器、网络管理系统)和安全设备(如防火墙、安全扫描系统、访问控制系统)都具有比较完善的关于设备的性能、使用统计资料以及自身的活动等的日志信息。通过这些信息，可以判断已探测出的问题是与安全相关的，还是与系统其他方面原因相关的，与安全相关的信息也可作为入侵检测系统的信息源。

2.5.2　信息分析

信息分析是入侵检测行为过程中的核心环节，没有信息分析功能，入侵检测也就无从谈起。入侵检测分析引擎也称为入侵检测模型，是 IDS 的核心模块，负责对信息收集阶段提交的数据进行分析。

从入侵检测的角度来说，信息分析是指针对用户和系统活动数据进行有效的组织、整理并提取特征，以发现网络或系统中违反安全策略的行为和被攻击的迹象。信息分析可以实时进行，也可以事后分析。在很多情况下，事后的进一步分析是为了寻找行为的负责人。

信息分析的目的主要有以下三点。

(1) 重要的威慑力：通过信息分析，可以发现或追踪入侵者的攻击行为，从而起到震慑攻击者的目的。

(2) 安全规划和管理：在分析过程中可能发现系统安全规划和管理中存在的漏洞，安全管理员可以根据分析结果对系统进行重新配置,避免被攻击者利用窃取信息或破坏系统。

(3) 获取入侵证据：入侵分析可以提供有关入侵行为详细、可信的证据，这些证据可用于事后追究入侵者的责任。

入侵检测的分析方法有很多，包括误用检测、异常检测、基于状态的协议分析技术等。

1. 误用检测

误用检测根据已知的入侵模式检测入侵，是一种基于模式匹配的网络入侵检测技术。假设所有的网络攻击行为和方法都具有一定的模式或特征，可以把以往发现的所有非正常操作的行为特征总结出来建立模式数据库(简称模式库，也叫特征库、知识库、规则库)，当监测的用户或系统行为与模式库中的记录相匹配时，系统就认为这种行为是入侵。误用入侵检测模型如图 2-6 所示。

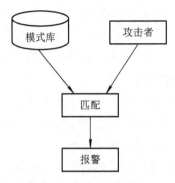

图 2-6　误用入侵检测模型

误用检测的特点是采用特征匹配，误用模式能明显降低误报率，但漏报率随之增加。攻击特征的细微变化会使得误用检测无能为力。

误用入侵检测依赖模式库，如果没有构造好模式库，则误用入侵检测系统就不能检测到入侵行为。其检测过程可以很简单，如通过字符串匹配以寻找一个简单的条目或指令；也可以很复杂，如利用正规的数学表达式来表示安全状态的变化。

误用入侵检测的主要假设是具有能够精确按某种方式编码的攻击。通过捕获攻击及重新整理，可确认入侵活动是基于同一弱点进行攻击的入侵方式的变种。但有时以某种编码模式并不能有效捕获独特的入侵，某些模式的估算具有固定的不准确性，导致误用入侵检测系统不可避免地出现一定的误报和漏报现象。

误用入侵检测的关键在于模式库的升级和模式的匹配搜索，适用于已知模式的可靠检测，误报率低，但它仅能检测到模式库存储的当前已知的攻击模式和系统脆弱性，无法检测新的未知入侵模式。误用检测的难点在于如何设计模式可以既表达入侵又不会将正常的活动包含进来。

典型的误用入侵检测方法有以下几种。

1) 模式匹配(Pattern Matching)

基于模式匹配的误用入侵检测方法是最基本的误用检测分析方法，该方法将已知的入侵特征转化成模式存放于模式数据库中。在检测过程中，模式匹配模型将发生的事件与入侵模式库中的入侵模式进行匹配，如果匹配成功，则认为有入侵行为发生。

2) 专家系统(Expert System)

基于专家系统的误用入侵检测方法是最传统、最常用的误用入侵检测方法。专家系统内部包括知识库(规则库)和推理机两个主要部分。知识库是描述攻击的一组规则，是由安全专家对入侵行为的分析经验形成的，规则以过去的入侵、系统已知的弱点、安全政策为依据，将有关入侵的知识转化成 if-then 结构的规则，即将构成入侵所要求的条件转化为 if 部分，将发现入侵后采取的相应措施转化成 then 部分。系统根据知识库中的内容对检测数据进行评估，判断是否存在入侵行为模式。其中的 if-then 结构构成了描述具体攻击的规则库，状态行为及其语义环境可根据审计事件得到，推理机根据规则和行为完成判断工作。专家系统一般不用于商业产品中，商业产品运用较多的是模式匹配(或称特征分析)。

专家系统的优点在于把系统的推理控制过程和问题的最终解答相分离，用户不需要理解专家系统内部的推理过程，只需把专家系统看作自治的黑盒子。当然，这个黑盒子的生成是一项困难而费时的工作，用户必须把决策引擎和检测规则以编码的方式嵌入系统中。

基于专家系统的入侵检测存在以下缺点。

(1) 专家系统的推理通常使用解释型语言，处理海量数据时存在效率低的问题。

(2) 缺乏处理数据前后的相关性问题的能力。

(3) 不能处理不确定性。

(4) 性能取决于设计者的知识和技能。

(5) 规则库的维护较困难。

3) 状态转换(State Transition)

状态转换法采用系统状态和状态转移的表达式来描述已知的攻击模式，用优化的模式匹配技术来处理误用检测问题，具有处理速度快和系统灵活等特点。因此，状态转换法已成为当今最具有竞争力的入侵检测方法。

实现入侵检测状态转换的方法有很多，其中最主要的方法是状态转换分析和有色 Petri 网。

(1) 状态转换分析。

状态转换分析是使用高级状态转换图表分析和检测已知入侵攻击的一种方法。状态转换图表是贯穿模型的图形化表示，如图 2-7 所示，节点代表状态，箭头代表转换，每一个状态由一个或多个状态声明组成。状态转换分析把入侵者渗透的过程看作从有限的特权开始利用系统存在的脆弱性，逐步提升自身的权限，把攻击者获得的权限或攻击成功的结果表示为系统状态。开始点的有限特权和成功的入侵都能作为系统状态来表达。

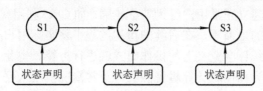

图 2-7 状态转换图表

状态转换法将入侵过程看作一个行为序列，这个行为序列导致系统从初始状态转到被入侵状态。分析时首先针对每一种入侵方法确定系统的初始状态和被入侵状态，以及导致状态转换的转换条件，即导致系统进入被入侵状态必须执行的操作(特征事件)；然后用状态转换图来表示每一个状态和特征事件，这些事件被集成于模型中，所以检测时不需要一个个地查找审计记录。但是，状态转换是针对事件序列分析的，所以不适用于分析十分复杂的事件，而且不能检测与系统状态无关的入侵。

(2) 有色 Petri 网。

有色 Petri 网(Coloured Petri Nets, 简称 CP-Nets 或者 CPNs)法由 Purdue 大学设计，IDIOT 系统是该方法的具体实现。

CP-Nets 是描述事件与条件关系的网络，是一种用于建模和验证并发和分布式系统以及其他系统的语言。任何系统都可抽象为状态、活动(或事件)及其之间关系的三元组。Petri 网结构是一个三元组 N = (P, T, F)，其中 P 为位置，表示系统状态；T 为迁移，表示资源的消耗、使用及使系统产生变化的活动；F 为流关系，表示位置和迁移之间的依赖关系。

IDIOT 系统采用 CP-Nets 的变种表示和检测入侵模式，一个入侵为一个 CP-Net，通过令牌颜色来模拟事件上下文，通过审计记录驱动信号匹配，并通过从起始状态到结束状态逐步移动令牌来表示一个入侵，当模式匹配时，指定的动作被执行。

有色 Petri 网法关注事件与所处系统环境之间的关系，入侵行为的特征被表示为事件和它们所处系统环境(上下文)之间的一种关系模式。每种入侵模式都与先前所具备的条件以及随后发生的动作相关，该关系模式可精确描述入侵和入侵企图，并提供一种通用的、与系统架构无关的模式表达和匹配模型。

这种模式匹配模型由下面三个部分组成。

(1) 一个上下文描述：允许匹配相关的构成入侵信号的各种事件。

(2) 语义学：容纳了几种混杂在同一事件流中的入侵模式的可能性。

(3) 一个动作规格：当模式匹配时，提供某种动作的执行。

用此方法进行误用检测有许多优点，具体如下：

(1) 速度非常快，检测效率高。在一个非优化 IDIOT 的实验中，每小时激烈活动(产生 C2 审计记录)中匹配 100 个入侵模式，检测器需要 135 s。与 Sun SPARC 平台每小时产生大约 6 MB 审计数据相比，这个结果表明其处理负荷少于 5%。

(2) 模式匹配引擎独立于审计格式，这样它能应用在 IP 包和其他问题检测中。

(3) 入侵特征具备跨平台的可移植性，特征在跨越审计记录方面非常方便。

(4) 只需关注匹配内容，无须关心匹配方式，模式能根据需要进行匹配。

(5) 时间的顺序和其他排序约束条件可以直接体现出来。

2. 异常检测

异常检测首先需要建立正常用户行为特征轮廓，如 CPU 利用率、网络连接、缓存剩余空间、用户使用计算机的习惯等，在后续的检测过程中将实际用户行为和这些轮廓进行比较，一旦发现偏离正常统计学意义上的操作模式就进行报警。也就是说，异常检测是根据系统或用户的非正常行为和使用计算机资源的非正常情况检测入侵行为的。异常检测模型如图 2-8 所示。

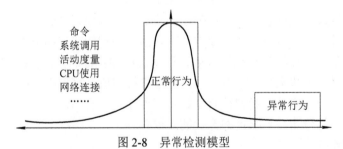

图 2-8　异常检测模型

异常检测的效率取决于用户行为特征轮廓的完备性和监控的频率。因为不需要对每种入侵行为进行定义，所以能有效检测未知的入侵。系统能针对用户行为的改变进行自我调整和优化，但随着检测模型的逐步精确，异常检测会消耗更多的系统资源。

异常检测的前提假设是用户使用系统的模式是一致的、可预测的。例如，如果某用户仅在正常工作时间在办公室使用计算机，则该用户在非工作时间(如晚上)的活动就是异常的，可能是入侵。异常检测试图用定量的方式描述常规的或可接受的行为，以标记非常规的、潜在的入侵行为。

1980 年 4 月，James P. Anderson 在为美国空军做的名为"Computer Security Threat Monitoring and Surveillance"(计算机安全威胁监控与监视)的报告中提出了一个威胁模型，将威胁分为外部闯入、内部渗透和不正当行为 3 种类型，并使用这种分类方法开发了一个安全监视系统，可以检测用户的异常行为。其中，外部闯入指的是未经授权计算机系统用户的入侵；内部渗透是指已授权的计算机系统用户访问未经授权的数据；不正当行为指的是用户虽经授权，但对授权数据和资源的使用不合法或滥用授权。

进行异常检测的理论基础是认为入侵活动是异常活动的子集。若外部用户闯入计算机系统，尽管没有危及用户资源使用的倾向和企图，但也存在入侵的可能性，还是应该将这种行为当作异常处理。这样做似乎合情合理，但是，入侵活动常常是由单个活动组合起来执行的，单个活动却与异常性独立无关。理想的情形是，异常活动集同入侵活动集是一样的。这样，只要识别了所有的异常活动就能识别所有的入侵活动，结果也不会造成错误的判断。可是，入侵活动并不总是与异常活动相匹配，这里存在以下 4 种可能性。

(1) 入侵性而非异常。活动具有入侵性，但因为并非异常，IDS 不能检测，这时就造成漏检。

(2) 非入侵性却异常。活动不具有入侵性，但因为它是异常的，IDS 报告为入侵活动，这时就造成误报。

(3) 非入侵也非异常。活动不具有入侵性，IDS 没有将活动报告为入侵，这属于正确判断。

(4) 入侵且异常。活动具有入侵性且因为活动是异常的，IDS 将其报告为入侵。

在异常检测中，用于描述正常行为的用户行为特征轮廓通常定义为各种行为参数及其阈值的集合，用于衡量用户各个特定方面的行为。阈值是正常行为和异常行为的分界线，若设置不当，会造成 IDS 出现许多误报或漏报，漏报对于重要的安全系统来说是相当危险的，因为这是一种虚假的系统安全。同时，误报会增添安全管理员的负担，也会导致 IDS 的异常检测器计算开销增大。因此，异常检测的完成必须验证，因为无法判定给定的度量集是否完备，是否能表示所有的异常行为。

异常入侵检测的方法很多，有基于量化分析的异常检测、基于统计度量的异常检测、基于非参统计度量的异常检测、基于规则的异常检测、基于特征选择的异常检测、基于贝叶斯推理的异常检测、基于贝叶斯网络的异常检测、基于模式预测的异常检测、基于神经网络的异常检测、基于贝叶斯聚类的异常检测、基于机器学习的异常检测、基于数据挖掘的异常检测等，因篇幅所限，在此不再叙述，请读者自行查阅其他资料。

3. 基于状态的协议分析

基于协议分析的入侵检测技术运用协议的规则性和整个会话过程的上下文相关性进行入侵检测，不仅提高了入侵检测系统的速度，而且减少了漏报和误报率。

基于协议分析的入侵检测技术一般可以分为模式匹配技术和协议分析技术两种。

1) 模式匹配技术

模式匹配技术是早期入侵检测系统采用的分析方法，采用特征检测的传统方法，其基本原理是在一个单独数据包中寻找一串固定的字节。其工作过程如下。

(1) 从网络数据包的包头开始和攻击特征比较。

(2) 如果比较结果相同，则检测到一个可能的攻击。

(3) 如果比较结果不同，就从网络数据包的下一个位置重新开始比较。

(4) 直到检测到攻击或网络数据包中的所有字节匹配完毕，一个攻击特征匹配结束。

(5) 对于每一个攻击特征，重复(1)到(4)步的操作，直到每一个攻击特征匹配完毕，则对给定数据包的匹配完毕。

随着攻击手段和方法变种的多样化，攻击特征库变得无比庞大，需要的计算量是攻击特征字节数、数据包字节数、每秒的数据包数和数据库的攻击特征数的乘积。因此，模式匹配技术的缺点是计算量巨大，且只能检测特定类型的攻击，对攻击特征的微小变形都会使检测失败，攻击特征库必须足够庞大。

2) 协议分析技术

协议分析技术是新一代 IDS/IPS 探测攻击手法的主要技术，它可以利用网络协议高度的规则性精确定位检测域，分析攻击特征，有针对性地使用详细具体的检测手段，提高检测的全面性、准确性和效率。协议分析需要根据其所属协议的类型，将数据包进行解码后再进行分析。相对于模式匹配技术，它更准确、分析速度更快。

利用协议分析技术可以解决以下问题。

(1) 分析数据包中的命令字符串，如黑客经常使用的 HTTP 攻击，因为 HTTP 允许用十六进制表示 URL。

(2) 进行 IP 碎片重组，防止 IP 碎片攻击。不同类型网络的链路层数据都有一个上限，如果 IP 层数据包的长度超过这个上限，就要分片处理，各自路由到达目标主机后再进行重组。因此，黑客可以利用碎片重组算法进行攻击。

(3) 降低误报率。因为利用简单模式识别很难限定匹配的开始点和终结点，也就不能准确定位攻击串的位置，当某协议的其他位置出现该字串时，也会被认为是攻击串，这就产生了误报现象。

协议分析技术可以针对不同的异常和攻击，灵活定制检测方式，由此可检测出大量异常。但对于一些多步骤、分布式的复杂攻击的检测，单凭单一数据包检测或简单重组是无法实现的。所以，可以在协议分析的基础上引入状态转移检测技术。

根据网络协议的状态信息分析，所有网络都能以状态转移形式描述。状态转移将攻击描述成网络事件的状态和操作(匹配事件)，被观测的事件如果符合有穷状态机的实例(每个实例都表示一个攻击场景)，则都可能引起状态转移的发生。如果状态转移到一个危害系统安全的终止状态，就代表着攻击的发生。这样就以一种简单的方式描述了复杂的入侵场景。

下面通过检测 TCP SYN Flooding 攻击的例子说明利用基于状态的协议分析技术检测一些典型入侵的实现方法。

(1) 攻击描述：攻击者在短时间内发送大量 SYN 报文向服务器请求建立 TCP 连接，在服务器端发送应答包后，客户端(攻击者)不回复确认包，导致服务器端必须维持每个连接，直到超时，这使服务端的资源迅速枯竭，导致拒绝服务。

(2) 解决方式：当客户端发出建立 TCP 连接的 SYN 包时，便跟踪记录此连接的状态，直到成功完成或超时。同时，统计在规定时间内接收到这种 SYN 包的个数，若超过某个规定的临界值，则说明发生了 TCP SYN Flooding 攻击。

4. 其他检测方法

除了上面介绍的入侵检测方法，还有一些检测方法既不属于误用检测也不是异常检测。这些方法可用于误用检测和异常检测，它们可以驱动或精练这两种检测形式的先行活动，或以不同于传统的观点影响检测策略方法。这些方法包括免疫系统(Immune System)、遗传算法(Genetic Algorithm)、基于代理的检测(Agent-based Detection)、基于内核的检测(Kernel-based Detection)、隐含马尔科夫模型(Hidden Markov Model)、支持向量机模型 (Support Vector Machine)和数据挖掘模型(Data Mining)等新型入侵检测分析方法。每种方法都有各自的优缺点，也有其各自的应对对象和范围，在此不再叙述，请读者自行查阅其他资料。

2.5.3 告警与响应

经过信息分析确定系统存在问题之后，就要让管理员知道这些问题的存在或采取行动，这个阶段称为响应期。响应处理模块根据预先设定的策略记录入侵过程、采集入侵证据、追踪入侵源、执行入侵报警、恢复受损系统或以自动或用户设置的方式阻断攻击过程，响应处理模块同时也向信息收集模块、检测分析引擎和模式库提交反馈信息。例如，要求信息收集模块提供更详细的审计数据或采集其他类型的审计数据源；优化检测分析引擎的检测规则；更新模式库中的正常或入侵行为模式等。理想情况下，IDS/IPS 的这一部分应该具有丰富的响应功能特性，并且可以根据不同用户的需求自定义响应机制。

1. 对响应的需求

在设计 IDS/IPS 的响应时，需要考虑各方面的因素。响应要设计得符合通用的安全管理或事件处理标准，或者要能够反映本地管理的关注点和策略。在为商业化产品设计响应特性时，应该给最终用户提供一种功能，即用户能够定制响应机制，以使其符合特定的需求环境。

一个很重要的问题是 IDS/IPS 的用户究竟是谁，不同用户的需求是不同的。根据实际情况，可以把 IDS/IPS 的用户分为三类。

(1) 网络安全专家，也叫安全管理员。网络安全专家通常要与各种商业性 IDS/IPS 打交道，他们非常熟悉各种入侵检测工具。网络安全专家有时仅能作为系统管理小组的咨询顾问，因此这些安全专家并不一定熟悉他们正在监控的网络系统。

(2) 系统管理员。系统管理员使用 IDS/IPS 监控和保护他们管理的系统，他们对检测工具和保护的网络环境都有很好的技术理解，因此他们是入侵检测系统的强有力的用户，也是对 IDS/IPS 要求最高的用户，有时他们需求的特性很少被其他的产品用户使用。

(3) 安全调查员。安全调查员是系统审计小组或法律执行部门的成员，他们使用 IDS/IPS 监视系统的运行来查看是否符合法律法规的要求或者协助某一调查。安全调查员可能不一定理解入侵检测工具或正在运行的系统的技术理论基础，但他们对调查问题的过程非常熟悉，并且能够给 IDS/IPS 的设计者们提供重要的知识来源。

用户依靠 IDS/IPS 对海量的系统事件记录数据进行复杂而准确的分析，最终希望系统可靠而精确地运行，并且在相应的时刻直接将分析的结果以易于理解的形式传送给最需要它的相关人员。虽然需要对用户的需求做各种各样的考虑，但系统目标总是一致的。在设计 IDS/IPS 的响应机制时，应考虑以下几方面的需求。

1) 操作系统

设计响应机制时，首先要考虑 IDS/IPS 运行环境的特性。对于直接连接于网络运行中心的 IDS/IPS，其报警和通知要求很可能与安装在基于家庭办公的桌面系统的 IDS/IPS 有很大的不同。

作为通知的一部分，IDS/IPS 提供的信息形式也依赖运行环境。网络运行中心的用户可能倾向于能提供底层网络流量详细资料(如分片包的内容)的产品。安全管理员可能认为 IDS/IPS 能在适当的时刻给适当的人员提供一个告警信息即可，其他信息不具备太大价值。

当一个人要负责监视多个 IDS/IPS 时，非常适合安装声响告警器。这种告警模式对于用单一控制台管理一个复杂网络的多个操作而言是较为困难的。对于全天候守护在系统控制台前的操作员来说，安装可视化告警和图表会更有价值。当监视其他安全设施的部件在管理区域不可见时，这种可视化告警和行动图表也特别有帮助。

2) 系统目标和优先权

推动响应需求的另一个因素是所监控的系统功能。对于为用户提供关键数据和业务的系统，需要部分地提供主动响应机制，以便终止被确认为攻击源的用户的网络连接。例如，高流量、高交易、高收入的电子商务网站的 Web 服务器，一次成功的拒绝服务攻击会造成灾难性影响。总的来说，始终保持系统服务的可用性所产生的价值远远超过在 IDS/IPS 中提供主动响应机制造成的额外费用。

3) 规则或法令的需求

产生特殊响应性能的另一些因素可能是入侵检测方面的规章制度或法律法规的需求。在某些军事计算环境里，IDS/IPS 可能有这样的需要：使某些类型的处理过程在特定情况下发生。例如，只有当 IDS/IPS 处在工作的时候，一个系统才能被授权处理一定的敏感性的分类信息。在这些环境里，规则控制着 IDS/IPS 的操作，事件报告需求控制着 IDS/IPS 运行结果的表达式和传送时间的安排。如果 IDS/IPS 不再运行，则规则指定的秘密级别的信息不能在系统上运行。

在线股票交易环境中，安全和交易代理要求系统在交易期间对客户是可接入的，任何接入的拒绝将使站点遭受罚款或赔偿。这种情形既要有自动响应机制使其能阻塞攻击，使正常客户服务工作良好；又要对检测出的问题作出简单的解释说明，进而使灾难后的恢复工作尽可能地完成。

4) 给用户传授专业技术

入侵检测与防御产品经常忽略的一种需求是随同检测响应或作为检测响应的一部分为用户提供指导。也就是说，无论何时，只要可能，系统就应该将检测结果连同解释说明和建议一起反馈给用户，从而使用户采取适当的行动。在这方面，入侵检测与防御产品之间具有巨大差异，一套设计良好的响应机制能构建有效的信息和解释说明，指导用户进行一系列决策，采用合适的命令，最终引导用户正确地解决问题。

IDS/IPS 开发者应该能使其产品适应各种不同用户的能力和专业技术水平。在当今这样一个快速成长的市场里，专家型的用户可能会越来越少。

2. 响应的类型

IDS/IPS 的响应可分为主动响应和被动响应两种类型。在主动响应里，IDS/IPS 应能阻塞或影响攻击，进而改变攻击的进程。在被动响应里，IDS/IPS 仅简单地报告和记录所检测出的问题。

主动响应和被动响应并不是互相排斥的。不管使用哪种响应机制，作为任务的一个重要部分，IDS/IPS 应该始终能以日志的形式将检测结果记录下来。

在网络站点安全处理措施中，入侵检测与防御的一个关键部分就是确定使用哪种响应方式以及根据响应结果决定应该采取哪种行动。

1) 主动响应

主动响应是根据已经检测到的入侵行为采取相应的措施，相应措施主要有以下几种。

(1) 记录事件日志。

将入侵事件记录在日志里，方便复查和长期分析；在用户的行为被确定为入侵之前，记录附加日志，以便收集信息。最好把日志记录在专门的数据库中，这样可起到长期保存的效果。

(2) 隔离入侵者的 IP 地址。

若确定入侵者的 IP 地址，则可以通过重新配置边缘路由器或防火墙来阻断该 IP 地址的数据包进入，以免受到更严重的攻击。

(3) 禁止被攻击对象的特定端口或服务。

关闭已受攻击的特定端口或服务，可以避免影响其他服务。必要时可以停止已受攻击的主机，以免其他主机受影响。

(4) 修正系统环境。

修正系统以弥补引起攻击的缺陷，这已成为常用的最佳响应方案，特别是在与提供调查支持的响应相结合的时候。修正系统环境以阻塞导致入侵发生的漏洞的概念与许多研究者提出的关键系统耦合的观点是一致的。这种保护自身安全而配置的"自疗"系统类似生物体的免疫系统，能识别出问题所在、隔离产生问题的因素，并处理该问题产生一个适当的响应。

由于入侵行为不断变化，因此要根据入侵的危害程度不断调整响应系统的策略，扩大监控入侵追踪技术研究的范围，做出恰当的应对措施。

在一些 IDS/IPS 中，这类响应通过增加敏感水平来改变分析引擎的操作特征。它也能通过规则提高对某些攻击的怀疑水平或增加监视范围，从而以比通常更好的采样间隔收集信息。这种策略与实时过程控制系统反馈机制类似，即目前系统处理过程的输出将用来调整和优化下一个处理过程。

(5) 收集额外信息。

这种主动响应方式经常和蜜罐(也叫诱饵、玻璃鱼缸)技术配合使用，主要是为了取得入侵行为的信息。当被保护的系统非常重要并且系统的拥有者想进行矫正时，这种方案较为有效。

蜜罐技术本质上是一种对攻击方进行欺骗的技术，蜜罐好比情报收集系统，通过布置一些作为诱饵的主机、网络服务或者信息，诱使攻击方对它们实施攻击，从而可以对攻击行为进行捕获和分析，了解攻击方所使用的工具与方法，推测攻击意图和动机，让防御方清晰地了解他们所面对的安全威胁，并通过技术和管理手段来增强实际系统的安全防护能力。

以这种方式收集的信息对从事网络安全威胁趋势分析员来说很有价值，还可以在系统受到危害或受损失时提供法律依据，对那些经常遭受恶意威胁或攻击的系统尤为重要。

(6) 入侵者采取反击行动。

对入侵者采取反击行动也是一种主动响应的方案。首先追踪入侵者的攻击来源，再采取行动切断入侵者的机器或网络的连接，这也是许多信息仓库管理小组的成员首选的方式，尤其是那些长期受到安全困惑、经常面对很多黑客的拒绝服务式攻击的安全管理员。但这种响应方案不应该成为用户最常用的主动响应，因为它可能会引起很大的安全纰漏(如反击的目标可能是被控的无辜第三方、反击行动可能会导致对方更大的攻击)，还可能会违反法律法规和遇到其他对自己不利的现实问题。建议与权威部门联系，在它们的帮助下对付和处理攻击者。

对入侵者采取反击行动也可以以温和的方式进行。例如，IDS/IPS 可以简单地通过重置 TCP 连接终止双方网络会话，也可以通过防火墙或路由器阻塞来自入侵来源的 IP 地址的数据包。

另一种响应方式是自动向发起攻击的系统的管理员发邮件，请求协助确认和处理相关问题。

2) 被动响应

被动响应是只向用户提供信息，而下一步采取什么样的行动完全由用户决定。对用户来说，被动响应更加灵活、有弹性，用户可以根据需要自定义响应方式，以符合本单位的系统操作程序规范。

常见的被动响应方式有告警和通知、利用网络管理协议两种。

(1) 告警和通知。

告警和通知是被动响应系统中使用最多、也是最有效的方式。绝大多数入侵检测系统都提供多种形式的告警生成方式供用户选择，包括告警显示屏、告警和警报的远程通知等。

① 告警显示屏。

最常用的告警和通知方式是屏幕告警、声音告警或窗口告警消息出现在入侵检测系统的控制台上，或出现在入侵检测系统安装时由用户配置的其他系统上。这些警报可以根据入侵的危害程度分级提交，使管理员处理问题时有主次之分。

在告警消息方面，不同系统提供的信息翔实程度不同，可能只是简单的"一个入侵已经发生"，也可能会列出问题的表面源头、攻击的目标、入侵的本质以及攻击是否成功等诸多信息。有的系统还允许用户自定义告警消息的内容。

② 告警和警报的远程通知。

当多个系统协调工作时，可以使用远程通知的方式向系统管理员和安全工作人员发出告警和警报消息，如使用拨号寻呼、移动电话、E-mail 等。E-mail 在攻击连续不断或持久的情况下不建议使用，因为攻击者可能会读取或阻塞 E-mail 消息，导致管理员收不到告警信息。

(2) 利用网络管理协议。

入侵检测系统可以设计成和网络管理工具协同工作的方式，利用简单网络管理协议(SNMP)的消息或 SNMP Trap 作为告警选项，通过网络管理基础设施传送告警信息，并在网络管理控制台显示告警和警报信息。这样可以充分利用网络协议的标准化特色，更准确地在网络控制台上显示警报和发送信息。

入侵检测系统和网络管理的集成能够带来许多好处，包括使用常用通信信道的能力、在考虑网络环境时对安全问题提供主动响应的能力等。使用 SNMP Trap，可通过网络管理工具对入侵检测系统的响应进行处理，减轻入侵检测系统的负担。

3. 常见的告警与响应方式

当检测到攻击企图或攻击事件后，IDS/IPS 会根据攻击或事件的类型及性质做出相应的告警与响应，如通知管理员系统正在遭受不良行为的入侵，或者采取一定的措施阻止攻击行为。常见的告警与响应方式如下。

(1) 自动终止攻击。

(2) 终止用户连接。

(3) 禁止用户账号。

(4) 重新配置防火墙，阻塞攻击的源地址。

(5) 向管理控制台发出警告，指出事件的发生。

(6) 向网络管理平台发出 SNMP Trap。

(7) 记录事件的日志，包含日期、时间、源地址、目的地址、与事件相关的原始数据。

(8) 向安全管理人员发出提示性的电子邮件。

(9) 执行一个用户自定义程序。

4. 联动响应机制

入侵检测侧重于主动发现入侵信号，一般的 IDS 只能做简单的响应，不能及时有效地采取措施阻止攻击行为对网络应用造成损害。IDS 存在着一些不足，如难以保证检测的准确性和高效性；易受拒绝式服务攻击(DOS)，被攻破后导致失效；即使检测到攻击，也很难采取有效的保护措施。

因此，IDS 不能独立完成网络防护任务，不能取代防火墙等其他的防护设备。为了取得更好的网络安全防护效果，在响应机制中需要发挥各种不同网络安全技术的特点，因此 IDS 的联动响应机制应运而生。

基本的入侵检测联动响应框架如图 2-9 所示。

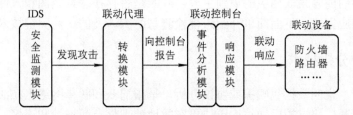

图 2-9　基本的入侵检测联动响应框架

从图中可以看出，联动的基本过程是"报警—转换—响应"。IDS 时刻检测网络的动态信息，一旦发现异常情况或攻击行为，就会通过转换模块由联动控制台对报警信息进行分析处理，再根据网络安全配置、具体的产品类型，向防火墙、路由器或其他安全产品发出响应命令，在攻击企图未达到目的前做出正确响应，阻止非法入侵行为。这样，IDS 将自身的发现能力和其他安全产品的响应能力结合起来，有效地提高了网络的安全防护水平。

从联动的角度看，安全设备可以分为具有发现能力的设备(如 IDS)和具有响应能力的设备(如防火墙)两大类。具有发现能力的设备一般通过报警通知管理员，它产生的事件称为响应事件。因此，在联动响应系统中要对报警事件进行分类，并将报警事件分类的结果与响应事件关联起来，这样才能进行报警与响应的联动。

可以与 IDS 联动进行响应的安全技术包括防火墙、路由器、安全扫描器、防病毒系统、安全加密系统等。其中最主要的是与防火墙联动，即当 IDS 检测到潜在的网络攻击后，将相关信息传输给防火墙，由防火墙采取相应措施，从而更有效地保护网络信息系统的安全。通过 IDS 与防火墙的联动，动态地改变或增加防火墙的策略，通过防火墙从源头上彻底阻断入侵行为。IDS 和防火墙之间的联动包含以下三种方式。

(1) 嵌入结合方式：把 IDS 嵌入防火墙中，IDS 的数据不再来源于网络的直接抓包，而是流经防火墙的数据流。所有通过的包既要接受防火墙的验证，还需要经过 IDS 的检测，分析其安全性，以达到真正的实时检测，这实际上是把两个产品合成一体。由于 IDS 本身就是一个复杂的系统，因此合成后的系统从实施到性能都会受到很大影响。

(2) 端口映像方式：防火墙将网络中指定的一部分流量镜像到 IDS 中，IDS 再将处理后的结果通知防火墙，要求其相应地修改安全策略。这种方式适用于通信量不大但在内网和非军事区都有需求的情况。

(3) 接口开放方式：IDS 和防火墙各开放一个接口供对方调用，并按照预定的协议进行通信。当 IDS 发现网络中的数据存在攻击企图时，通过开放的接口实现与防火墙的通信，双方按照固定的协议进行网络安全事件的传输，更改防火墙安全策略，对攻击的源头进行封堵。这种方式比较灵活，目前常见的形式是安全厂家以自己的产品为核心提供开放接口，以实现互动。

2.6　入侵检测与防御的关键技术

IDS/IPS 能够搜集网络上的数据流量信息，并根据这些信息进行统计、识别，再基于这些统计、识别的内容采取相应的识别手段，判断是否存在恶意企图和入侵行为，并采取一定的告警和响应方式。下面简单介绍入侵检测与防御涉及的一些关键技术。

2.6.1　数据包分析技术

数据包分析，也叫数据包嗅探或协议分析，是指捕获和解释网络上在线传输数据的过程，并充分利用通信协议的已知结构更快更有效地处理信息数据帧和连接。数据包分析的目的通常是更好地了解网络上正在发生的事情，了解用户使用了什么协议和应用，传输了什么信息。

数据包分析技术的主要应用有了解网络特征、查看网络上的通信主体、确认谁或者哪些应用在占用网络带宽、识别网络使用高峰时间、识别可能的攻击或恶意活动、寻找不安全以及滥用网络资源的应用等。

IDS/IPS 通常使用原始的网络数据报文作为攻击分析的数据源。对于它接收到的网络数据包，首先分析数据链路层、网络层、传输层和应用层协议，根据不同的协议类型检测特征值，同时判断是否为异常协议类型。然后将每个数据包与模式库中的规则或建立好的安全模式进行匹配，判断该数据包是否为攻击数据包，若是则丢弃该数据包，否则进行 IP 分片重组，重组后进行更深层次的检测，同时转发该数据包。

不同的协议类型匹配不同的检测特征或者安全模型，也就意味着入侵检测与防御系统中会包含不同类型的过滤器，通过层层过滤进行攻击检测，并加以阻止。因此，入侵防御系统首先需要做的就是对数据包进行解析。

接收数据包时，通过网卡驱动程序收集网络上的数据包。收取数据后，进入入侵防御系统的解码器。解码器首先根据以太网头部中的类型字段确定该数据包的有效负载是 IP、ARP还是 RARP 数据包，然后交给相应的协议解码器进行下一层解码。

以 IP 数据包为例，IP 解码器解析 IP 头部内容，确定从头部中获得的上层协议是 TCP、UDP、ICMP 还是 IGMP，然后根据不同的协议选择解码器。如果是 TCP，则解析 TCP 头部内容，并根据 TCP 头部中端口、协议识别等确定应用层数据是什么协议，再解析应用层协议的数据。

解析数据包的同时，也会根据不同的协议选择不同的规则库和安全模型对这些数据包进行过滤，确定该数据包是否阻断或者转发。

2.6.2　IP 分片重组技术

在 TCP/IP 分层中，数据链路层用 MTU(Maximum Transmission Unit，最大传输单元)来限制所能传输的数据包大小，MTU 是指一次传送的数据的最大长度，不包括数据链路层的帧头。如果网络接口层有数据包要传，而且数据包的长度超过了 MTU，那么 IP 协议就要对数据包进行分片(Fragmentation)操作(简称 IP 分片)，使每一片的长度都小于或等于 MTU。

TCP 数据包每次能够传输的最大数据分段称为 MSS(Maximum Segment Size)，为了达到最佳的传输效能，在建立 TCP 连接时，通信双方会协商 MSS 值，双方提供的 MSS 值的最小值为这次连接的 MSS 值。MTU 和 MSS 的关系如图 2-10 所示。

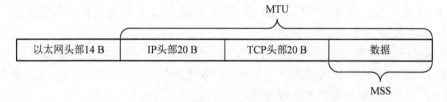

图 2-10　MTU 和 MSS 的关系

以太网的 MTU 默认为 1500 B，实际上数据帧的最大长度为 1514 B，其中以太网数据帧的帧头为 14 B。MSS 可以基于 MTU 计算出来，通常 MSS 为(1500 − 20 − 20) B = 1460 B。

1. TCP 分段

TCP 协议自身支持分段，当 TCP 要传输的长度超过 MSS 的数据时，会先对数据进行分段，使每个 IP 数据包均小于 MTU，因此采用 TCP 进行数据传输不会造成 IP 分片，而采用 UDP、ICMP 等协议时，只要数据包(包括 UDP/ICMP 头部、IP 头部和数据部分)的大小大于 MTU，就会造成 IP 分片。

当 TCP 要发送的数据超过 MSS 时，发送缓冲区中的数据就会被以 MSS 长度为单位进行拆分，拆分出来的每块数据会被放进单独的网络包中，加上各层的头部进行数据包的封装，以完成发送数据的操作。

2. IP 分片

IP 分片发生在网络接口层，不仅源端主机会进行分片，中间的路由器也有可能分片，因为不同网络的 MTU 是不一样的，如果传输路径上的某个网络的 MTU 比源端网络的 MTU 要小，路由器就可能对 IP 数据包进行再次分片。

如前所述，TCP 协议是可靠的传输层协议，正常情况下，通过 TCP 分段可以避免 IP 分片，因此 IP 分片多用于 UDP、ICMP 等协议。当使用 UDP 或 ICMP 协议传输数据时，以太网的 MTU 默认为 1500 B，IP 头部为 20 B，UDP 或 ICMP 头部均为 8 B，因此，每个使用 UDP 或 ICMP 协议的数据包的数据部分最大为(1500 − 20 − 8)B = 1472 B。如果要传输的数据大于 1472 B，就会出现 IP 分片现象。

网络接口层封装的头部信息中有 3 个字段与 IP 分片相关，分别是标识、标志和片偏移。IP 头部的格式如图 2-11 所示。

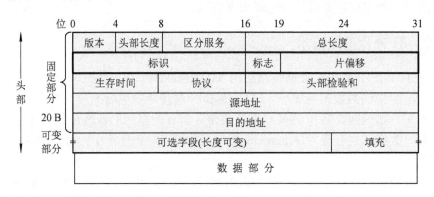

图 2-11　IP 头部的格式

(1) 标识(Identification)字段：占 16 b，它是一个计数器，用来产生数据包的标识，来自同一个 IP 报文的分片具有相同的 ID 值，发送方发送的 IP 报文的标识字段的值是上一个报文的标志字段加 1。

(2) 标志(Flag)字段：占 3 b，目前只有前两位有意义，标识字段的最低位是 MF(More Fragment)，MF = 0 表示该分片是最后一个分片，MF = 1 表示后面还有分片。中间位是 DF(Don't Fragment)，只有当 DF = 0 时才允许分片。

(3) 片偏移(Fragment Offset)字段：占 12 b，其作用是指出较长的分组在分片后在原分组中的相对位置，片偏移以 8 B 为偏移单位。

对于长度超过 MTU(1500 B)的 IP 报文，网络接口层会将其分片成若干个长度不超过

1500 B 的 IP 报文(分片)进行传输。从原报文的头部开始将原报文数据段以 1480 B(MTU –
20 B 的 IP 头部)为单位依次分片，直到最后不足 1480 B 时为最后一个分片。所有分片的 IP
头部和原 IP 报文是一样的，但只有第一个分片的头部与原报文完全相同，具有原报文的完
整头部信息(以 UDP 为例，包括 IP 头部和 UDP 头部)，其余分片则只有 IP 头部信息，没有
UDP 头部信息，数据字段为原报文的用户数据。也就是说，在如图 2-12 所示的 IP 分片示
意图中，只有头部 1 和原数据报的头部相同(有 IP 头部和 UDP 头部)，而头部 2 和头部 3 则
只有 IP 头部，没有原来的 UDP 头部。

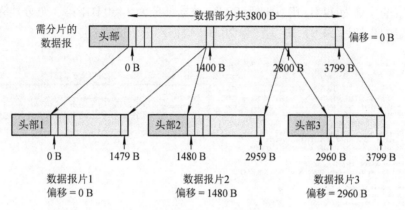

图 2-12 IP 分片示意图

下面介绍使用抓包软件 Wireshark 抓取 ICMP 的 IP 分片包的方法，
具体步骤如下：

(1) 打开 Wireshark，单击菜单栏的编辑→首选项→Protocols，取消
勾选 IPv4 协议下的"Reassemble fragmented IPv4 datagrams"选项，如图
2-13 所示，以防止 Wireshark 自动重组分片包，因为 Wireshark 默认会自
动重组分片的包。

IP 分片包的
获取与分析

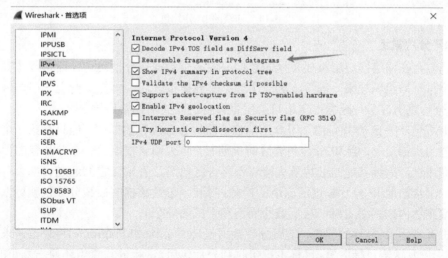

图 2-13 防止 Wireshark 自动重组分片包

(2) 选择想要监控的网络接口，并开始捕获数据包。

(3) 运行"cmd"命令打开命令提示符，输入"ipconfig"命令查看网关地址(也可以用

别的地址，但不能是本机地址)，再输入下面的命令 ping 网关地址(192.168.3.1)，其中参数 -l 用于设置每个 ping 包的数据部分为 3800 B(如果是 Linux 操作系统，需使用 -s 参数)。

```
ping 192.168.3.1 -l 3800
```

(4) 回到 Wireshark 查看捕获的数据包，可在应用过滤器处输入"ip"进行过滤，如图 2-14 所示。因为每个 ping 包的数据部分为 3800 B，超过了最大传输单元 MTU(1500 B)，所以被拆分为 3 个分片，第 1 个分片的总长度为 1514 B(其中数据链路层的头部为 14 B，IP 头部为 20 B，ICMP 头部为 8 B，数据部分为 1472 B)；第 2 个分片的总长度为 1514 B(其中数据链路层的头部为 14 B，IP 头部为 20 B，数据部分为 1480 B)，第 3 个分片为 882 B(其中数据链路层的头部为 14 B，IP 头部为 20 B，数据部分为 848 B)。

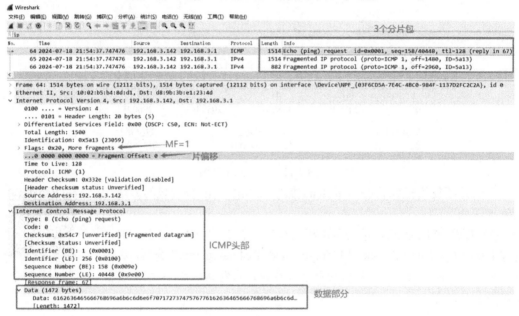

图 2-14　捕获的 IP 分片包

3. IP 分片重组

发送方会在网络接口层将要发送的数据分成多个数据包分批发送，而接收方则将数据按照顺序再重新组织起来，等接收到一个完整的数据报之后，再提交给上一层传输层，这就是 IP 分片重组。分片数据的重组只会发生在目的端的网络接口层。

如上所述，在 IP 分片包中，用分片偏移字段标志分片包的顺序，但只有第一个分片包含有完整的头部信息。当 IP 分片包通过防火墙时，防火墙只根据第一个分片包的信息判断是否允许通过，后续其他的分片防火墙将不再进行检测，直接让它们通过。如果攻击者先发送第一个合法的 IP 分片骗过防火墙的检测，封装了恶意数据的后续分片包就可以直接绕过防火墙到达内部网络主机，从而威胁网络和主机的安全。

攻击者利用 IP 分片的原理，使用分片数据包转发工具(如 Fragroute)将攻击请求分成若干 IP 分片包发送给目标主机；目标主机接收到分片包后，进行分片重组还原出真正的请求。分片攻击包括分片覆盖、分片重写、分片超时和针对网络拓扑的分片技术等。

分片增加了入侵检测和防御系统的检测难度，是目前攻击者绕过攻击的常用手段。入侵检测和防御系统需要在内存中缓存分片,模拟目标主机对网络上传输的分片包进行重组,还原出真正的请求内容,然后进行分析。

(1) 入侵检测和防御系统通过包的片偏移和标志字段判断是不是分片:如果一个包的片偏移为 0,且标志(Flag)字段的最低位 MF 为 1,那么该报文一定是分片包,而且该报文后面还有其他的分片包;如果一个包的片偏移不为 0,且标志(Flag)字段的最低位 MF 为 0,那么该报文一定是分片包,而且是最后一个分片包。

(2) 通过源 IP 和标识(Identification)字段判断是否来自同一个包:对于接收到的无序分片,来自同一个包的分片具有相同的源 IP 及 ID 值。

(3) 通过标志(Flag)字段的最低位 MF 是否为 0 和数据长度判断包的所有分片是否到达:当收到标志位 MF 为 0 的分片时,说明这是最后一个分片。根据最后一个分片的片偏移可以知道在源报文中最后一个分片以前含有的数据长度,再加上最后一个分片的数据长度即为源 IP 报文数据部分的长度。如果接收到的所有分片的数据长度等于源 IP 报文数据部分的长度,就说明所有的分片都已经到达了,此时即可按照片偏移量重组包。

2.6.3 TCP 状态检测技术

TCP(Transmission Control Protocol,传输控制协议)是一种面向连接的、可靠的、基于字节流的传输层通信协议。面向连接意味着两个使用 TCP 的应用在彼此交换数据前必须建立一个 TCP 连接。TCP 通过 3 次握手建立连接,通过 4 次挥手断开连接。TCP 建立连接和关闭的状态变化如图 2-15 所示。

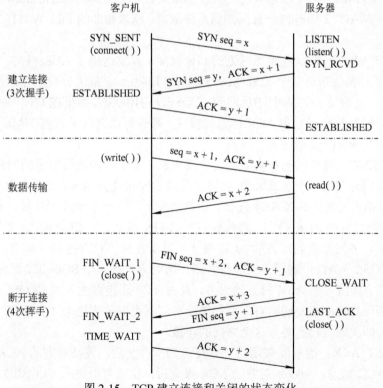

图 2-15　TCP 建立连接和关闭的状态变化

TCP 一共有 11 种状态，分别描述如下。

(1) CLOSED：初始状态，表示 TCP 连接是"关闭着的"或"未打开的"。

(2) LISTEN：表示服务器端的某个 SOCKET 处于监听状态，可以接受客户端的连接。

(3) SYN_RCVD：表示服务器接收到了来自客户端请求连接的 SYN 报文。在正常情况下，这个状态是服务器端的 SOCKET 在建立 TCP 连接时的 3 次握手会话过程中一个短暂的中间状态。当 TCP 连接处于此状态时，如果再收到客户端的 ACK 报文，它就会进入到 ESTABLISHED 状态。

(4) SYN_SENT：这个状态与 SYN_RCVD 状态相呼应，当客户端 SOCKET 执行 connect()进行连接时，它首先发送 SYN 报文，然后随即进入到 SYN_SENT 状态，并等待服务端发送 3 次握手中的第 2 个报文。SYN_SENT 状态表示客户端已发送 SYN 报文。

(5) ESTABLISHED：表示 TCP 连接已经成功建立。

(6) FIN_WAIT_1：FIN_WAIT_1 和 FIN_WAIT_2 两种状态的真正含义都表示等待对方的 FIN 报文。而这两种状态的区别是：FIN_WAIT_1 状态实际上是当 SOCKET 在 ESTABLISHED 状态时，它想主动关闭连接，向对方发送了 FIN 报文，此时该 SOCKET 进入到 FIN_WAIT_1 状态；而当对方回应 ACK 报文后，则进入到 FIN_WAIT_2 状态。当然在实际的正常情况下，无论对方处于何种情况，都应该马上回应 ACK 报文，所以 FIN_WAIT_1 状态一般是比较难见到的，而 FIN_WAIT_2 状态有时可以用 netstat 看到。

(7) FIN_WAIT_2：上面已经解释了这种状态的由来，实际上 FIN_WAIT_2 状态下的 SOCKET 表示半连接，即有一方调用 close()主动要求关闭连接。注意：FIN_WAIT_2 是没有超时的(不像 TIME_WAIT 状态)，这种状态下如果对方不关闭(不配合完成 4 次挥手过程)，那么这个 FIN_WAIT_2 状态将一直保持到系统重启，越来越多的 FIN_WAIT_2 状态会导致内核崩溃。

(8) TIME_WAIT：表示收到了对方的 FIN 报文，并发送出了 ACK 报文。TIME_WAIT 状态下的 TCP 连接会等待 2 个 MSL(Max Segment Lifetime，最大分段生存期，指一个 TCP 报文在 Internet 上的最长生存时间)后回到 CLOSED 可用状态。如果在 FIN_WAIT_1 状态下收到了对方同时带 FIN 标志和 ACK 标志的报文，那么可以直接进入到 TIME_WAIT 状态，而无须经过 FIN_WAIT_2 状态。

(9) CLOSING：这种状态在实际情况中很少见，属于一种比较罕见的例外状态。只有出现双方几乎同时关闭一个 SOCKET 且同时发送 FIN 报文的情况，才会出现 CLOSING 状态，表示双方都正在关闭 SOCKET 连接。正常情况下，当一方发送 FIN 报文后，应该先收到(或同时收到)对方的 ACK 报文，再收到对方的 FIN 报文。但 CLOSING 状态表示一方发送 FIN 报文后，并没有收到对方的 ACK 报文，反而收到了对方的 FIN 报文。

(10) CLOSE_WAIT：表示正在等待关闭。当对方关闭一个 SOCKET 后发送 FIN 报文给自己，系统会回应一个 ACK 报文给对方，此时 TCP 连接则进入到 CLOSE_WAIT 状态。检查自己是否还有数据要发送给对方，如果没有，就可以关闭这个 SOCKET 并发送 FIN 报文给对方，即关闭自己到对方这个方向的连接。

(11) LAST_ACK：当被动关闭的一方发送 FIN 报文后，等待对方的 ACK 报文时，就处于 LAST_ACK 状态。当收到对方的 ACK 报文后，也就可以进入 CLOSED 可用状态了。

入侵检测与防御系统会对 TCP 的连接状态进行检测和监控，不同的状态可能存在不同的攻击方式，当 TCP 的某个状态发生时，需要对其进行检测，同时还会对应用内容进行数据采集和特征检测。

例如，一些攻击者不进行 3 次握手，将序列号不正确的报文发送给 IDS/IPS(比如 SYN Flood 攻击)。这些报文带有攻击特征，甚至可能有多个攻击特征，所以 IDS/IPS 在匹配这些数据包的信息时会频繁进行告警，这样会降低系统的性能并产生误报。通过对 TCP 状态的检测，没有经过 3 次握手的报文属于非法报文，可以直接丢弃，无须进入特征的模式匹配，这样可以完全避免因单包匹配造成的误报，从而提升效率。

2.6.4　TCP 流重组技术

TCP 使用 IP 来传递它的报文段，而 IP 不提供重复消除和保证次序正确的功能，TCP 报文段在网络中传输常见的问题包括因丢包造成的重传、因网络情况造成的报文乱序、因重传造成报文重复等。

TCP 是一个字节流协议，绝不会以杂乱的顺序给接收应用程序发送数据。在发送端，TCP 负责将长度超过 MSS 的数据进行分段传输，在接收端负责对收到的报文进行排序重组，将数据以正确的顺序交给应用层。TCP 接收端可能会被迫先保持大序列号的数据不交给应用程序，直到缺失的小序列号的报文段被填满，最终按序将数据提交给应用程序，这就是 TCP 流重组技术。

前文已经提到过，通过分片可以达到"绕过"的效果，TCP 如果不进行重组，同样也可以达到"绕过"的效果。IDS/IPS 为了更加精确地进行检测和防护，必须将 TCP 数据包进行重组，还原完整的会话，这样才能获得更加精确的结果。

因此，IDS/IPS 作为部署在网络中的中间设备，必须有足够的能力识别报文数据的有效性和报文数据在原数据中的位置，才能对流量进行入侵分析。从实现上，IDS/IPS 必须具备类似 TCP 接收端的 TCP 流重组能力，通过序列号对双向的流量进行恢复和去重，以正确的顺序发送给分析引擎处理。TCP 会话的还原分为计算 SYN 和还原报文两个步骤。

1. 计算 SYN

三次握手建立 TCP 连接后，就可以进行数据传输了，TCP 会为后续的数据传输设定一个初始的序列号(SEQ)。每传送一个包含有效数据的 TCP 包，后续紧接着传送的一个 TCP 数据包的序列号都要做出相应的修改。序列号可以保证数据包在接收端能按顺序重组，实现 TCP 数据的完整传输，特别是在数据传输过程中出现错误时，可以有效地进行错误修正。在 TCP 流重组的过程中，需要按照数据包的序列号对接收到的数据包进行排序。发送的 TCP 数据包的序列号和确认号存在如下关系。

(1) 序列号 = 上一次发送的数据包的序列号 + Len(数据长度)。如果上一次发送的数据包是 SYN 包或 FIN 包，则序列号 = 上一次发送的序列号 + 1。

(2) 确认号 = 上一次收到的数据包的序列号 + Len(数据长度)。如果上一次收到的数据包是 SYN 包或 FIN 包，则确认号 = 上一次收到的报文中的序列号 + 1。

TCP 分段包分析

2. 还原报文

前面的内容是基于一次 TCP 会话的。在实际应用中，数据是来自多个设备多个 TCP

会话的。每个报文都有源 MAC 地址、目标 MAC 地址、源 IP 地址、目标 IP 地址、源端口和目标端口 6 个信息(也称六元组)，根据这个六元组可以确定一次 TCP 会话。

建立一个链表 TCPSessionList，每个节点指向一次 TCP 会话组装链表 TCPList，链表的表头即为六元组，用于区分不同的 TCP 会话，TCPSession 节点如图 2-16 所示。其中，mac_src 表示源 MAC 地址，mac_dst 表示目的 MAC 地址，ip_src 表示源 IP 地址，ip_dst 表示目的 IP 地址，th_sport 表示源端口，th_dport 表示目的端口，next 表示指向下一个 TCP 会话节点的指针，tcplisthead 表示指向 TCPList 头节点的指针。

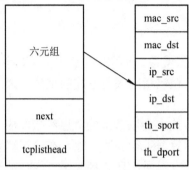

图 2-16　TCPSession 节点

TCPNode 节点如图 2-17 所示，它包含一个四元组(IP 首部标志位 syn、fin、seq 以及 len)、两个指针 prev 和 next 以及传输的数据 data。其中，syn 和 fin 分别用来表示会话的开始和结束；seq 表示数据包序列号；len 表示数据包的长度；prev 指向上一个 TCPList 节点的指针，首节点时其值为空；next 指向下一个 TCPList 节点的指针，尾节点时其值为空。对于一个完整的报文，重装链表的第一个包的 syn 为 1，最后一个包的 fin 为 1，且所有节点的 seq 应该是连续的。

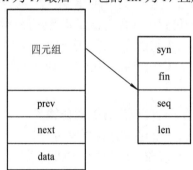

图 2-17　TCPNode 节点

数据在传输的过程中可能由于路由、数据校验错误等网络原因，导致数据包的乱序或重传。因此，需建立如图 2-18 所示的二维链表对众多的 TCP 会话进行管理。

TCP 会话的重组过程实际上就是对链表的插入和删除的过程。当针对每一次 TCP 会话建立一个 TCPSession，捕获一个数据包时，首先检查此数据包所属的 TCP 会话是否已经在链表中存在，如果存在则找到相应的 TCP 会话，根据序列号将其插入适当的位置。如果所属的 TCP 会话不在链表中，则需新建立一个 TCPSession 节点插入链表的尾部。

在此过程中，如果一个数据包与链表中某一个数据包的序列号和数据长度相同，则说明是重发包，做丢弃处理。当链表的每一个数据包序列号连续，且第一个数据包为 SYN 包、最后一个数据包为 FIN 包(或是连接复位包 RST)时，认为报文是完整的，报文还原完毕。其程序流程如图 2-19 所示。

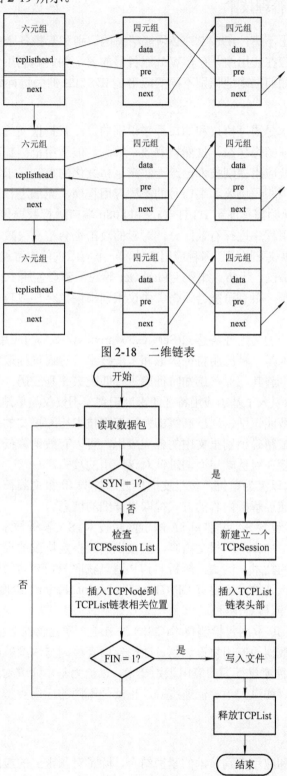

图 2-18 二维链表

图 2-19 程序流程图

2.6.5 应用识别与管理技术

网络上的应用层出不穷，IDS/IPS 必须能精确地识别和管控各个应用的流量。攻击者往往会将攻击信息隐藏在应用中，基于 Web 服务器的安全漏洞和利用这些漏洞的攻击越来越多、越来越复杂，如何准确地识别不同的应用是 IDS/IPS 的关键问题。

1. 应用识别技术

传统应用识别技术是通过协议和端口号来识别的，没有把报文的深度内容检测及相关的协议解析、检测验证结合起来，虽然检测效率很高，但适用范围却越来越小，随着应用程序越来越复杂，传统应用识别技术已经无法满足精细化的控制需求。

一方面，对于使用相同协议和端口号的不同应用程序，无法进行更精细化的区分。比如，网页游戏和网页视频都是使用 HTTP 协议和 8080 端口进行数据传输的，通过端口号和协议无法将这两种应用程序进行有效区分，对应的攻击也会检测失败。

另一方面，一个协议可以用于多种应用软件，一个应用软件也可能会使用多个协议。比如，P2P 是一种标准协议，迅雷、电驴、FlashGet 等应用都会使用 P2P 协议，如果通过协议识别来进行应用控制，很有可能会误伤。协议识别出错也会导致攻击行为的检测率大大降低。

在这种情况下，一种名为业务感知(Service Awareness，SA)的应用识别技术应运而生。业务感知应用识别技术是一种应用特征提取和匹配技术，它通过提取报文中的某些特定字段或报文的行为特征，将其与业务感知特征库进行匹配来识别应用。

SA 应用识别技术引入了基于应用特征的深度识别，不仅仅简单地检测协议和端口，还会根据协议特征进行智能识别，通过高级的协议识别技术检测报文的应用层信息，通过提取报文的应用层特征来精确识别报文中的各类应用，可以有效地降低 IDS/IPS 的误报率，不会因为应用没有运行在默认端口而漏过针对该应用的攻击。

SA 应用识别技术以流为单位，按报文顺序逐个检测 IP 报文载荷内容，从而识别出流对应的协议，识别后通过解析内容的方式提取更详细的信息。

SA 应用识别技术包含 SA 识别和 SA 解析两种技术。SA 解析技术是在 SA 识别出报文协议之后，为了获取更加详细的报文内容，对被识别的指定协议的报文进行解析，获取报文中指定字段的内容的技术。例如，解析 HTTP 消息获取 HTTP 访问的 URL 等。

常见的安全应用识别技术主要有 DPI(Deep Packet Inspection，深度包检测)和 DFI(Deep Flow Inspection，深度流检测)两种。

(1) DPI：在传统 IP 数据包检测技术(OSI L2—L4 之间包含的数据包元素的检测分析)之上增加了对应用层数据的应用协议识别、数据包内容检测与深度解码。

(2) DFI：基于一种流量行为的应用识别技术，以流为基本研究对象，从庞大的网络流数据中提取流的特征，如流大小、流速度等。也就是不同的应用类型体现在会话连接或者数据流上的状态不同。

2. 应用管理技术

通过协议解码器和应用识别技术的紧密结合，除了对预定义的应用进行管理外，还可以对自定义应用的特征进行识别和管理。应用管理技术还能够有效控制 IM、P2P、游戏商业应用文件传输等各种常用应用的使用，从应用层面进行安全管理，防止某些应用过分消耗带宽及容易被漏洞攻击应用的滥用等。

应用管理技术对网络流量进行深度、动态、智能分析，支持精确的应用规则库，该库支持实时更新，以应对不断变化的应用，应用规则升级需要支持周期性的更新。

应用识别不是目的，识别出应用，针对不同的应用设置不同的应用控制策略，以实现差异化的管控需求才是目的。当前，应用控制手段主要有如下三种。

(1) 基于应用的访问控制：允许或禁止用户访问某些应用，比如放行办公相关的应用访问，禁止访问影响办公效率的视频/游戏类应用。

(2) 基于应用的带宽管理：限制用户访问某些应用的带宽，比如限制视频/游戏类应用的带宽为 100 Mb/s，保证办公相关应用的带宽为 200 Mb/s。

(3) 基于应用的智能选路：用户从指定链路访问某些应用，比如办公相关应用的访问走高速链路，视频/游戏类应用的访问走低速链路。

本 章 习 题

1. 入侵检测分析的目的是什么？
2. 按数据源对入侵检测进行分类可分为哪几类？
3. 集中式入侵检测系统和分布式入侵检测系统的区别是什么？
4. 通用入侵检测系统模型包括哪些主要组成部分？
5. 层次化入侵检测模型的优点有哪些？
6. 什么是管理式入侵检测模型？
7. 入侵检测系统包括哪些基本结构单元？
8. 入侵检测过程可以分为哪几个阶段？
9. 协议分析技术可以解决哪些问题？
10. 告警与响应的作用是什么？
11. 常见的告警与响应方式有哪些？
12. 联动响应机制的含义是什么？
13. 入侵检测与入侵防御的区别是什么？
14. 简述 IP 分片重组技术的基本原理。
15. 简述入侵防御系统的重组步骤。
16. 简述 SA 应用识别技术和传统协议识别的区别。

第3章　商用入侵检测与防御系统

面对层出不穷的威胁，入侵检测/防御系统已经成为完整网络安全解决方案不可或缺的部分，它可以及时识别攻击程序或有害代码及其克隆和变种，采取预防措施阻止入侵，或者使其危害性充分降低。必要时，它还可以为追究攻击者的刑事责任提供法律上有效的证据。

商用入侵检测与防御系统有很多，有国内的也有国外的，本章以思科公司的 IPS 4200 系列传感器为例，配合 GNS3 模拟器，介绍入侵检测与防御系统的安装、部署、配置及调试等。

3.1　思科 IPS 的基本配置

思科提供了丰富的 IPS 产品线，包括专用的 IPS 设备、IPS 模块以及 IOS 支持的 IPS 功能，如 IPS 4200 系列专用 IPS 传感器、ASA5500 系列防火墙的 AIP-SSM 安全模块、Catalyst 6500/7600 系列交换机的 IDSM2 安全模块、IOS 路由器的 IPS 功能等，可根据实际需要选择适合的产品。

Cisco IPS 4200 系列传感器是思科自防御网络的组成部分，能提供第 2 层到第 7 层流量的检查，检测、分类和终止恶意流量(如病毒、蠕虫、间谍软件、广告软件和漏洞利用等)的传输，提供内部入侵保护，可以以混杂模式和内部模式运行，支持多接口以监控多个子网，提供基于特征和基于异常的检测等功能。

3.1.1　IPS 的部署方式

1. IPS 的接口类型

Cisco IPS 4200 系列传感器的接口可以分为管理接口、配置接口和嗅探接口三类。

(1) 管理接口(Management Port)：此类接口是带外网管口，用于网管 IPS，需要配置 IP 地址，有路由能力，管理流量(TELNET、HTTPS)从该接口进入。本章所用的 Cisco IPS 的 e0 口即为此类接口。

(2) 配置接口：包括 Console 口和 AUX 口，是 CLI 命令行控制口，可以通过 CLI 命令行实现对 IPS 的配置。

(3) 嗅探接口：也叫传感(Sensor)接口或监控接口，不需要配置 IP 地址，没有路由能力，需要被监控的流量从此类接口进入或流出，一般有一个或多个嗅探接口。

2. IPS 的工作模式

Cisco IPS 的工作模式有杂合模式或内联模式两种。

1) 杂合模式(Promiscuous Mode，也叫侧挂式)

在杂合模式下，网络流量不直接经过 IPS。IPS 连接到要检测网络的交换机，并在交换机上使用 SPAN(端口镜像)、专用流量分析接入设备 TAP(Test Access Point)等方法将网络流量复制发送到 IPS，IPS 分析引擎只对复制的流量进行分析，看其是否与特征库匹配，若匹配则采取告警等操作。杂合模式的网络连接如图 3-1 所示。

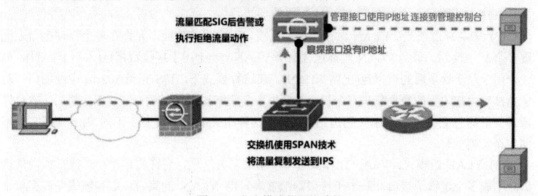

图 3-1　杂合模式的网络连接

这种模式只能起到 IDS 的功能，发现问题流量可以进行告警，但不能阻止问题流量或攻击行为。当然也可以根据需要联动其他安全设备执行阻止操作，目前思科 IPS 仅能联动思科设备，且需要设备支持。

杂合模式的优点是 IDS 对网络影响最小，即使 IDS 挂机也不会影响网络的正常工作，需监控的业务流量超过 IDS 的处理能力也仅仅只是放过这些流量不处理，不会造成断网。

2) 内联模式(Inline Mode)

内联模式是检测并防止网络入侵最为有效的方式，所有流量都直接经过 IPS。注意，内联模式会影响网络数据包的转发速率，减缓流量速度并增加延时。内联模式的网络连接如图 3-2 所示。

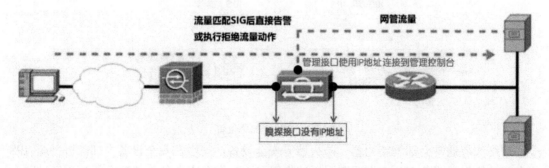

图 3-2　内联模式的网络连接

内联模式使 IPS 成为纯正的 IPS，不需要联动其他设备就可以阻止恶意流量，并在其到达预定目标前终止攻击，从而提供预防保护服务。内联模式不仅分析第 3、4 层流量，还可以通过对上层数据的检测抵御更为复杂的嵌入式攻击。

内联模式的缺点是 IPS 会影响对时间敏感的应用程序，如 VOIP 流量；当流量超过了 IPS 的处理能力时，对超出部分不做任何分析处理，且 IPS 一旦挂机将造成网络中断。

内联模式可以分为接口对(Interface Pairs)、VLAN 对(VLAN Pairs)和 VLAN 组(VLAN Groups)三种模式。

(1) 接口对模式：在接口对模式下，IPS 被配置为通过两个嗅探接口与网络相连。两个嗅探接口组成接口对，第一个接口作为入站接口，接收来自网络的数据包；第二个接口作为出站接口，将经过 IPS 处理(包括检测和可能的阻断)后的数据包发送回网络。这种模式简单直接，适用于不需要复杂 VLAN 配置的场景。

(2) VLAN 对模式：VLAN 对模式扩展了接口对模式的功能，允许在单个物理接口上配置多个 VLAN 对。每个 VLAN 对都包含两个 VLAN，一个用于接收数据包(入站 VLAN)，另一个用于发送处理后的数据包(出站 VLAN)。在这种模式下，IPS 充当 802.1q 中继端口，对 VLAN 对中接收到的数据包进行分析，并根据安全策略决定是否放行或阻断。然后，被允许通过的数据包会被转发到相应的出站 VLAN。这种模式适用于需要在不同 VLAN 间实施不同安全策略的环境。

(3) VLAN 组模式：VLAN 组模式进一步增加了灵活性，允许将单个物理接口或内部接口分割成多个逻辑子接口，每个子接口都配置为一组 VLAN 的集合。这种模式允许在单个 IPS 传感器上模拟多个接口，使得即使传感器只有几个物理接口，也能同时处理多个 VLAN 组的数据流。VLAN 组模式提供了对同一传感器应用多个安全策略的能力，适合于复杂的网络环境，其中不同的 VLAN 组可能需要不同的安全策略和监控规则。

3. IPS 的部署位置

IPS 的处理流量是有限制的，超出处理能力的流量 IPS 直接放行，这样不利于网络的安全，因此要根据网络的流量选择合适处理能力的 IPS。因此，最好不要将 IPS 部署在流量巨大的核心网络中，一般将 IPS 部署在企业网络的出口边界，如图 3-3 所示。

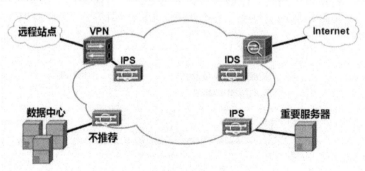

图 3-3　IPS 的部署位置

网络边界通常会部署路由器、防火墙等安全设备，一般在安全设备内部部署一个 IPS 设备，这样可以避免 IPS 产生很多无用的告警，因为很多来自外部的攻击行为在经过防火墙等安全设备时就被过滤掉了。当然如果希望获得更好的安全性，可以在边界安全设备的外部和内部分别部署 IPS。

4. IPS 的部署

IPS 的部署可以分为实施、调整和维护三个阶段。

(1) 实施阶段：购置 IPS 并将其按要求接入网络，此时通常是使用默认配置，没有任何更改。

(2) 调整阶段：实施阶段结束后就进入调整阶段，了解网络流量，通过不断地调整 IPS 来提高告警的准确性，减少误报和漏报。调整阶段会持续一段时间，时间的长短与网络复杂程度有关，可能几小时、几天，也可能几个月。

(3) 维护阶段：这个阶段主要是升级 IPS 系统和更新特征库，保证 IPS 可靠工作，这个阶段是永久持续的。

5. IPS 的调整

IPS 的调整是为了让 IPS 更适合用户网络，监控告警可以更准确地判断某一行为是否严重或造成网络安全影响，以便更好地保护网络。调整 IPS 需要了解以下几点：

(1) 了解自身网络的情况，如网络拓扑、网络地址空间、地址是静态还是动态的、服务器所运行的操作系统和应用程序、网络的安全策略等。

(2) 了解需要保护的设备，如漏洞扫描程序、重要的服务器或设备等。

(3) 了解特征库中调整的 Signature(特征，简称 SIG)所监控的协议。

(4) 区分网络中哪些是正常流量，哪些是异常流量。

调整 IPS 的方法通常有如下几种：

(1) 激活或禁用特征库中已经存在的 SIG。

(2) 更改特征库中 SIG 的参数，如告警严重级别、事件动作等。

(3) 根据需要在特征库中创建自定义的 SIG，以满足自身网络的需要。

(4) 创建 Event Action Overrides 策略和 Event Action Filters 策略(后面将进行介绍)。

3.1.2　IPS 初始化

本章配置均在 GNS3 模拟器中进行，使用 Cisco IPS 4200 系列传感器和路由器 c3600 的镜像文件来实现相关配置。

GNS3 是一款非常好用的图形化网络模拟器，可在 Windows、Linux、Mac OS 等系统上使用。GNS3 内置中文语言，对于国内的用户非常友好，在功能上支持路由器、交换机、防火墙、IDS 等设备的模拟。可从 GNS 的官网(http://www.gns3.com/software/download)上下载最新版本的 GNS3 模拟器，但是官网不提供网络设备的镜像文件。

🔍 提示

本章所使用的虚拟机、GNS3、IPS 和路由器的镜像均已打包放在本书的配套资源中，请自行下载。

1. 模拟环境配置

建议使用本书配套资源中的 Win7 虚拟机，里面已经安装好了

模拟环境配置

GNS3 软件并导入了路由器 c3600 和 IPS 的镜像文件,配置好了 Cisco IPS 设备管理器(Cisco IPS Device Manager,IDM)的 Python 和 JAVA jre 环境。

🔍 提示

　　要导入 GNS3 中的 IPS 和路由器的镜像文件的保存路径必须是全英文的,不能出现中文字符,否则会报错。

　　在 GNS3 中导入 IPS 和路由器 c3600 的镜像文件后,还需要重新计算 IDLE PC,以减小 Windows 系统的 CPU 使用率,相关步骤如下。

　　(1) 打开 GNS3,在左侧的 Devices 工具栏中拉一个 c3600 的路由器到编辑区,并在此路由器图标上单击鼠标右键,在弹出的菜单中选择"开始"启动此路由器。

　　(2) 再次在此路由器图标上单击鼠标右键,在弹出的菜单中选择"IDLE PC",在随后出现的 IDLE PC 值对话框中单击"Yes"按钮重新计算 IDLE PC 的值。

　　(3) 在桌面最底部 Windows 系统的任务栏上单击鼠标右键,在弹出的菜单中选择"任务管理器"打开"Windows 任务管理器",切换到"性能"标签,可以看到当前 Windows 系统的 CPU 和内存。

　　(4) 回到 GNS3,在 IDLE PC 值对话框的下拉列表中选择不同的 IDLE PC 值,并单击"Apply"按钮,同时观察"Windows 任务管理器"中 CPU 的使用率,选择能让 CPU 使用率最低的 IDLE PC 值,再单击 IDLE PC 值对话框中的"OK"按钮应用,如图 3-4 所示。

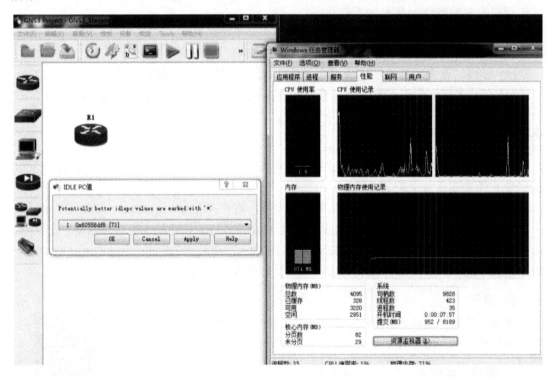

图 3-4　选择让 CPU 使用率最低的 IDLE PC 值

提示

IDLE PC(IDLE Pointer Count)是 GNS3 中用于优化仿真性能的一个重要参数。GNS3 使用 Dynamips 作为其核心模拟器，而 Dynamips 在模拟 Cisco 路由器时，会不断编译和执行 Cisco IOS 的指令。IDLE PC 值的设定可以告诉 Dynamips 在何种条件下暂停实时编译，从而降低 CPU 的使用率，提高仿真效率。所以重新计算 IDLE PC 非常重要，直接决定了 GNS3 的运行速度。上述步骤可以多做几遍，确保选择的 IDLE PC 值让 Windows 系统的 CPU 使用率最低。

2. 启动 IPS

Cisco IPS 可通过 CLI 命令实现本地管理，但推荐只利用 CLI 命令配置基本的参数以便完成 IPS 的初始化，后续 IPS 的管理工作可利用 Cisco IPS 设备管理器(IDM)以图形化界面来完成。

启动 IPS

初始化 IPS 前，需要先启动 IPS，步骤如下。

(1) 在 GNS3 左侧的"All devices"工具栏中拉一个"IDS"、一个"以太网交换机"和一个"Host"到编辑区，如图 3-5 所示。其中，以太网交换机 SW1 用于连接 IDM 主机和 IPS 的网管接口 e0；IDM 作为桥接主机，通过 Windows 系统的虚拟接口 Loopback0 与 SW1 连接。

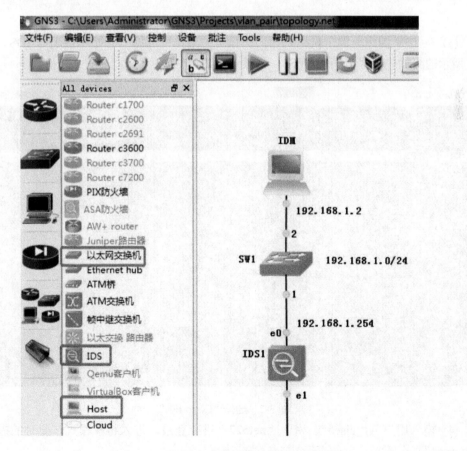

图 3-5　添加设备节点

(2) 在桥接主机 IDM 的图标上单击鼠标右键，选择"配置"命令进行节点配置，在下拉列表中选择 Loopback 0 接口，再单击下拉列表下面的"添加"按钮，最后点击对话框最下面的"OK"按钮，如图 3-6 所示。

图 3-6　IDM 的节点配置

(3) 在 IDS 图标上单击鼠标右键，在弹出的菜单中选择"开始"启动此 IDS。在如图 3-7 所示的界面中选择"Cisco IPS"，继续启动进程。

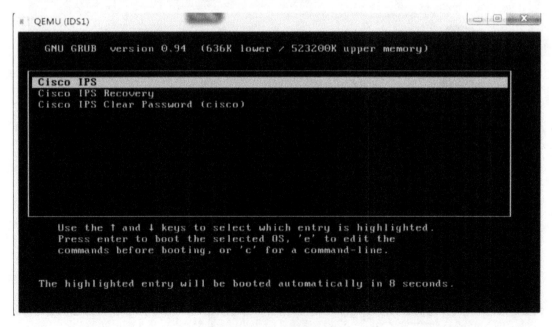

图 3-7　选择"Cisco IPS"

(4) 输入用户名"cisco"、密码"net527"进行登录，进入特权模式，此时的提示符为"sensor#"。

3. IPS 初始化

启动并登录 IPS 后,可以自行输入所需的 CLI 命令来完成 IPS 初始化,也可以使用 CLI 的内部 setup 命令通过向导完成基本功能的配置,比如为 IPS 配置主机名、IP 地址、默认网关、telnet 远程登录服务器、Web 服务器、ACL(访问控制列表,允许网管网段通行)和时间。

IPS 初始化

下面设置 IPS 网管接口 e0 的 IP 地址为 192.168.1.254,192.168.1.0/24 为网管网段。

1) 利用命令初始化

可在特权模式(提示符为"sensor#")下输入以下 CLI 命令来完成 IPS 的初始化:

```
sensor# conf t                                          进入配置模式
sensor(config)# service host                            进入主机配置模式
sensor(config-hos)# network-settings                    进入网络配置模式
sensor(config-hos-net)# host-name IPS4215               为 IPS 配置主机名
sensor(config-hos-net)# host-ip 192.168.1.254/24,192.168.1.2   配置管理接口的管理地址、掩码及网关
sensor(config-hos-net)# telnet-option enabled           开启 telnet
sensor(config-hos-net)# access-list 192.168.1.0/24      允许管理网段访问 IPS
sensor(config-hos-net)# exit
sensor(config-hos)# exit
Apply Changes?[yes]: yes                                保存配置
sensor(config)# service web-server                      启动 Web 服务并利用 IDM 管理 IPS
sensor(config-web)# enable-tls true                     允许 https 的 Web 管理
sensor(config-web)# port 443                            开启网管端口
sensor(config-web)# exit
Apply Changes?[yes]: yes
Warning: The edit operation has no effect on the running configuration
sensor(config)# exit
sensor# copy current-config backup-config               保存 IPS 的配置
```

2) 利用 setup 向导初始化

可在特权模式(提示符为"sensor#")下输入 setup 命令,利用 System Configuration Dialog(系统配置对话)向导来完成 IPS 的初始化,如图 3-8 和图 3-9 所示(部分显示当前配置信息的内容没有截图)。

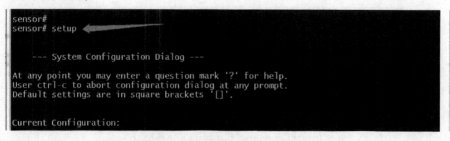

图 3-8　用 setup 向导完成初始化 1

```
Setup Configuration last modified: Fri Nov 04 09:27:15 2022

Continue with configuration dialog?[yes]: yes
Enter host name[sensor]: IPS4215
Enter IP interface[192.168.1.2/24,192.168.1.1]: 192.168.1.254/24,192.168.1.1
Enter telnet-server status[disabled]: enable
Enter web-server port[443]:
Modify current access list?[no]: yes
Current access list entries:
  No entries
Permit: 192.168.1.0/24
Permit:
Modify system clock settings?[no]:
Modify interface/virtual sensor configuration?[no]:
Modify default threat prevention settings?[no]:

The following configuration was entered.

service host
network-settings
host-ip 192.168.1.254/24,192.168.1.1
host-name IPS4215
telnet-option enabled
access-list 192.168.1.0/24
ftp-timeout 300
no login-banner-text
exit
time-zone-settings
offset 0
standard-time-zone-name UTC
exit
summertime-option disabled
ntp-option disabled
exit
service web-server
port 443
exit
service event-action-rules rules0
overrides
override-item-status Enabled
risk-rating-range 90-100
exit
exit
[0] Go to the command prompt without saving this config.
[1] Return back to the setup without saving this config.
[2] Save this configuration and exit setup.

Enter your selection[2]:
Configuration Saved.
*09:32:05 UTC Fri Nov 04 2022
Modify system date and time?[no]:
sensor#
```

图 3-9　用 setup 向导完成初始化 2

4. IDM 配置

初始化 IPS 后，就可以利用 IPS 网管接口的 IP 地址访问了。在浏览器地址栏上输入 "http://IPS 网管接口的 IP 地址"，就可以进行 IDM 配置，以图形化界面完成 IPS 后续的管理工作。具体步骤如下：

(1) 修改 Win7 虚拟机 Loopback 0 接口的 IP 地址为 192.168.1.2，并在命令提示符窗口用 ipconfig 命令进行验证，如图 3-10 所示。

IDM 配置

```
管理员: C:\Windows\system32\cmd.exe

C:\Users\Administrator>ipconfig

Windows IP 配置

以太网适配器 Loopback 0:

   连接特定的 DNS 后缀 . . . . . . . :
   本地链接 IPv6 地址. . . . . . . . : fe80::5556:9c4d:26e9:2147%16
   IPv4 地址 . . . . . . . . . . . . : 192.168.1.2
   子网掩码  . . . . . . . . . . . . : 255.255.255.0
   默认网关. . . . . . . . . . . . . :
```

图 3-10　Win7 虚拟机 Loopback0 接口的 IP 地址

(2) 在命令提示符窗口用 Ping 命令验证是否能 Ping 通 IPS 的网管接口 192.168.1.254。如果能 Ping 通，则打开浏览器，在地址栏输入 https://192.168.1.254 尝试启动 IDM。可能会出现"此网站的安全证书有问题"的提示，如图 3-11 所示。

图 3-11　安全提示

(3) 单击"继续浏览此网站"即可看到如图 3-12 所示的 Cisco IPS Device Manager 界面。

图 3-12　Cisco IPS Device Manager 界面

(4) 单击"Run IDM"按钮，会提示下载文件 idm.jnlp，如图 3-13 所示。

图 3-13　下载文件 idm.jnlp

（5）单击"保存"按钮，将此文件下载并保存至 C 盘根目录。

（6）进入 C 盘根目录，用记事本打开 idm.jnlp 文件，修改 initial-heap-size 的值为 512 m，max-heap-size 的值为 1024 m，如图 3-14 所示，其他内容不变，保存并关闭文件。

图 3-14　修改文件 idm.jnlp

（7）在命令提示符窗口切换到 C 盘根目录，输入"javaws idm.jnlp"启动此文件，如图 3-15 所示。

图 3-15　用 javaws 命令启动文件 idm.jnlp

（8）在随后出现的"警告-安全"窗口单击"是"按钮，就可以看到如图 3-16 所示的 Cisco IDM Launcher 界面。

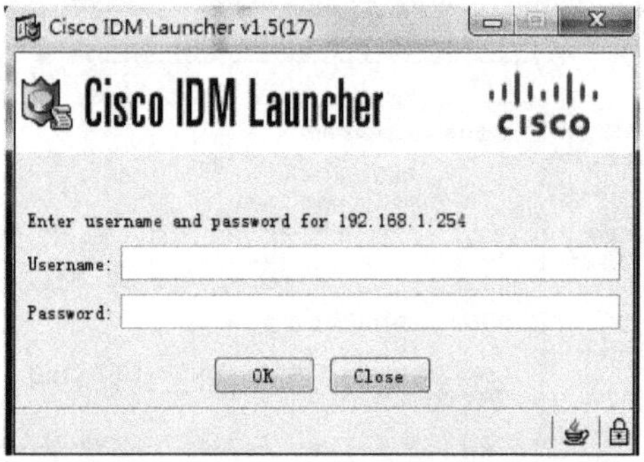

图 3-16　Cisco IDM Launcher 界面

(9) 输入用户名"cisco"、密码"net527"登录后，即可看到如图 3-17 所示的 Cisco IDM 管理首页，后续就可以以图形化界面完成其余的配置了。

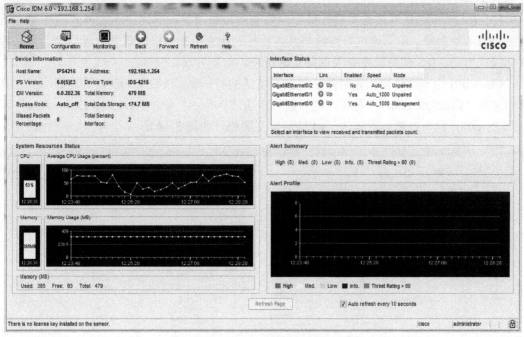

图 3-17　Cisco IDM 管理首页

3.2　IPS 策略

Cisco IPS 策略的配置包含特征定义(Signature Definitions)、事件动作规则(Event Action Rules)和异常检测(Anomaly Detections)三个部分。

(1) 特征定义策略：用于定义 IPS 的特征库，可以对特征库中的特征进行新增、修改、删除、启用/禁用等操作。

(2) 事件动作规则策略：主要用于对 IPS 的调整，通过创建 Event Action Overrides 和 Event Action Filters 策略，来根据 Risk Rating(RR，风险等级)定义增加或减少事件动作。

(3) 异常检测策略：用于检测异常流量，可以在 IPS 未升级最新的特征策略时抵御蠕虫病毒等。

Cisco IPS 传感器软件系统 6.0 版包含一个名为 sig0 的默认特征定义策略、一个名为 rules0 的默认事件动作规则策略以及一个名为 ad0 的默认异常检测策略。根据需求，这些默认的策略或用户自定义的新策略可与虚拟传感器相关联。用户可在具有不同需求的多个虚拟传感器上自定义并创建多个安全策略，这些策略能应用在每个 VLAN 或物理接口上。

3.2.1　特征定义

特征库和特征引擎是 Cisco IPS 解决方案架构的基础。基于网络的 IPS 通过特征库中启用的预定义特征或用户自定义的特征来监控网络流量。

1. 特征概述

特征(Signature)是对攻击者进行基于网络的攻击时所呈现的网络流量模式的描述。当检测到恶意行为时，IPS 通过将流量与具体特征对比来监控网络流量并生成警报。与杀毒软件模式相同，IPS 的特征库必须保持实时更新，定期升级。

Cisco IPS 为不同协议预先装载了覆盖面宽泛的特征库。在 Cisco IDM 管理界面的主菜单中选择"Configuration"，再在左侧导航栏单击"Polices"中"Signature Definitions"下面的"sig0"，就可以看到默认的 sig0 特征定义策略，如图 3-18 所示。

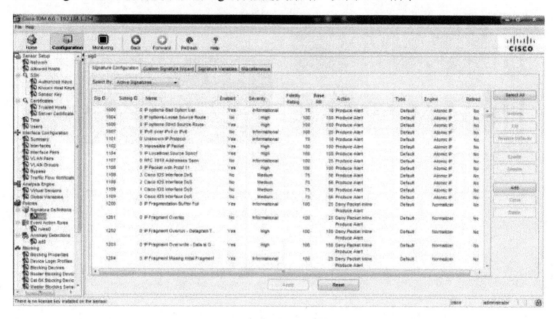

图 3-18　sig0 特征定义策略

只有"Enabled"的值为"Yes"且"Retired"的值为"No"的特征才能生效。系统启动时自动加载状态为 Active(即"Retired"的值为"No")的特征。即使是 Disable 的特征(即"Enabled"值为"No"的特征)也会被加载，只不过匹配数据时不做动作而已。

如果把一个 Disable 且 Active 状态的特征设置为 Retired 状态，IPS 就会把系统所有的 Active 状态的特征全部删除并重新加载，这将消耗大量硬件资源。若工作状态的 IPS 频繁做此操作，将会对网络造成一定影响。

2. 特征引擎

特征引擎(Signature Engine)是相似特征的集合的一个分组，每个分组检测特定类型的行为。Cisco IPS 使用特征引擎，通过查找相似的特征检查网络流量的入侵行为。比如，使用基于 TCP 字符串的引擎处理那些仅在 TCP 流量中寻找特定文本字符串的特征。特征引擎设计用于执行众多功能，如模式匹配、状态模式匹配、协议解码深度包检查及其他启发式检测方法。每个特征引擎都有一套在允许范围或取值之内的特定参数。

特征引擎有多种分类，针对不同网络情况可选择不同类型的引擎。

1) Atomic 引擎

Atomic 引擎可以对一个单一的 IP 包内的特定字段进行检测，比如 ICMP、ARP、DNS 等都是单一的 IP 包，各个包之间没有联系。而 TCP、UDP 等是流(一组 IP 包)，各个包之间有联系。

Atomic 特征引擎有三种基本子类型：

(1) AtomicARP：用于检测第 2 层 ARP 协议。

(2) Atomic IP：用于检测 IP 协议分组及相关的第 4 层传输协议。

(3) Atomic IPv6：用于检测由有缺陷的 IPv6 流量引起的 IOS 漏洞。

2) Flood Engine(泛洪引擎)

泛洪引擎用于检测针对主机和网络的 ICMP 和 UDP 泛洪，有 Flood Host 和 Flood Net 两种类型的泛洪特征引擎。其中，Flood Host 是对单个目的主机泛洪，Flood Net 是对一个目的网络泛洪。

系统内置的编号为 2152 的特征是一个经典的 ICMP 泛洪主机引擎特征，它的部分参数如图 3-19 所示，ICMP 请求每秒超过 60 个就告警，该特征默认被禁用。

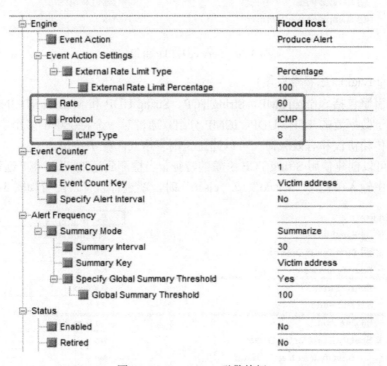

图 3-19　Flood Host 引擎特征

3) Service Engine(服务引擎)

检测在 OSI 第 5、6、7 层需协议详细分析的服务，检测所有标准系统和应用层协议。服务引擎有能力检测广泛的协议类型，如 DNS、FTP、H225、HTTP、IDENT、MSRPC、MSSQL、NTP、RPC、SMB、SNMP、SSH 和 TNS 协议。

例如，Service HTTP 可对 URL 中的字段进行限制，主要针对 URL 当中的 URI、ARG、HEADER、REQUEST 四个字段进行长度和正则表达式(正则表达式的语法参见附录)的匹配，限制长度可以比较有效地防止缓冲区溢出攻击，Service HTTP 引擎特征如图 3-20 所示。

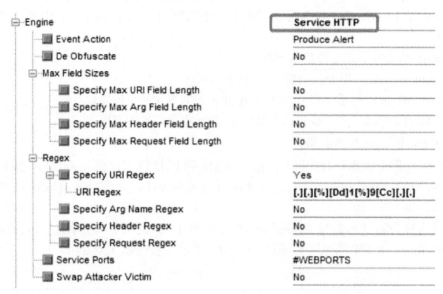

图 3-20　Service HTTP 引擎特征

4) String Engine(字符串引擎)

字符串引擎包括 String ICMP、String TCP、String UDP 和 MULTI STRING 四种类型，用于检测基于数据流的 TCP、UDP、ICMP 分组，通过对一个特征中的多个字符串的比对，检测第 4 层传输协议和有效载荷，可以通过正则表达式匹配字符串。

例如，可以创建使用 String TCP 引擎的特征，当检测到通过 TELNET 远程登录到目标设备的会话中输入关键字"Cisco"或"cisco"时，就进行告警，配置如图 3-21 所示。

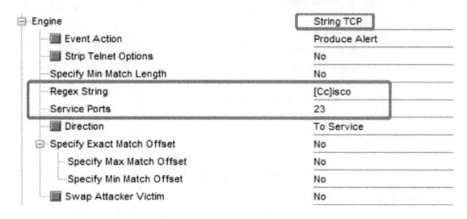

图 3-21　String TCP 引擎配置

5) Sweep Engine(扫描引擎)

扫描引擎用于对网络扫描进行监控，以检测和分析潜在的扫描攻击。这些攻击可能包括从单个主机发起的 ICMP 或 TCP 扫描，目的端口的 TCP 和 UDP 扫描，以及使用远程过程调用(RPC)在两节点间进行的多端口扫描。扫描引擎通过分析网络流量和响应，能够识别出非正常的扫描行为，这些行为可能是网络攻击的前奏，如端口扫描、漏洞探测等。

一个网络不可能拒绝扫描，因为不可能把所有服务都关闭，但一般扫描攻击的报文都会变得不太正常，因此可以部署 IPS 来发现扫描。

Cisco IPS 有 Sweep(普通扫描)和 Sweep Other TCP(特殊 TCP 包扫描)两种类型的扫描引擎。

(1) Sweep(普通扫描)一般为正规扫描，如端口号按顺序，IP 地址按从小到大或从大到小地扫，一般有规律性。

(2) Sweep Other TCP(特殊 TCP 包扫描)则没有规律，正常情况 IPS 很难发现这是一个扫描攻击，典型的 NMAP 扫描工具可做到特殊扫描。以下几种扫描攻击都是比较难被发现的：

① 随机扫描不同端口，且不在短时间内扫描；

② 扫描 TCP 报文中标置位(Flag)SYN 与 FIN 同时被置"1"的包；

③ 扫描时间很长的，如扫描 1～1024 端口，需要扫一个星期或半个月等。

6) META Engine(元引擎)

元特征用于检测基于多个独立特征的事件，如果这些独立特征在很短的时间间隔内以相关方式发生，则进行某种告警。该特征引擎处理事件而不是分组，用于提供事件的关联。

例如，如图 3-22 所示，在 3 秒内产生这 5 个独立的 SIG 的告警，一般人通常会分开处理这 5 个告警，不会将它们关联起来，但 META 引擎可以提供这一事件的关联，告诉管理员 3 秒内出现这 5 个特征的告警有可能是出现了 NIMDA 蠕虫病毒。

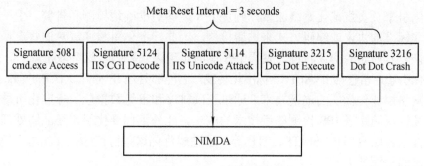

图 3-22　META 引擎案例

7) TRAFFIC Engine(流量引擎)

流量引擎用于检测非标准流量或异常流量，如 ICMP TUNNEL、80 端口的 TELNET。Cisco IPS 有 ICMP 和 Anomaly 两种类型的流量引擎。

(1) TRAFFIC ICMP：用于检测非标准的 ICMP 流量，如那些可能被用于隐藏数据的流量。某些网络攻击工具如 TFN2K、LOKI 和 DDOS 攻击可能会利用 ICMP 协议来传输数据，以逃避常规的网络监控。ICMP 数据包的填充位通常是一些无意义的重复字符，如字母 abcdefghijk…，这些工具可以改变这些填充位来承载数据，目的是隐藏这些传送的数据，让安全设备或者网管无法发现这些重要数据正在被泄漏。TRAFFIC ICMP 引擎能够检测这些异常的填充模式，从而识别出潜在的攻击流量。

(2) TRAFFIC Anomaly：用于检测 TCP、UDP 及其他流量中的异常行为，如蠕虫病毒活动。它通过分析流量模式，如流量、数据包大小、会话频率等，来识别可能表明网络攻击的异常行为。这种引擎有助于检测未知的攻击或新出现的威胁，因为它不依赖于预先定义的签名，而是依靠统计分析和行为分析来识别异常流量。

8) AIC Engine(应用层监控和控制引擎)

AIC 引擎用于在应用层对 FTP 和 HTTP 等流量进行深入分析和过滤。AIC 引擎可以认为是 IPS 的另一种功能，可以让 IPS 有与防火墙类似的功能对流量进行限制，侧重于应用层的安全控制。它包括 AIC FTP 和 AIC HTTP 两种引擎，针对不同的应用层协议进行监控和管理。

(1) AIC FTP：用于 FTP 协议的流量分析，它能够检测 FTP 流量，并对 FTP 会话中的命令进行控制，防止不当的文件传输和潜在的安全威胁。

(2) AIC HTTP：提供对 HTTP 会话的更细粒度控制，它能够识别和管理通过 HTTP 协议进行的通信，防止 HTTP 协议的滥用，如即时通信应用通过 HTTP 端口(如 80 端口)进行的隧道通信，防止不必要的流量占用带宽或传播恶意软件。

9) State Engine(状态引擎)

状态引擎用于管理和控制的状态转换。在简单邮件传输协议(SMTP)、远程打印、Cisco 登录等应用场景中，状态引擎可以用来处理特定字符的状态查询，以及在发送邮件字段或登录 Cisco 设备时的特殊字段处理。通过隐藏配置文件，状态引擎定义了状态之间的转换规则，这些规则可以根据新的特征库进行更新，以适应不同的应用需求和安全要求。

10) Normalizer Engine(标准化引擎)

标准化引擎负责规范化网络流量，确保 IPS 能够更准确地检测和告警。由于许多攻击流量采用非标准的协议或编码方式来逃避检测，因此标准化引擎通过对这些流量进行标准化处理，恢复其原始的协议特性，使得 IPS 能够正确识别和响应这些攻击。

标准化引擎通常包括 IP 和 TCP 标准化功能，它能够处理 IP 分片、TCP 分段、重叠、碎片超时等网络层或传输层的逃避技术。通过正确排序和重组数据包，标准化引擎确保了数据流的连续性，防止了 IPS 检测躲避技术的成功。此外，标准化引擎还能够处理应用层协议的逃避技术，如 HTTP、SMTP、FTP 等，通过规范化这些协议的报文结构，提高 IPS 对应用层攻击的检测能力。

11) TROJAN Engine(木马引擎)

木马引擎用于检测木马程序的网络流量，分析网络流量中的非标准协议，如 BO2K(Back Orifice 2000)和 TFN2K(Trinoo 2K)协议，这些协议通常被木马程序用于控制受感染的主机或窃听通信。木马程序通过产生特定的网络流量来执行其恶意活动，木马引擎能够识别这些流量模式，从而帮助安全系统及时发现和响应木马攻击。

Cisco IPS 内置了多种木马引擎，包括 Bo2K、Tfn2k 和 UTP(Universal Threat Protocol)，这些引擎能够自动检测和防御木马攻击，不需要用户手动配置参数。

3. 特征的参数

每个特征都有很多参数，特征的参数可以分为普通参数和特殊参数(即引擎参数)两种。

1) 普通参数

所有特征的普通参数都是一样的，下面介绍一些常用且重要的普通参数。

(1) Signature ID：特征编号，自定义特征编号最好设置为 60 000 以上。

(2) SubSignature ID：子 ID 号，当某特征有多种版本时用。

(3) Alert Severity：告警严重度，简称 ASR，表示检测事件的威胁程度，有 Informational、Low、Medium、High 四个选项可选，后续计算 RR 值时会用到。

(4) Signature Fidelity Rating：特征精确度，简称 SFR，用于描述检测事件或环境的准确程度。取值 0 到 100，越大越真实，创建特征时默认提供的值为 75，后续计算 RR 值时会用到。

(5) Promiscuous Delta：杂合增量，简称 PD，用于计算内联模式和杂合模式的威胁率。默认为 0，表示两种模式的威胁相同，配置为 10 则表示内联模式的威胁率要比杂合模式高 10。后续计算 RR 值时会用到。

(6) Event Count：事件计数，若该值为 1，则只要满足特征的参数配置就会有一个事件，每个事件产生一个告警信息；若该值为 10，则需要 10 个事件才会有一个告警。比如 Ping，Ping 了 10 个包会有 10 个事件及一个告警。

(7) Event Counter Key：默认值为 Attacker and victim addresses，攻击者与受害主机之间的一个包触发了特征就告警，如果 Event Count 的值为 10，则需要 10 个包的源目地址都是这个攻击者与受害主机。也可以选择其他值，但 Event Count 的值必须满足所选的条件才会有告警。

(8) Specify Alert Interval：指定报警间隔，默认值为 No，即不管多长时间只要凑够 Event Count 指定数值的事件就告警。也可以将此值设置为 Yes，再设置 Alert Interval(报警间隔)，则表示在指定的报警间隔内凑足 Event Count 指定数值的事件就会告警，比如 Event Count 的值为 10，Alert Interval 的值为 60，则表示在 60 秒内凑足 10 个包就会告警，如果在这段时间内没有凑足 10 个就不告警。

(9) Alert Frequency：告警频率，这里的参数与 Event Count 的配置有关。Summary mode(汇总模式)的值有下面三个选项：

① Fire all：所有事件都告警，Event Count 的值是多少就会有多少个告警条目，如 Ping100 包就有 100 个告警；

② Fire once：在一个时间周期内只告警一次，不管有多少攻击；

③ Sunmmarize：汇总，默认间隔时间 30 秒。当第一个包出现时就产生告警了，30 秒后会有一个汇总告警，汇总间隔时间内符合特征的包的总数。这个参数也与 Event Count 的值有关，如果 Event Count 设置为 10，则要 10 个包出现了才有一个告警，等 30 秒再产生汇总告警。

(10) Vulnerable OS List：脆弱 OS 列表，用来匹配该攻击事件对哪类系统生效。

2) 引擎参数

不同引擎的引擎参数是不同的，每一个引擎都有其特定的参数，配置这些特定的引擎参数能优化特征对网络的分析。由于篇幅所限，在此不再叙述。

4. 特征的事件动作

Cisco IPS 特征的事件动作(Event Action)共有 16 种，如图 3-23 所示，可将它们分为告警与日志行为、拒绝行为和其他行为三类。

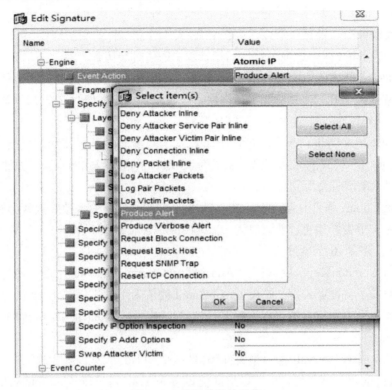

图 3-23　特征的事件动作

1) 告警与日志行为

(1) Produce Alert：生成警报，将事件作为警报写入事件存储器，默认所有的特征都有这个行为。

(2) Produce Verbose Alert：生成详细警报，把触发告警的流量的抓包文件显示出来。

(3) Log Attacker Packets：记录攻击者数据包，对触发告警的包的源地址进行 IP 日志记录。

(4) Log Pair Packets：记录攻击者和受害者数据包，对触发告警的包的源目地址进行 IP 日志记录。

(5) Log Victim Packets：记录受害者数据包，对触发告警的包的目的地址进行 IP 日志记录。

(6) Request SNMP Trap：请求 SNMP 陷阱，将告警推送一份到 SNMP 服务器，对通知应用发出实施 SNMP 通知的请求。

2) 拒绝行为(仅内联模式可用)

(1) Deny Packet Inline：拒绝数据包，特征触发时该包被拒绝通行。

(2) Deny Connection Inline：拒绝连接，特征触发时，在一段时间内该源目 IP 及源目端口被拒绝访问。

(3) Deny Attacker Victim Pair Inline：拒绝攻击者和受害者，在一段时间内禁止来自触发特征的包的源目地址的流量。

(4) Deny Attacker Service Pair Inline：拒绝攻击者服务对，在一段时间禁止触发特征的包的源地址去往任意目的的某个端口。

(5) Deny Attacker Inline：拒绝攻击者，在一段时间禁止触发特征的包的源地址的所有流量，这是最为严厉的拒绝动作。

3) 其他行为(IPS 的特殊处理，通过与其他设备联动拒绝流量或服务)

(1) Request Block Connection：请求阻断连接，触发特征时，IPS 对攻击响应控制器(ARC)发出请求以切断该连接。

(2) Request Block Host：请求阻断主机，触发特征时，对攻击响应控制器(ARC)发出请求以阻断该攻击主机。

(3) Request Rate Limit：请求速率限制，触发特征时，对攻击响应控制器(ARC)发出速率限制请求以实现速率限制。

(4) Reset TCP Connection：重启 TCP 连接，触发特征时，IPS 发出 TCP 重启消息，以劫持和终止 TCP 流。重启 TCP 连接仅对分析单个连接的基于 TCP 特征库的模式有效，对扫描攻击或泛洪无效。

(5) Modify Packet Inline：修改数据包某些报头被置位的位。例如，TCP 包前三位默认为 0，若发现被置位则 IPS 修改成默认值。

5. 自定义特征

用户可以自定义符合自身网络需要的特征，可以修改现有的特征，也可以创建全新的特征，下面举例说明。

【**案例 3-1**】 修改特征库内置的编号为 2004 的特征，需求如下。编号为 2004 的特征可以检测 ICMP Ping 的流量。

(1) 修改告警严重度为最高级，如图 3-24 所示。

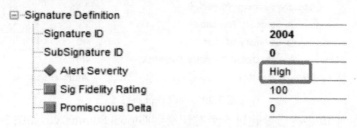

图 3-24 修改告警严重级别

(2) 修改 Ping 的目的地址为 23.1.1.3 时告警，如图 3-25 所示。

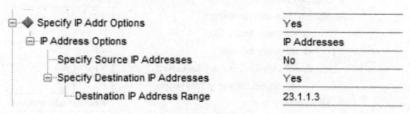

图 3-25 修改特征属性 1

（3）修改为每个事件告警一次，如图 3-26 所示。

图 3-26　修改特征属性 2

（4）修改为连续 30 个 Ping 包去往 23.1.1.3 时告警，如图 3-27 所示。

图 3-27　修改特征属性 3

（5）修改为 30 秒内出现 6 个 Ping 包去往 23.1.1.3 时告警，若 30 秒内未出现 6 个则重置计数，如图 3-28 所示。

图 3-28　修改特征属性 4

（6）修改为超过 40 秒 2 个告警时切换到 Summary，如图 3-29 所示。

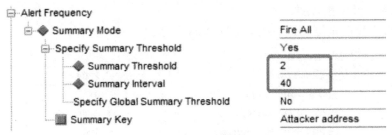

图 3-29　修改特征属性 5

（7）修改为当 40 秒内告警超过 5 个时切换到 Global Summary，如图 3-30 所示。

图 3-30　修改特征属性 6

【**案例 3-2**】　设置特定报文触发告警。

创建一个新的特征，编号为 60010，告警严重度设置为高，特征精确度为 75，特征名称为 CCIE，配置去往 23 端口服务，匹配关键字 ccie，且字母不区分大小写，事件动作为 Produce alert、Produce Verbose Alert、Log Attacker Packets、Reset Tcp Connect。特征的配置如图 3-31 所示。

Name	Value
⊟ Signature Definition	
Signature ID	**60010**
SubSignature ID	**0**
◆ Alert Severity	High
▣ Sig Fidelity Rating	75
▣ Promiscuous Delta	0
⊟ Sig Description	
◆ Signature Name	CCIE
▣ Alert Notes	My Sig Info
▣ User Comments	Sig Comment
▣ Alert Traits	0
▣ Release	custom
Signature Creation Date	20000101
Signature Type	Other
⊟ Engine	String TCP
◆ Event Action	Log Attacker Packets | Produce Alert | Produce Verbose Alert | Reset TCP Connection
▣ Strip Telnet Options	No
Specify Min Match Length	No
Regex String	[Cc][Cc][Ii][Ee]
Service Ports	23
▣ Direction	To Service

图 3-31　设置特定报文触发告警

【**案例 3-3**】　触发 23 端口的 SYN 包。

创建一个新的特征，编号为 60011，匹配去往目的端口 23 的第一个 SYN 包，脆弱 OS 为 IOS，事件动作为 Log Attacker Packets。特征的配置如图 3-32 和图 3-33 所示。

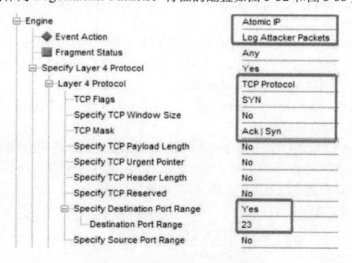

图 3-32　触发 23 端口的 SYN 包 1

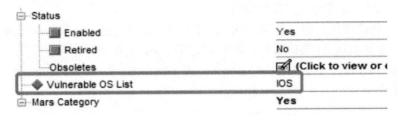

图 3-33　触发 23 端口的 SYN 包 2

3.2.2　事件动作规则

Cisco IPS 包含一个名为 rules0 的默认事件动作规则策略，也可以根据需要添加新的事件动作规则。通过事件动作规则(Event Action Rules)，用户可以创建 Event Action Overrides(事件动作重写)、Event Action Filters(事件动作过滤)策略，根据 RR 的值来增加或减少事件动作，实现对 IPS 的调整。

在 Cisco IDM 管理界面上方的主菜单中选择"Configuration"，单击左侧导航栏中"Event Action Rules"下的"rules0"，就可以看到默认的事件动作规则策略，用户就可以根据自身网络需求进行修改了。

1. Risk Rating

Cisco IPS 提供风险等级(Risk Rating，RR)，用来量化一个特定事件在网络中的风险程度。Risk Rating 的取值范围是 0 到 100，该值越高，风险越大，告警的重要程度越高。RR 的值与报警有关，与特征库无关。

以下的值用于对特定事件计算 RR 值。

(1) ASR(Alert Severity Rating)：告警严重度，是特征的普通参数，不同选项对应的数值分别为 Information(25)、low(50)、medium(75)、high(100)。

(2) TVR(Target Value Rating)：目标价值率，对应的数值分别为 No Value(50)、Low(75)、Medium(100)、High(150)和 Mission Critical(200)，默认值为 Medium(100)。

(3) SFR(Sig Fidelity Rating)：特征精确度，是特征的普通参数，取值为 0 到 100，用户可根据需要修改。

(4) ARR(Attack Relevancy Rating)：攻击关联率，用于衡量目标设备 OS 与特征中 Vulnerable OS List(脆弱 OS 列表)选项的匹配度，若匹配则值为 Relevancy(10)，若不匹配则值为 Not Relevancy(-10)，若不确定则值为 Unknown(0)。

(5) PD(Promiscuous Delta)：杂合增量，取值范围为 0 到 30。默认情况都为 0，内联模式不计算 PD 值，杂合模式减 10。

(6) WLR(Watch List Rating)：观察列表等级，取值范围为 0 到 35，用于关联产品 CSAMC，如果 NIPS 和 HIPS 两个产品都发现了某个攻击，CSAMC 就会产生一个关联值来让 IPS 加分。产品 CSAMC 目前已经不用了，故 WLR 的值可忽略。

RR 的计算公式如下：

$$RR = \frac{ASR \times TVR \times SFR}{10000} + ARR - PD + WLR$$

在 IDM 管理界面上方的主菜单中选择"Monitoring"，点击左侧导航栏中的"Events"，单击"View"按钮可以查看记录下来的事件日志，双击某个事件日志，可以查看该日志的详细信息，在其中就可以看到 RR 的值，如图 3-34 所示。

图 3-34　查看 RR 值

2. Event Variables

通过 Event Variables(事件变量)，可以将网络中设备的名称与 IP 地址的对应关系记录下来，这样后续调用时就可以用设备名称，无须记设备的 IP 地址了。

单击左侧导航栏中"Event Action Rules"下的"rules0"，切换到"Event Variables"选项卡，如图 3-35 所示，单击右侧的"Add"按钮即可添加名称与 IP 地址的对应关系。

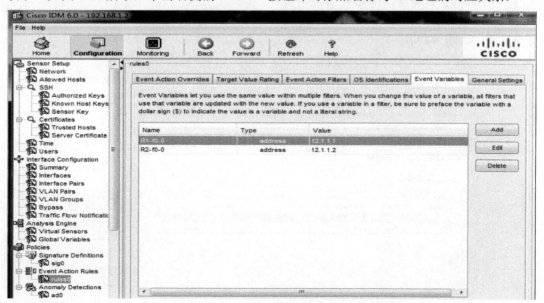

图 3-35　Event Variables 选项卡

3. Target Value Rating

Target Value Rating(目标价值率，简称 TVR)用于描述设备的重要程度，是计算告警的 RR 值的重要部分，分为 No Value(无价值)、Low(低)、Medium(中)、High(高)和 Mission Critical (关键业务)5 个等级，用户可以根据自身网络情况为网络设备指派一个值，默认值为 Medium。

当网络发现攻击行为时，根据攻击的对象不同，IPS 可以利用这些预先配置的不同设备的 TVR 值来判断这条攻击(告警)对网络的威胁程度。

切换到"Target Value Rating"选项卡，单击右侧的"Add"按钮即可添加不同设备的目标价值率，如图 3-36 所示。添加 TVR 时，可以用设备的 IP 地址或上面定义的事件变量。注意：一次性添加多个设备时，变量与 IP 地址不能同时使用。

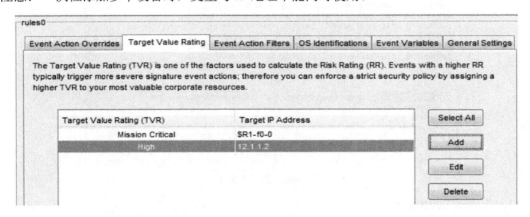

图 3-36 Target Value Rating 选项卡

4. OS Identifications

OS Identifications(操作系统识别)用于添加目标设备所使用的操作系统。RR 计算公式中的 ARR 就用于衡量目标设备 OS 的关联度。

切换到"OS Identifications"选项卡，单击右侧的"Add"按钮即可添加不同设备的目标价值率，如图 3-37 所示。

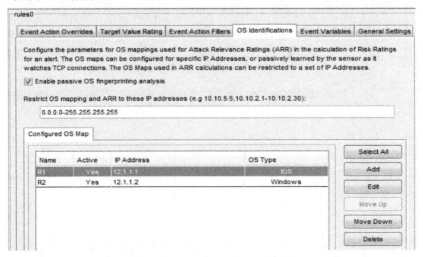

图 3-37 OS Identifications 选项卡

在图 3-37 中，将 R1 的 OS Type 设置为"IOS"，R2 的 OS Type 设置为"Windows"。如果同时修改编号为 2000 的特征的脆弱 OS 选项为"IOS"，则如图 3-38 所示，然后再使用 Ping 命令激活特征进行测试，查看告警 RR 值。

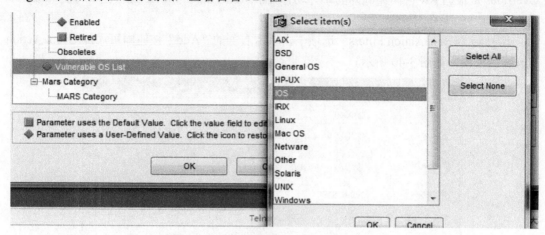

图 3-38　修改特征的脆弱 OS 选项为 IOS

可以看到，当 R1 Ping R2 时，目的操作系统为 Windows，而特征的脆弱 OS 为 IOS，操作系统不匹配，故 ARR 值为 −10；当 R2 Ping R1 时，目的操作系统为 IOS，特征的脆弱 IOS 也为 IOS，操作系统匹配，故 ARR 值为 10。

5. Event Action Overrides

Event Action Overrides(事件动作重写)可以根据 RR 的值来增加事件动作，可以根据不同范围的 RR 值来定义。

切换到"Event Action Overrides"选项卡，可以看到默认配置如图 3-39 所示，表示当某事件对应的 RR 值为 90～100 时要增加"Deny Packet Inline"的事件动作，即使特征的事件动作只设置了 Produce Alert，该数据包也会被丢弃。

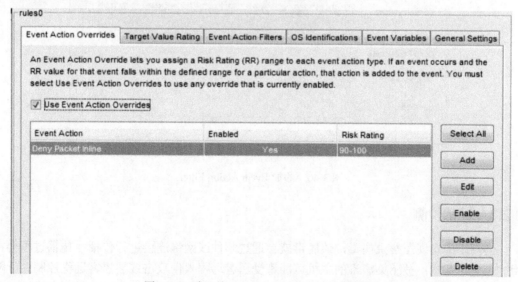

图 3-39　默认的 Event Action Overrides 选项卡

6. Event Action Filters

Event Action Filters(事件动作过滤)的作用与 Event Action Overrides 刚好相反，Event Action Overrides 是根据 RR 值添加额外的事件动作，而 Event Action Filters 是根据 RR 值来减少事件动作。

切换到"Event Action Filters"选项卡，单击右侧的"Add"按钮即可添加 Event Action Filters 的规则，如图 3-40 所示。

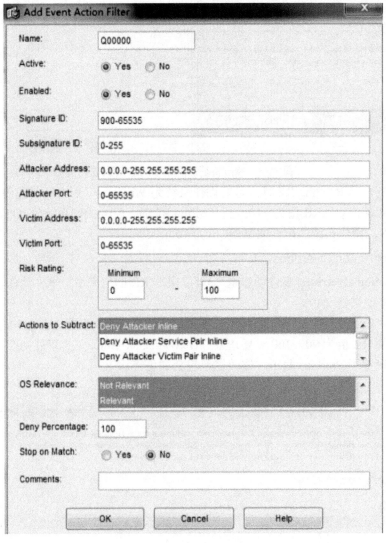

图 3-40　添加 Event Action Filters

3.2.3　异常检测

当网络中出现了蠕虫病毒，该病毒就会通过邮件或网络连接进行传播，传播过程会占用大量链路带宽；被感染病毒的主机可能遭受黑客远程入侵攻击或被黑客远程控制进行网络扫描，网络带宽同样会突然上涨，并有可能出现拥塞，而 IPS 没有进行特征库升级，就无法匹配到新的蠕虫病毒。

为了解决这一问题，Cisco IPS 引入了异常检测(Anomaly Detection，AD)模块，检测被蠕虫感染的主机和蠕虫攻击。AD 模块先在网络中学习正常流量，建立基准线，当网络出现了带宽突然上涨或网络扫描的蠕虫病毒的特征时就采取行为。

AD 可以检测以下两种情况：

(1) 网络开始被带有蠕虫的流量拥塞；

(2) 单个蠕虫感染源进入网络并开始扫描其他易受攻击的主机。

在 Cisco IDM 管理界面上方的主菜单中选择"Configuration"，单击左侧导航栏中"Anomaly Detection"下的"ad0"，就可以看到默认的异常检测策略，用户就可以根据自身网络需求进行修改了。

在图 3-41 所示的"Operation Settings"选项卡中可为 AD 模块设置需要忽略的地址，如漏洞扫描程序的 IP 地址或服务器 IP 地址等，Worm Timeout 默认为 600 秒的学习时间，了解指定地址在这段时间内连接的主机数或扫描数，建立一个基准线，以后就按这个基准线来忽略这个地址的异常。

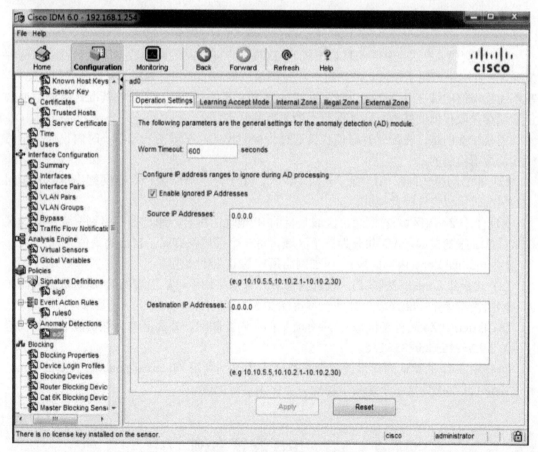

图 3-41　Operation Settings 选项卡

AD 有以下三种模式。

(1) 学习模式：最初的 24 小时为学习模式，AD 会自动创建初始的在线数据库作为正常情况的网络基准。因此，尽量确保在这段时间内没有攻击发生，否则以此建立的基准将被误导。在图 3-42 所示的"Learning Accept Mode"选项卡可修改学习模式的相关参数。

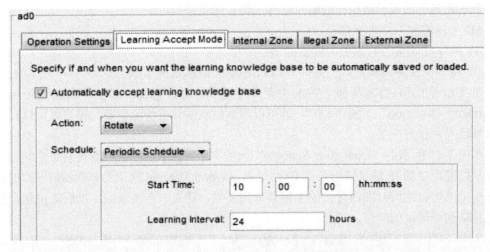

图 3-42　Learning Accept Mode 选项卡

(2) 检测模式：这是 AD 的默认模式。AD 根据学习模式创建的数据库检测网络的两种情况，一旦网络出现了超过正常情况的流量阈值或偏离了正常行为模式，就会告警。此外，在不违反阈值的情况下 AD 会记录下网络的变化情况，并创建一个新的基准。新的基准会定期保存并取代旧的基准，使其保持不断更新的状态。

需要注意的是，在配置时即使直接选择为检测模式，在最初的 24 小时内也只是学习模式，是不检测的。

(3) 非活动模式：将 AD 置于非活动模式，用于停止 AD 监控。当网络出现了异步路由的情况时可以先选择此模式。

AD 使用 Zone(区域)的概念，区域是目的 IP 地址的集合，通过把网络划分为不同的区域来降低漏报的概率。AD 共分为三个区域，每一个区域都有属于自己的阈值。

(1) Internal Zone(内部区域)：内部网络所在的 IP 地址范围。

(2) Illegal Zone(非法区域)：设置内部和外部网络均不可能出现的 IP 地址范围，比如内部网络没有使用 172 网段，外网也不可能存在 172 网段。

(3) External Zone(外部区域)：所有流量都流向互联网。外部区域为默认区域，默认范围为 0.0.0.0～255.255.255.255。

可在图 3-41 的默认的异常检测策略"ad0"中分别利用"Internal Zone"、"Illegal Zone"和"External Zone"这三个选项卡对这三个区域进行配置。

3.3　IPS 配置案例

下面分别举例说明 IPS 配置为杂合模式、内联接口对模式和内联 VLAN 对模式的方法。

3.3.1　配置 IPS 为杂合模式

在 GNS3 中搭建如图 3-43 所示的实验拓扑,其中 IDM 为桥接主机,通过 Windows 系统的虚拟接口 loopback0 与 IPS 的网管接口 e0 连接(注意:IDM 和 e0 需要通过以太网交换机 SW1 进行连接),网段 192.168.1.0/24 为网管网段;R1 和 R2 所在网段为 12.1.1.0/24。Cisco IPS 通过嗅探接口 e1 连接到交换机 SW,IPS 工作在杂合模式。

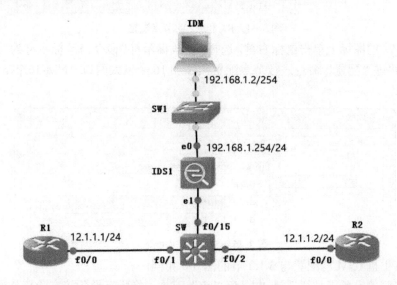

图 3-43　配置 IPS 为杂合模式

配置过程可以分解为以下 5 个部分:

(1) 搭建实验拓扑:通过 GNS3,按图 3-43 搭建实验拓扑,并对各个节点进行配置。

(2) 网络配置:按要求给路由器的接口配 IP 地址,交换机 SW 配置 SPAN(端口镜像)功能,并完成 IPS 的初始化。

(3) 激活 IPS 的嗅探接口并关联 Virtual Sensor:默认所有的嗅探接口都是关闭的,需要激活接口,并将接口指派到 Virtual Sensor。

(4) 激活 IPS 特征库中编号为 2000 的特征:本例用特征库内置的编号为 2000 或 2004 的特征验证实验结果。编号为 2000 或 2004 的特征可以检测 ICMP Ping 的流量。

(5) 测试 IPS 功能:在 R1 和 R2 之间产生 ICMP Ping 敏感流量测试 IPS 功能。

下面分别对配置过程进行介绍。

1. 搭建实验拓扑

(1) 从左侧的设备工具栏拉三个 Router c3600(多层交换机也使用 c3600 的镜像)、一个 IDS、一个以太网交换机和一个 Host 到编辑区,按实验拓扑的位置摆放好。

(2) 分别在三个路由器的图标上单击鼠标右键,选择"修改设备名"命令修改设备名为 R1、R2、SW;Host 对应图标为桥接主机,将其设备名修改为 IDM。

(3) 在 R1 和 R2 的图标上单击鼠标右键,选择"配置"命令进行节点配置,添加一个快速以太网接口"NM-1FE-TX",界面如图 3-44 所示。

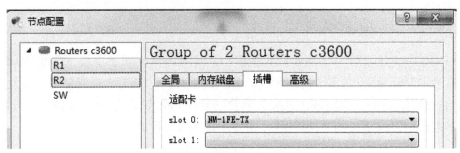

图 3-44　R1 和 R2 的节点配置

(4) 在 SW 的图标上单击鼠标右键，选择"更改标示符"命令修改标示符为"multilayer_switch"，再通过"配置"命令进行节点配置，添加 16 个以太网口"NM-16ESW"，界面如图 3-45 所示。

图 3-45　SW 的节点配置

(5) 桥接主机 IDM 的配置与 3.1.2 节的图 3-6 相同。

(6) 从左侧的设备工具栏选择"Add a link"工具，将所有设备按实验拓扑进行连接。

2. 网络配置

(1) 启动每台设备，如果之前没有配置过 IDLE PC，应先配置，配置方法参考 3.1.2 节。

(2) 在 R1 上，将接口 f0/0 的地址配置为 12.1.1.1。

```
R1#conf t
Enter configuration commands, one per line.    End with CNTL/Z.
R1(config)#int f0/0
R1(config-if)#ip address 12.1.1.1 255.255.255.0
R1(config-if)#no shutdown
R1(config-if)#end
```

(3) 在 R2 上，将接口 f0/0 的地址配置为 12.1.1.2，并用 Ping 命令验证与 R1 的连通性，若看到 5 个"!"则说明 R1 与 R2 能通。

```
R2#conf t
Enter configuration commands, one per line.    End with CNTL/Z.
R2(config)#int f0/0
R2(config-if)#ip address 12.1.1.2 255.255.255.0
R2(config-if)#no shutdown
R2(config-if)#end
R2#
```

R2#ping 12.1.1.1

Type escape sequence to abort.

Sending 5, 100-byte ICMP Echos to 12.1.1.1, timeout is 2 seconds:

!!!!!

Success rate is 100 percent (5/5), round-trip min/avg/max = 12/37/56 ms

(4) 为 SW 配置 SPAN 功能，将 fastEthernet 0/1 接口的双向流量都通过镜像复制到 fastEthernet 0/15 接口，这样 IPS 就可以收到流经 fastEthernet 0/1 的所有流量了。

SW#conf t

Enter configuration commands, one per line.　End with CNTL/Z.

SW(config)#monitor session 1 source interface fastEthernet 0/1 both

SW(config)#monitor session 1 destination interface f0/15

SW(config)#end

SW#

(5) 按 3.1.2 节的方法对 IPS 进行初始化，输入用户名 "cisco"、密码 "net527" 进行登录，配置 IPS 的主机名为 IPS4215，网管接口的 IP 地址为 192.168.1.254/24，默认网关为 192.168.1.1，启用 telne 远程登录服务，启用 Web 服务并用 https 的 443 端口进行网管服务，配置 ACL 允许网管网段 192.168.1.0/24。

3. 激活 IPS 的嗅探接口并关联 Virtual Sensor

(1) 单击 Cisco IDM 首页上方主菜单中的 "Configuration"，进入配置界面，单击左侧导航栏中 "Interface Configuration" 下面的 "Interface"，可以看到默认所有的嗅探接口都是关闭的，如图 3-46 所示。根据实验拓扑的连线情况，选择 "GigabitEthernet0/1"，单击右侧的 "Enable" 按钮激活嗅探接口，确认 "Enabled" 列下面的 "No" 变为 "Yes"，再单击最下方的 "Apply" 按钮，将配置写入到 IPS。

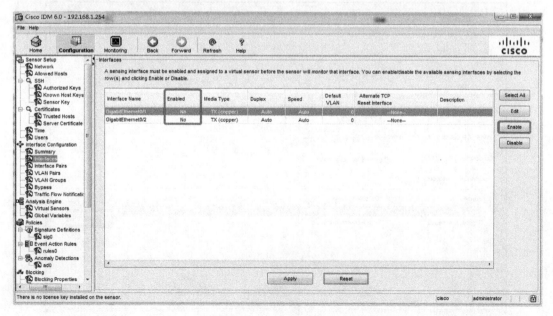

图 3-46　激活嗅探接口

（2）单击左侧导航栏中"Analysis Engine"下面的"Virtual Sensors"，可以看到默认已经存在一个名为"vs0"的虚拟传感器，单击右侧的"Edit"按钮进行编辑，如图 3-47 所示。

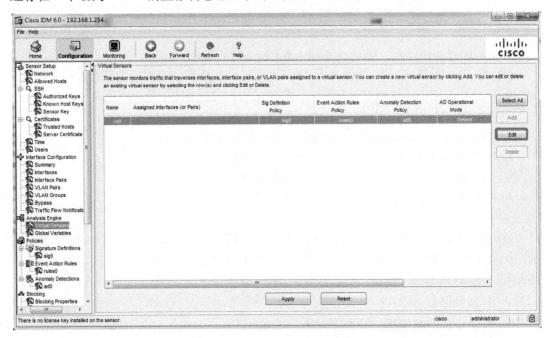

图 3-47　虚拟传感器 vs0

（3）在图 3-48 所示的"Edit Virtual Sensor"对话框中，选择接口"GigabitEthernet0/1"，再单击右侧的"Assign"按钮，将接口指派给虚拟传感器 vs0。从此对话框可以看到，vs0 使用了特征库策略 sig0、事件动作策略 rules0、异常检测策略 ad0 等，将 GigabitEthernet0/1 接口指派给 vs0 后，流经 IPS 的数据包就可以通过这些策略进行分析了。

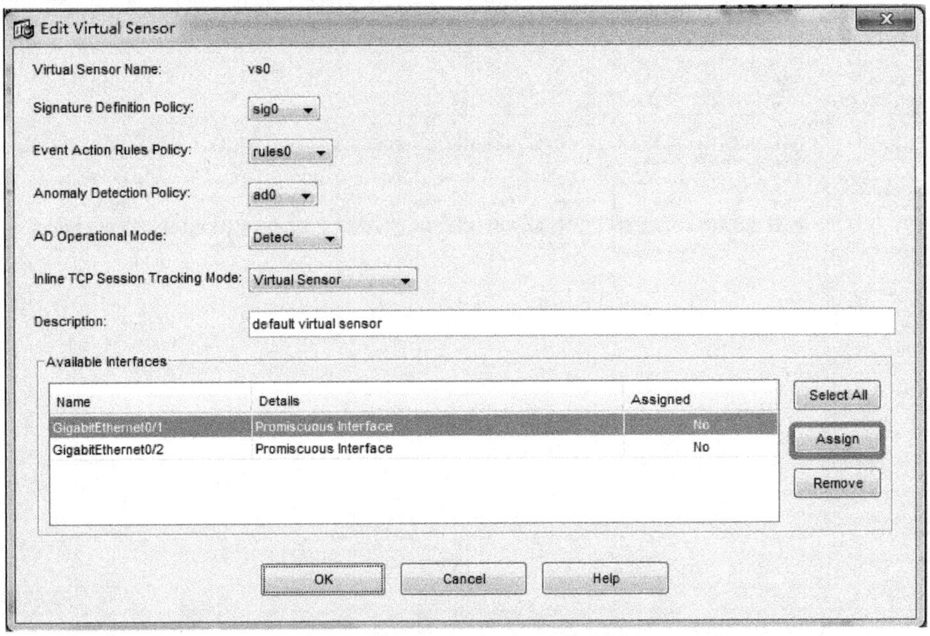

图 3-48　Edit Virtual Sensor 对话框

（4）单击下方的"OK"按钮，关闭"Edit Virtual Sensor"对话框，确认"Assigned Interfaces (or Pairs)"下面出现刚指派的"GigabitEthernet0/1"接口，如图 3-49 所示，再单击最下方的"Apply"按钮，将更改的配置写入到 IPS。若写入配置时报错，则可以稍后再尝试。

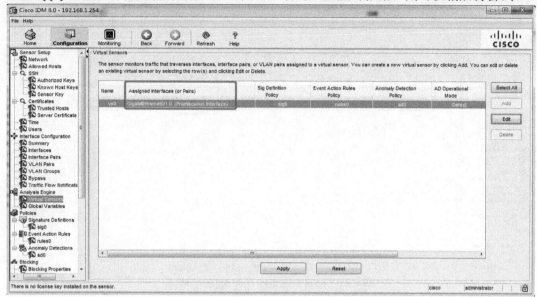

图 3-49　指派的 GigabitEthernet0/1 接口

4. 激活 IPS 特征库中编号为 2000 的特征

（1）在左侧导航栏单击"Polices"中"Signature Definitions"下面的"sig0"，在右侧的"Select By"的下拉列表中选择"Sig ID"，在搜索栏输入"2000"，再单击"Find"按钮找到编号为 2000 的特征。

（2）单击右侧的"Enable"按钮启用此特征，若需修改此特征可单击"Edit"按钮，如图 3-50 所示。

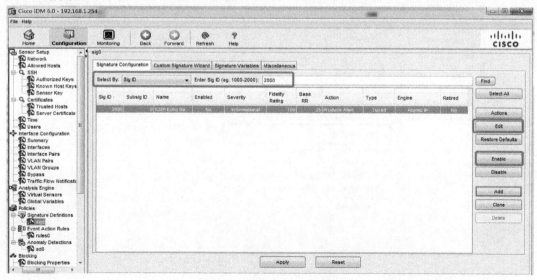

图 3-50　编号为 2000 的特征

(3) 确认"Enabled"列的值为"Yes"，再单击最下方的"Apply"按钮，将更改的配置写入到 IPS，如图 3-51 所示。

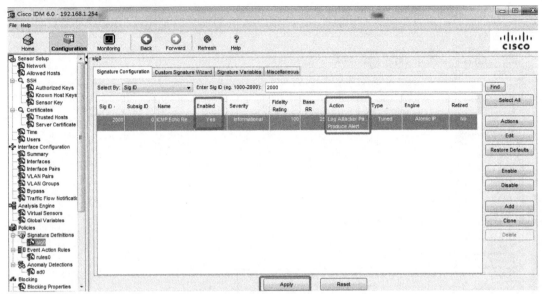

图 3-51　激活并编辑编号为 2000 的特征

5. 测试 IPS 功能

(1) 在路由器 R2 上 Ping 路由器 R1，观察 IPS 是否能检测到 ICMP 数据包。

(2) 在 IDM 上方的主菜单中选择"Monitoring"，点击左侧导航栏中的"Events"，修改右侧的设置为"Show past events 1 minutes"(显示最近 1 分钟的事件)，如图 3-52 所示。

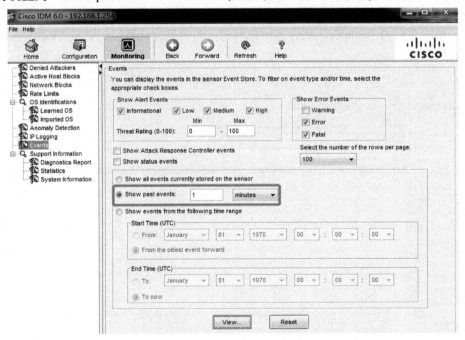

图 3-52　显示最近 1 分钟的事件

(3) 单击下方的"View"按钮查看记录下来的 Sig ID 为 2000 的事件日志,如图 3-53 所示。双击某个事件日志,可以查看该日志的详细信息。

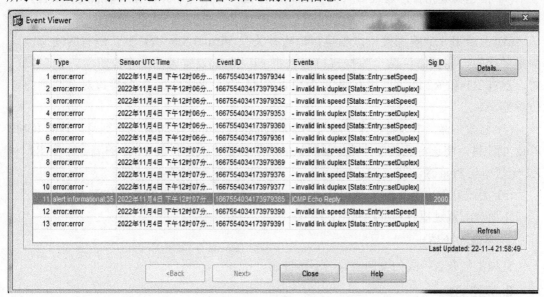

图 3-53 查看记录的事件日志

3.3.2 配置 IPS 为内联接口对模式

在 GNS3 中搭建如图 3-54 所示的实验拓扑,其中 IDM 为桥接主机,通过 Windows 系统的虚拟接口 loopback0 与 IPS 的网管接口 e0 连接(注意: IDM 和 e0 需要通过以太网交换机 SW1 进行连接),网段 192.168.1.0/24 为网管网段; R1 和 R2 所在网段为 12.1.1.0/24。 Cisco IPS 分别通过嗅探接口 e1 和 e2 与路由器 R1 和 R2 连接, IPS 工作在内连接口对模式。

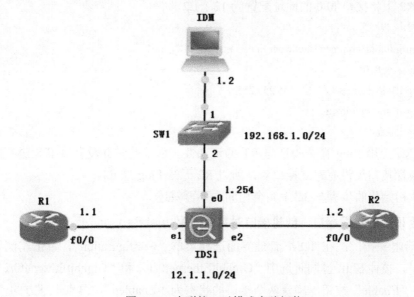

图 3-54 内联接口对模式实验拓扑

配置过程可以分解为以下 5 个部分。

(1) 搭建实验拓扑：通过 GNS3 按图 3-48 搭建实验拓扑，并对各个节点进行配置。

(2) 网络配置：按要求给路由器的接口配 IP 地址，并完成 IPS 的初始化。

(3) 激活 IPS 的嗅探接口，创建接口对并关联 Virtual Sensor：默认所有的嗅探接口都是关闭的，需要激活两个嗅探接口，并将 e1 和 e2 设置为同一个监听组，创建接口对，这样 R1 和 R2 就可以相互通讯了(可以 Ping 验证连通性)，在此接口对关联到虚拟传感器 vs0。

(4) 修改并激活 IPS 特征库中编号为 2000 的特征：2000 或 2004 的特征可以检测 ICMP Ping 的流量，将该特征的事件动作从默认的产生告警修改为拦截 Ping 的流量，使 R1 和 R2 无法相互 Ping 通。

(5) 测试 IPS 功能：在 R1 和 R2 之间产生 ICMP Ping 敏感流量测试 IPS 功能。

下面对配置过程分别进行介绍。

1. 搭建实验拓扑

此操作与杂合模式的案例类似，不再赘述。

2. 网络配置

(1) 在 R1 上将接口 f0/0 的地址配置为 12.1.1.1。

```
R1#conf t
Enter configuration commands, one per line.    End with CNTL/Z.
R1(config)#int f0/0
R1(config-if)#ip address 12.1.1.1 255.255.255.0
R1(config-if)#no shutdown
R1(config-if)#end
```

(2) 在 R2 上将接口 f0/0 的地址配置为 12.1.1.2。

```
R2#conf t
Enter configuration commands, one per line.    End with CNTL/Z.
R2(config)#int f0/0
R2(config-if)#ip address 12.1.1.2 255.255.255.0
R2(config-if)#no shutdown
R2(config-if)#end
```

(3) 在 R2 上用 Ping 命令验证与 R1 的连通性。由于此时并没有对 IPS 进行配置，e1 和 e2 两个嗅探接口还没有建立接口对，所以 R2 无法 Ping 通 R1。

(4) IPS 初始化的步骤与 3.3.1 完全相同，不再赘述。

3. 激活 IPS 的嗅探接口、创建接口对并关联 Virtual Sensor

(1) 激活嗅探接口：在 IDM 管理界面选择菜单"Configuration"，单击左侧导航栏的"Interfaces"，按住 Shift 键同时选中"GigabitEthernet0/1"和"GigabitEthernet0/2"两个接口，再单击"Enable"按钮，确保两个接口的状态为"Enabled"，再点击下方的"Apply"按钮，将更改的配置写入 IPS，如图 3-55 所示。

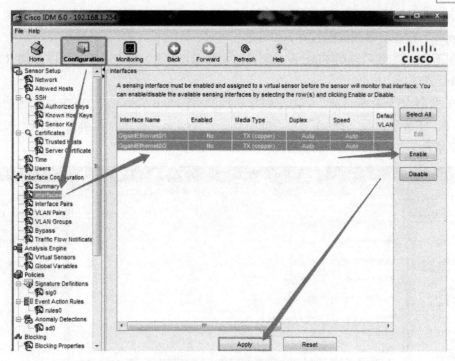

图 3-55　激活嗅探接口

(2) 创建接口对：单击左侧导航栏的"Interface Pairs"，再单击右侧的"Add"按钮，在出现的"Add Interface Pair"对话框中输入接口对的名称，按住 Shift 键同时选中"GigabitEthernet0/1"和"GigabitEthernet0/2"两个接口，如图 3-56 所示。

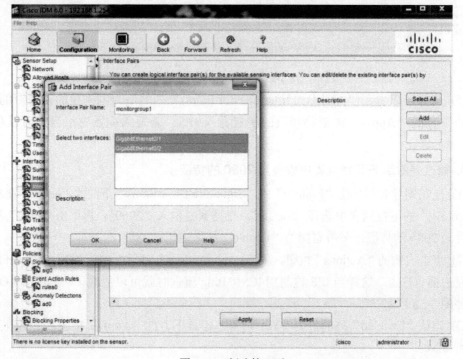

图 3-56　创建接口对

点击"OK"按钮，此时可以看到刚创建的接口对组已经出现在列表中了，再点击下方的"Apply"按钮将修改的配置写入 IPS。

(3) 写入成功之后，用 Ping 命令测试路由器 R1 和 R2 的连通性，可以看到 R1 和 R2 可以 Ping 通了。

(4) 关联 Virtual Sensor：单击左侧导航栏的"Virtual Sensors"，点击最右侧的"Edit"按钮，在"Edit Virtual Sensor"对话框中点击"Assign"按钮，再单击"OK"按钮，如图 3-57 所示。

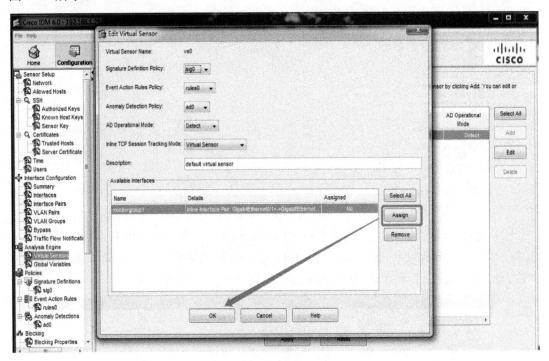

图 3-57　关联 Virtual Sensor

(5) 此时可以看到"Assigned Interfaces(or Pairs)"列的值为刚刚建的接口对的名称，再点击下方的"Apply"按钮将修改的配置写入 IPS。若写入配置时报错，可以稍后再尝试。

4. 修改并激活 IPS 特征库中编号为 2000 的特征

(1) 在左侧导航栏单击"Polices"中"Signature Definitions"下面的"sig0"，在右侧的"Select By"的下拉列表中选择"Sig ID"，在搜索栏输入"2000"，再单击"Find"按钮找到编号为 2000 的特征，单击右侧的"Enable"按钮启用此特征。

(2) 点击右侧的"Actions"按钮，在"Assign Actions"对话框中将"Deny Packet Inline"前的复选框也选上，这样当 IPS 检测到 ICMP Ping 流量时就可以拦截了，再点击"OK"按钮，如图 3-58 所示。

(3) 确认"Enabled"列的值为"Yes"，再单击最下方的"Apply"按钮，将更改的配置写入到 IPS。

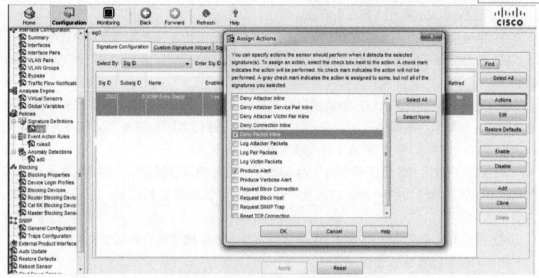

图 3-58　修改编号为 2000 的特征的事件动作

5. 测试 IPS 功能

(1) 在路由器 R2 上 Ping 路由器 R1，可以看到 R1 和 R2 无法相互 Ping 通。

(2) 在 IDM 上方的主菜单中选择 "Monitoring"，点击左侧导航栏中的 "Events"，可以看到 IPS 记录下来的 Sig ID 为 2000 的事件日志。

3.3.3　配置 IPS 为内联 VLAN 对模式

在 GNS3 中搭建如图 3-59 所示的实验拓扑，其中 IDM 为桥接主机，通过 Windows 系统的虚拟接口 loopback0 与 IPS 的网管接口 e0 连接(注意：IDM 和 e0 需要通过以太网交换机 SW1 进行连接)，网段 192.168.1.0/24 为网管网段；R1 和 R2 所在网段为 12.1.1.0/24。Cisco IPS 通过嗅探接口 e1 与多层交换机 SW 连接，其中 SW 的 f0/1 属于 VLAN10，f0/2 属于 VLAN20，f0/15 为 TRUNK 接口，IPS 工作在内联 VLAN 对模式。

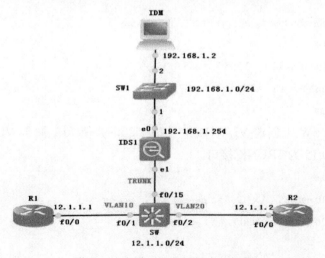

图 3-59　内联 VLAN 对的实验拓扑

配置过程可以分解为以下五个部分。

(1) 搭建实验拓扑：通过 GNS3 按图 3-59 搭建实验拓扑，并对各个节点进行配置。

(2) 网络配置：按要求给路由器的接口配 IP 地址，给 SW 配置 VLAN，并完成 IPS 的初始化。

(3) 激活 IPS 的嗅探接口，创建接口对并关联 Virtual Sensor：默认所有的嗅探接口都是关闭的，需要激活嗅探接口 e1，并创建 VLAN 对，这样 R1 和 R2 就可以相互通信了(可以 Ping 验证连通性)，在此 VLAN 对关联到虚拟传感器 vs0。

(4) 修改并激活 IPS 特征库中编号为 2000 的特征：将该特征启用，并将其事件动作从默认的产生告警修改为拦截 Ping 的流量，使 R1 和 R2 无法相互 Ping 通，并让 IPS 记录双向数据流。

(5) 测试 IPS 功能：在 R1 和 R2 之间产生 ICMP Ping 敏感流量测试 IPS 功能。

下面对配置过程分别进行介绍。

1. 搭建实验拓扑

此操作与杂合模式的案例类似，不再赘述。

2. 网络配置

(1) 在 R1 上将接口 f0/0 的地址配置为 12.1.1.1。

```
R1#conf t
Enter configuration commands, one per line.    End with CNTL/Z.
R1(config)#int f0/0
R1(config-if)#ip address 12.1.1.1 255.255.255.0
R1(config-if)#no shutdown
R1(config-if)#end
```

(2) 在 R2 上将接口 f0/0 的地址配置为 12.1.1.2。

```
R2#conf t
Enter configuration commands, one per line.    End with CNTL/Z.
R2(config)#int f0/0
R2(config-if)#ip address 12.1.1.2 255.255.255.0
R2(config-if)#no shutdown
R2(config-if)#end
```

(3) 在交换机 SW 上创建 VLAN10 和 VLAN20，并使 f0/1 属于 VLAN10，f0/2 属于 VLAN20，配置 f0/15 为 TRUNK 接口。

```
SW#vlan database
SW(vlan)#vlan 10 name VLAN10
SW(vlan)#vlan 20 name VLAN20
SW(vlan)#exit
SW#config t
```

Enter configuration commands, one per line.　End with CNTL/Z.

SW(config)#interface f0/1

SW(config-if)#switchport mode access

SW(config-if)#switchport access vlan 10

SW(config-if)#interface f0/2

SW(config-if)#switchport mode access

SW(config-if)#switchport access vlan 20

SW(config-if)#interface f0/15

SW(config-if)#switchport mode trunk

SW(config-if)#end

(4) 在 R2 上，用 Ping 命令验证与 R1 的连通性。由于此时并没有对 IPS 进行配置，还没有为 VLAN10 和 VLAN20 建立 VLAN 对，所以 R2 无法 Ping 通 R1。

(5) IPS 初始化的步骤与 3.3.1 完全相同，不再赘述。

3. 激活 IPS 的嗅探接口、创建 VLAN 对并关联 Virtual Sensor

(1) 激活嗅探接口：在 IDM 管理界面选择菜单"Configuration"，单击左侧导航栏的"Interfaces"，选中接口"GigabitEthernet0/1"，再单击"Enable"按钮，确保"GigabitEthernet0/1"的状态为"Enabled"，再点击下方的"Apply"按钮，将更改的配置写入 IPS。

(2) 创建 VLAN 对：单击左侧导航栏的"VLAN Pairs"，单击"Add"按钮，在"Add Inline VLAN Pair"对话框做如图 3-60 所示的修改，再单击"OK"按钮关闭此对话框，确保 VLAN Pairs 列表中出现刚添加的 VLAN 对，再点击下方的"Apply"按钮，将更改的配置写入 IPS。

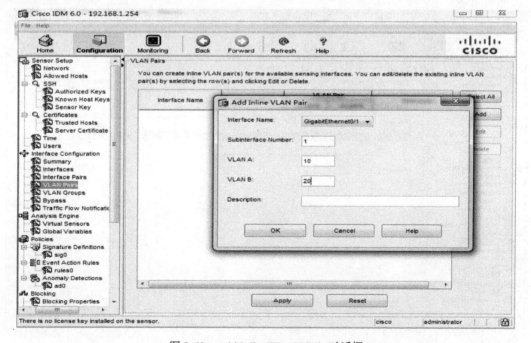

图 3-60　Add Inline VLAN Pair 对话框

（3）在 R2 上用 Ping 命令测试与 R1 的连通性，可以看到创建完 VLAN 对后，R1 和 R2 就可以相互通讯了。

（4）关联 Virtual Sensor：单击左侧导航栏的 "Virtual Sensors"，点击最右侧的 "Edit" 按钮，在 "Edit Virtual Sensor" 对话框中选中 "GigabitEthernet0/1.1"，点击 "Assign" 按钮，再单击 "OK" 按钮，如图 3-61 所示。

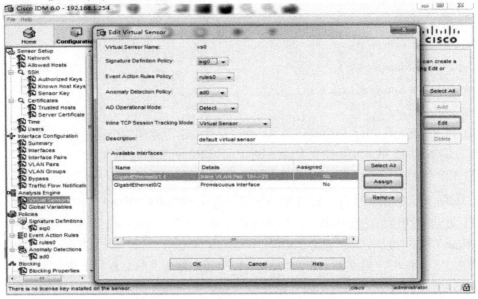

图 3-61　修改 Virtual Sensor

（5）此时可以看到 "Assigned Interfaces(or Pairs)" 列的值为刚刚建的 VLAN 对的名称，再点击下方的 "Apply" 按钮将修改的配置写入 IPS，写入结果如图 3-62 所示。

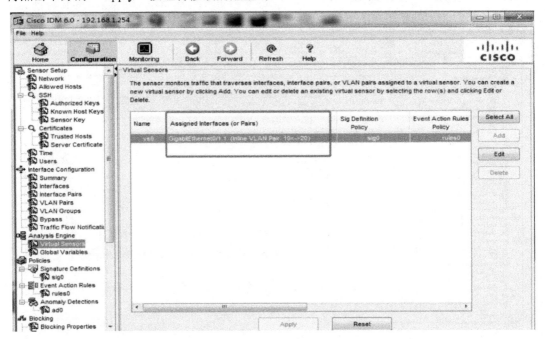

图 3-62　关联 Virtual Sensor

若写入配置时报错，可以稍后再尝试。

4. 修改并激活 IPS 特征库中编号为 2000 的特征

(1) 在左侧导航栏单击"Polices"中"Signature Definitions"下面的"sig0"，找到编号为 2000 的特征，单击右侧的"Enable"按钮启用此特征。

(2) 点击右侧的"Actions"按钮，在"Assign Actions"对话框中将"Deny Packet Inline""Log Attacker Packets""Log Pair Packets"和"Log Victim Packets"前的复选框都选上，这样当 IPS 检测到 ICMP Ping 流量时就可以拦截并记录双向的数据包内容了，再点击"OK"按钮，如图 3-63 所示。

(3) 单击最下方的"Apply"按钮，将更改的配置写入到 IPS。

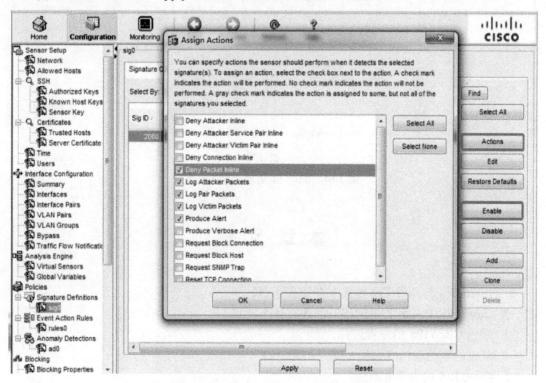

图 3-63　修改编号为 2000 的特征的事件动作

5. 测试 IPS 功能

(1) 在路由器 R2 上 Ping 路由器 R1，可以看到 R1 和 R2 无法相互 Ping 通，被 IPS 拦截了。

(2) 在 IDM 上方的主菜单中选择"Monitoring"，单击左侧导航栏中的"Events"，可以看到 IPS 记录下来的 Sig ID 为 2000 的事件日志。

(3) 单击左侧导航栏中的"IP Logging"，可以看到记录的双向数据流量，如图 3-64 所示，单击"Download"按钮可以下载，用 Wireshark 等软件可以查看数据包的具体内容。

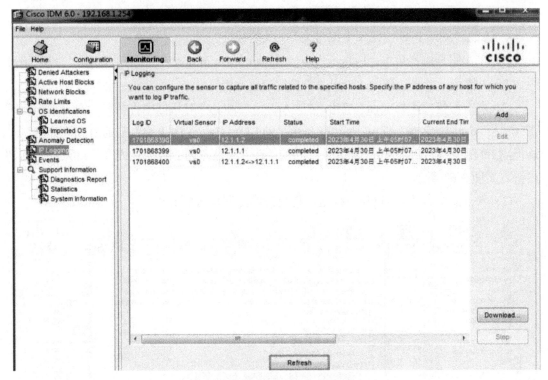

图 3-64　IPS 记录的双向数据流量

本 章 习 题

1. Cisco IPS 有几种工作模式，有什么区别？
2. Cisco IPS 有几种类型的接口，各有什么特点？
3. 简述 Cisco IPS 的配置过程。
4. 常见的事件动作有哪些？
5. Cisco IPS 的引擎有哪些？
6. RR 的作用是什么？怎样计算 RR 值？
7. AD 有什么作用？
8. GNS3 如何模拟 3 层交换机？
9. 如何将 GNS3 与本地网卡桥接？
10. 杂合模式下 IDS 如何获取网络流量？

第 4 章　开源入侵检测系统 Snort 2

Snort 最早是由程序员 Marty Roesch 在 1998 年用 C 语言开发的一个基于 Libpcap 网络库的开源数据包嗅探器，Snort 对运行主机性能要求不高，在架构上采用易于二次开发的模块化架构，开发人员可以在不修改 Snort 核心代码的情况下加入各种自定义插件以扩展 Snort 功能。

在其开源后的十几年时间内，在许多程序员和安全专家的努力下，Snort 逐步发展成了一个成熟的、跨平台的、广泛使用的轻量级网络入侵检测系统(NIDS)，同时 Snort 也是一个具有多种功能的数据包嗅探器和数据包记录工具。

Snort 能对网络流量进行实时捕获与分析，采用基于规则的网络信息搜索机制，对数据包进行模式匹配，如果检测到数据包符合某条检测规则所描述的流量特征，则执行相应的规则动作。按检测技术划分，Snort 属于基于误用(特征)的入侵检测系统。

目前 Snort 的最新版本为 3.1，Snort 3.0 版本相比以往的版本有了很大改变，但也有很多相同之处，且目前 Snort 3.0 并没有 Windows 版，安装和配置都比较复杂，故本章以安装便捷的 Snort 2.9.20 的 Windows 版为例，介绍 Snort 的体系结构、部署方式、安装与配置、命令行参数、工作模式以及预处理器，第 5 章再介绍 Snort 3.0 源码版的安装及配置。

4.1　Snort 概述

Snort 遵循公共通用许可证 GPL，采用易于扩展的模块化体系结构，可以自定义规则库、预处理器及输出插件等扩充其功能。

4.1.1　体系结构

Snort 的完整体系结构由包捕获器、包解码器、预处理器、检测引擎、报警输出、日志文件或数据库系统、规则库等模块组成，各模块分工合作、配合运行，共同组成了功能强大的 Snort 系统。其中，包解码器、预处理器、检测引擎、报警输出是 Snort 系统的基本模块，以插件形式存在，有很强的可扩展性。Snort 的体系结构如图 4-1 所示。

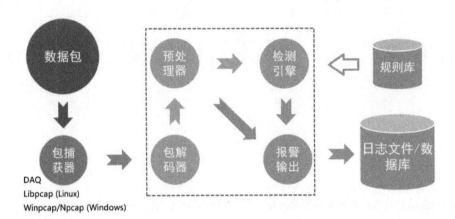

图 4-1　Snort 的体系结构

(1) 包捕获器：用于从网卡中抓取数据包，Snort 本身不提供数据包捕获模块，直接借助 Linux 的捕包函数库 Libpcap 或 Windows 的 Winpcap/Npcap 从网卡获得数据包，并将捕获的数据包传递给包解码器。在高速网络流量下，Libpcap/Winpcap/Npcap 抓包性能不佳(当然也存在多种高效的数据包捕获技术，如 PF_RING、Intel DPDK 等)。为了给用户更多选择，Snort 官网提供了与 Snort 源码分离编译的 DAQ 模块，这是一个独立于具体的数据包处理框架的抽象层，定义了与数据包处理平台无关的通用程序接口，这样 Snort 就可以调用经过封装的 DAQ 子类型函数接口进行抓包。

(2) 包解码器：用于将包捕获器传递过来的原始数据包按照数据包的协议类型进行逐层解码，并将解码后的数据包存放到 Snort 定义的 packet 结构体中，方便后续的预处理器和检测引擎处理。

解码时，不同层次的协议具有不同的处理函数。例如，网络层协议为 IP 的数据包由 DecodeIP()函数负责处理，传输层协议为 TCP 的数据包由 DecodeTCP()函数负责，ARP 协议由 DecodeARP()函数负责。

(3) 预处理器：用于将包解码器解码后的数据包进行预处理操作，使之规范化，方便检测引擎的检测。另外，预处理器也可以检测数据包是否有明显的错误，如果有则直接报警输出。预处理器是以插件形式存在的，Snort 中内置了一些常用的预处理器，用户可以根据需要有选择地使用，也可根据需要自定义预处理器。

(4) 检测引擎：Snort 系统最核心的模块，其核心内容是规则文件，需在 Snort 启动前提前配置好规则库。通过规则库判断经过解码和预处理之后的数据包是否存在入侵行为。

(5) 报警输出：若数据包被检测出异常或非法，则由此模块进行记录并告警。报警信息可以以日志文件的形式保存，也可以保存在 MySQL、Oracle 等数据库系统中。用户也可以定制输出插件，将检测后的数据进行直观展示。

(6) 规则库：检测引擎判断数据包是否非法的依据，在 Snort 启动时会读取配置文件中包含的所有规则文件并进行初始化，初始化好的规则将被加载到一个三维链表中。

(7) 日志文件或数据库：用于记录报警信息。

4.1.2 部署方式

Snort 虽然支持以内联(Inline)模式配置为入侵防御系统(IPS)做阻断，但因功能较弱，且考虑其是开源软件，故最常见的部署方式还是作为旁路镜像流量的入侵检测系统(IDS)来使用，与现有设备形成异构，实现网络流量的交叉检查。

Snort 作为 IDS 部署时，应将其以并联的方式挂接在所关注流量必经的链路上。按照网络拓扑将安装 Snort 的设备接入到交换机，并在交换机上设置端口镜像功能(中高端的交换机一般都有端口镜像功能)，将交换机指定端口的流量复制到连接了 Snort 设备的端口，以便 Snort 能获得需要检测的网络流量。

一般来说，可以将 Snort 部署在防火墙的两侧，具体有以下 3 种部署方案。

(1) 部署在防火墙外。可以部署在防火墙之外的 DMZ(非军事化区域)中，这样 Snort 会接收到所有来自外网的攻击，同时也会使 Snort 受到更多干扰，产生更多的告警信息。

(2) 部署在防火墙内。设置良好的防火墙能够阻止大部分攻击，使 Snort 不用将大部分注意力放在这类攻击上，可减少干扰，减少误报。如果本应该被防火墙阻止的攻击渗透进来，Snort 就可以检测到或发现防火墙设置失误。另外，Snort 还可以检测到来自内部的攻击。

(3) 防火墙内外分别部署。这样部署的优点在于无须猜测是否有攻击渗透过防火墙，可以检测来自内部和外部的攻击，可以检测由于设置问题而无法通过防火墙的内部系统。虽然这种部署方式管理成本高，但对系统管理员非常有利。

另外需要注意的是，Snort 2 系统采用的是单线程方式，这对于多核服务器来说无疑是一个浪费。在流量很大的情况下，Snort 2 系统的处理能力会赶不上网络流量，严重时还会造成大量丢包现象的发生。因此，在高流量的环境建议采用多线程的 Snort 3。

4.1.3 工作模式

Snort 具有 3 种工作模式，分别是嗅探器模式、数据包记录器模式和入侵检测模式。

1. 嗅探器模式

当 Snort 工作在嗅探器模式下时，Snort 功能相当于 Wireshark、tcpdump 这样的数据包捕获工具，用户可以实时查看网络接口流量。Snort 会将从网络接口中捕获的数据包信息持续显示在控制台页面上。选择输出的信息可以是数据包的包头信息，也可以是整个数据包的信息。

2. 数据包记录器模式

在该模式下，Snort 可以将抓取的数据包存储到本地硬盘中，文件名为 snort.log.timestamp。用户可以使用 Wireshark 等软件或者 snort -r 读 pcap 文件功能分析该流量文件。使用该模式时，需要 -l 参数指定一个用来保存数据包记录文件的目录(此目录必须提前创建好)，如果不指定的话，Snort 会将捕获的数据包保到 /var/log/snort 目录下。

3. 入侵检测模式

该模式是 Snort 最核心的模式，在该模式下，Snort 可以将捕获的数据包与检测规则进行模式匹配，当发现数据包匹配上某条规则时，就会执行这条规则中所定义的动作，如生成告警等。使用该模式时需要指定一个配置文件，该文件保存有 Snort 作为入侵检测系统工作时所需的各种配置信息，如解码器、检测引擎和各种插件的配置、Snort 检测规则中可以引用的变量声明等。

4.2　Snort 2 的安装与配置

下面以 Snort 2.9.20 的 Windows 版为例介绍 Snort 2 的安装与配置。

4.2.1　Snort 2 的安装

Snort 2 目前的最高版本为 2.9.20，有源码版和 Windows 版，源码版可以手动编译安装在 Kali、CentOS、FreeBSD、Ubuntu、OracleLinux 等基于 Linux 的操作系统上，Windows 版可以安装在 Windows 系统上，用户可以根据需要在 Snort 官网的 Downloads 频道(https://www.snort.org/downloads)下载，下载界面如图 4-2 所示。

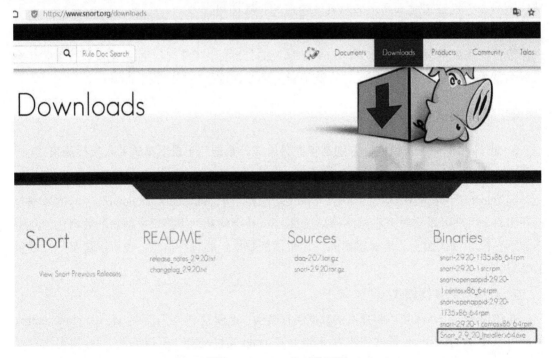

图 4-2　Snort 2 的下载界面

下载安装包 Snort_2_9_20_Installer.x64.exe 后，双击安装包，根据安装向导提示安装即可。安装完成后会出现如图 4-3 所示的提示信息，提示还需要安装 Npcap，并对配置文件 snort.conf 进行编辑。

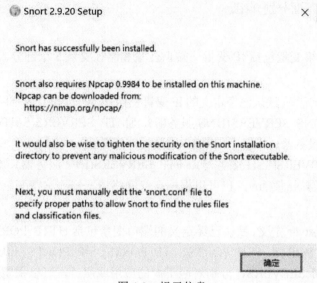

图 4-3　提示信息

注意： 在 Windows 系统安装 Snort 时，需要注意捕包函数库及 Windows 系统的位数应该与 Snort 匹配，这样才能保证 Snort 启动时不会出错。Win7 之前的 Windows 系统(如 XP/2003/Vista/2008)的捕包函数库应该用 Winpcap，Win7 之后的 Windows 系统(如 Win10/11)应该用 Npcap。

可以用 snort -V 查看 Snort 的版本和位数，也可以用 snort -W 查看版本、位数、可用接口等，还可以确定捕包函数库与 Snort 是否匹配，正确的输出如图 4-4 所示。若不匹配，则无法显示各个网卡接口的信息。

图 4-4　snort -W 的输出

4.2.2　Snort 2 的配置

安装完成之后，还需要修改 Snort 2 安装路径(以 D:\snort 为例)etc 文件夹中的配置文件 snort.conf 并设置规则才能使用。

用文本编辑工具(如记事本、Notepad++ 等)打开配置文件 snort.conf，即可对网络变量、解码器、基础检测引擎、动态加载库、预处理器、输

命令行参数实例

出插件、规则集、预处理器和解码器规则集以及共享对象规则集 9 个部分进行修改，其中网络变量、动态加载库、预处理器、输出插件、规则集这 5 个部分必须做修改，其他部分可以用默认配置。下面分别介绍。

1. 网络变量

可以配置的网络变量包括 IP 变量、端口变量和路径变量 3 个部分。

1) IP 变量

IP 变量用 ipvar 定义，默认已经定义的 IP 变量包括 HOME_NET(内部网络)、EXTERNAL_NET(外部网络)、DNS_SERVERS(DNS 服务器)、SMTP_SERVERS(SMTP 服务器)、HTTP_SERVERS(HTTP 服务器)、SQL_SERVERS(数据库服务器)、TELNET_SERVERS(TELNET 服务器)、SSH_SERVERS(SSH 服务器)、FTP_SERVERS(FTP 服务器)、SIP_SERVERS(SIP 服务器)，可以保留默认值 any，也可以根据自身网络情况修改这些变量的值。

2) 端口变量

端口变量用 portvar 定义，默认已经定义的端口变量包括 HTTP_PORTS、SHELLCODE_PORTS、ORACLE_PORTS、SSH_PORTS、FTP_PORTS、SIP_PORTS、FILE_DATA_PORTS、GTP_PORTS、AIM_SERVERS，分别对应不同的应用或服务，可以保留默认值，也可以根据自身网络情况进行修改。

3) 路径变量

路径变量用来定义各个规则文件和黑白名单的保存路径，其中 RULE_PATH 表示规则集路径，SO_RULE_PATH 表示共享函数库规则路径，PREPROC_RULE_PATH 表示预处理器规则路径，WHITE_LIST_PATH 表示白名单列表的路径，BLACK_LIST_PATH 表示黑名单列表的路径。

设置路径变量时可以用相对路径，也可以用绝对路径，但建议用绝对路径。路径变量的默认值必须进行修改，否则 Snort 无法正常运行。修改方法如下。

(1) 修改第 104 行，将 RULE_PATH 变量的值设置为 Snort 2 安装路径下的 rules 文件夹。修改前：

```
var RULE_PATH ../rules
```

修改后：

```
var RULE_PATH D:\snort\rules
```

(2) 修改第 105 行，将 SO_RULE_PATH 变量的值设置为 Snort 2 安装路径下的 so_rules 文件夹，也可以在 105 行前加"#"将它注释掉。

修改前：

```
var SO_RULE_PATH ../so_rules
```

修改后：

```
var SO_RULE_PATH D:\snort\so_rules
```

(3) 修改第 106 行，将 PREPROC_RULE_PATH 变量的值设置为 Snort 2 安装路径下的 preproc_rules 文件夹，也可以在 105 行前加"#"将它注释掉。

修改前：

```
var PREPROC_RULE_PATH ../preproc_rules
```

修改后：

var PREPROC_RULE_PATH D:\snort\preproc_rules

(4) 修改第 113 行，在前面加 "#" 将它注释掉。若已经创建白名单列表，也可以设置为保存白名单列表文件的路径。

修改前：

var WHITE_LIST_PATH ../rules

修改后：

var WHITE_LIST_PATH ../rules

(5) 修改第 114 行，在前面加 "#" 将它注释掉。若已经创建黑名单列表，也可以设置为保存黑名单列表文件的路径。

修改前：

var BLACK_LIST_PATH ../rules

修改后：

var BLACK_LIST_PATH ../rules

2. 动态加载库

动态加载库部分设置可动态加载的模块，可以用程序的方法来控制什么时候加载，需要做的修改如下。

(1) 修改第 247 行的动态预处理器库路径。

修改前：

dynamicpreprocessor directory /usr/local/lib/snort_dynamicpreprocessor/

修改后：

dynamicpreprocessor directory D:\snort\lib\snort_dynamicpreprocessor

(2) 修改第 250 行的基本预处理器引擎文件路径。

修改前：

dynamicengine /usr/local/lib/snort_dynamicengine/libsf_engine.so

修改后：

dynamicengine D:\snort\lib\snort_dynamicengine\sf_engine.dll

(3) 修改第 253 行的动态规则库路径。

修改前：

dynamicdetection directory /usr/local/lib/snort_dynamicrules

修改后：

dynamicdetection directory /usr/local/lib/snort_dynamicrules

3. 预处理器

预处理器用于将包解码器解码后的数据包进行预处理操作，使之规范化，方便检测引擎的检测，也可以检测数据包是否有明显的错误，如果有则直接报警输出。用户可以根据需要注释掉不需要的预处理器(如果不熟悉这些预处理器建议采用默认值)，也可以根据需要添加用户自定义的预处理器。此处应做的修改如下。

(1) 修改第 511 行，在前面加 "#" 将它注释掉。若前面已经定义白名单列表路径，则只需修改白名单列表文件名即可。

修改前：

```
whitelist $WHITE_LIST_PATH/white_list.rules, \
```

修改后：

```
#    whitelist $WHITE_LIST_PATH/white_list.rules, \
```

(2) 修改第 512 行，在前面加 "#" 将它注释掉。若前面已经定义黑名单列表路径，则只需修改黑名单列表文件名即可。

修改前：

```
blacklist $BLACK_LIST_PATH/black_list.rules
```

修改后：

```
#    blacklist $BLACK_LIST_PATH/black_list.rules
```

4. 输出插件

输出插件用来将报警输出到屏幕或转储到文件，可以根据需要选择下面的输出方式。

1) 输出到 unified2 文件

unified2 二进制日志格式的最大特点是速度快，它能快速输出 Snort 告警信息和日志信息，它可以输出报警文件和数据包日志文件两类文件。报警文件仅记录摘要信息，内容包括源 IP、目的 IP、协议、源端口、目的端口、报警消息 ID；而日志文件包含了完整的包信息。只需在第 522 行添加以下内容即可完成配置：

```
output unified2: filename snort.log, limit 128
```

其中，参数 filename 后的 snort.log 为输出报警文件的名称；参数 limit 代表输出文件允许的最大值，默认值为 128 MB。

2) 输出到 Syslog

Syslog 服务器能从网络设备中收集日志信息。将 Snort 告警信息写入 Syslog 服务器有助于分析网络入侵事件。只需去掉第 528 行前面的 "#" 即可完成配置：

```
output alert_syslog: LOG_AUTH LOG_ALERT
```

3) 输出到 pcap 文件

可将 Snort 的信息输出成 tcpdump 文件格式，这样可以让其他工具读取 tcpdump 数据。只需去掉第 531 行前面的 "#" 即可完成配置：

```
output log_tcpdump: tcpdump.log
```

4) 输出到数据库

数据库输出插件可将 Snort 的输出信息保存到数据库。当数据库插件关联到数据库后，可对 Snort 报警进行分类、查询和排序。

数据库插件在工作时会影响 Snort 的性能，当大量数据写入数据库时，必须等待磁盘 I/O 响应。如果通过网络将日志转发到另一台主机的数据库中，则数据延迟会比较大。

可行方案是让 Snort 采用 Unified 格式进行存储，以它的最大速度处理输出数据，而不像传统方式那样等到写盘完成后再继续操作。Barnyard 能将二进制数解析成它能够识别的格式，并且是完全独立于 Snort 运行的。因为报警数据被立刻写入数据库并且不影响 Snort 的抓包能力，所以这种组合适合大流量环境，如 OSSIM 环境。

5. Snort 规则集

Snort 规则集是检测引擎对数据包判断是否非法的依据。需要提前编辑好规则文件(也可以在 Snort 官网下载免费或付费的规则文件)，并在配置文件中将需要使用的规则文件用 include 语句包含进来，Snort 启动时会对配置文件中的规则进行初始化，并加载到一个三维链表中。其语法如下：

include <被包含文件的完整路径和文件名>

在本章中，只使用自建的本地规则文件 local.rules，具体操作如下。

(1) 删除第 548～651 行的语句，这样生效的规则文件就只有 local.rules 了，如图 4-5 所示。

```
538  ####################################################
539  # Step #7: Customize your rule set
540  # For more information, see Snort Manual, Writing Snort Rules
541  #
542  # NOTE: All categories are enabled in this conf file
543  ####################################################
544
545  # site specific rules
546  include $RULE_PATH/local.rules
547
548  ####################################################
549  # Step #8: Customize your preprocessor and decoder alerts
550  # For more information, see README.decoder_preproc_rules
551  ####################################################
```

图 4-5　自定义规则集

(2) 保存并退出配置文件 snort.conf。

(3) 在 Snort 安装路径的文件夹 rules(规则文件夹)中创建本地规则文件 local.rules，再用文本编辑工具打开 local.rules 文件，添加下面的自定义规则，保存退出即可。

alert icmp any any -> any any (msg:"Testing ICMP alert";sid:1000001;)

4.2.3　Snort 2 的命令行参数

安装并配置好 Snort 之后，就可以运行 cmd 进入命令提示符窗口，切换到安装路径的 bin 文件夹，通过可执行文件 snort.exe 实现 Snort 的功能了。snort.exe 的参数很多，可以通过运行 snort -? 查看。

1. 主要的命令行参数

下面对主要的 Snort 参数进行介绍。

(1) -A：设置告警信息的记录模式是 full、fast、console 还是 none。其中，full 表示是记录完整的告警信息到 alert 文件中，fast 表示只写入时间戳、message、IP、端口到文件中，console 表示将告警输出到控制台，none 表示关闭告警。

(2) -b：把日志信息记录为 tcpdump 格式，这个选项速度比较快，对于 fast 记录模式比较好，因为它不需要花费将包的信息转化为文本的时间。

(3) -c：指定配置文件。

(4) -C：使用 ASCII 形式来显示应用层(OSI 模型的第七层)数据，而不是 HEX 形式。

(5) -d：以 HEX 和 ASCII 的形式显示应用层数据。

(6) -D：以守护进程的方法来运行 snort.exe。

(7) -e：显示数据链路层(OSI 模型的第二层)的包头信息。

(8) -h：设置网络地址，用于限制数据进出的方向。

(9) -i：指定网络接口。

(10) -K：设置记录模式为 pcap、ASCII 还是 none。pcap 表示记录为 Snort.log.xxxxxxxxxx 格式的单个文件；ASCII 表示为每个用户发起的连接创建文件，且以 ASCII 格式显示流量信息；none 表示不记录。

(11) -l：指定日志文件夹。

(12) -n：指定在处理若干个数据包后退出。

(13) -N：关闭 Log(日志)记录，但 Alert(告警)功能仍旧正常。

(14) -s：将告警信息记录到 Syslog。

(15) -v：使用 verbose(冗长)模式，输出网络层和传输层的部分包头信息。

(16) -V：显示 Snort 版本并退出。

(17) -W：显示可用接口。

以上这些参数大多可组合进行使用。

2. 命令行参数实例

1) 数据包嗅探

(1) 输出网络层和传输层的部分包头信息，命令如下。其中，参数 i 后面的 4 表示要监听的网络接口，可用 snort -W 查看。此命令的输出如图 4-6 所示。

```
snort -v -i 4
```

图 4-6　输出网络层和传输层的包头信息

(2) 输出网络层和传输层的部分包头信息以及显示为 HEX 和 ASCII 形式的应用层(OSI 模型的第七层)数据，命令如下。此命令的输出如图 4-7 所示。

```
snort -vd -i 4
```

图 4-7　输出网络层和传输层包头和应用层数据

(3) 输出数据链路层、IP 和 TCP/UDP/ICMP 的包头信息以及显示为 HEX 和 ASCII 形式的应用层(OSI 模型的第七层)数据，命令如下。此命令的输出如图 4-8 所示。

snort -vde -i 4

```
WARNING: No preprocessors configured for policy 0.
05/06-22:52:05.367879 04:20:84:BA:62:73 -> 10:02:B5:B4:8D:D1 type:0x800 len:0x4A
8.8.8.8 -> 192.168.18.6 ICMP TTL:113 TOS:0x0 ID:0 IpLen:20 DgmLen:60
Type:0  Code:0  ID:1  Seq:115  ECHO REPLY
61 62 63 64 65 66 67 68 69 6A 6B 6C 6D 6E 6F 70  abcdefghijklmnop
71 72 73 74 75 76 77 61 62 63 64 65 66 67 68 69  qrstuvwabcdefghi
```

图 4-8　输出包头和应用层数据

2) 记录数据包

(1) 将 Snort 收到的数据包记录在指定的日志文件夹 d:\Snort\log(确认此文件已经存在)中，为每个用户发起的连接创建文件，并以 ASCII 格式显示流量信息。

snort -de -l d:\Snort\log -i 4 -K ASCII

此命令在日志文件夹中记录的信息如图 4-9 所示，将不同 IP 地址的数据包放在不同的文件夹中，并将不同协议的流量用不同文件保存，每个文件以协议及源目端口进行命名。

电脑 > 本地磁盘 (D:) > Snort > log >		脑 > 本地磁盘 (D:) > Snort > log > 192.168.18.6		
名称 ^	类型	名称 ^	类型	大小
8.8.8.8	文件夹	ICMP_ECHO.ids	IDS 文件	2
110.242.68.3	文件夹	PROTO2.ids	IDS 文件	2
112.64.200.247	文件夹	TCP_4614-80.ids	IDS 文件	1
192.168.18.1	文件夹	TCP_4658-80.ids	IDS 文件	2
192.168.18.6	文件夹	TCP_4659-80.ids	IDS 文件	2

图 4-9　分用户记录数据包

(2) 将 Snort 收到的数据包记录在指定的日志文件夹 d:\Snort\log 中，所有的网络流量将以二进制的形式记录下来，并以 pcap 的格式写入到名如 Snort.log.xxxxxxxxxx 的文件中。

Snort -l d:\Snort\log -b -i 4

这样做的好处在于速度快，Snort 几乎可以得到所有的流量并写入到 Snort.log.xxxxxxxxxx 文件，后续可以利用开源或者商业的探测器程序(如 Wireshark)浏览这种文件，也可以用 snort.exe 进行重放，命令格式如下：

snort -de -r d:\Snort\log\Snort.log.xxxxxxxxxx

🔎 提示

Snort 运行上面的命令时，可能会出现 "WARNING: No preprocessors configured for policy 0." 的警告信息，此信息表明未加载任何预处理程序。若想消除此警告信息，需用 -c 参数指定配置文件 snort.conf 的路径，并在配置文件中启用预处理器。

3) 网络入侵检测

(1) 测试配置文件是否有问题。

snort -c d:\snort\etc\snort.conf -l d:\snort\log -i 4 -T

部分输出结果如图 4-10 所示，若测试正确则可以在输出的最后看到"Snort successfully validated the configuration! Snort exiting"的显示信息。

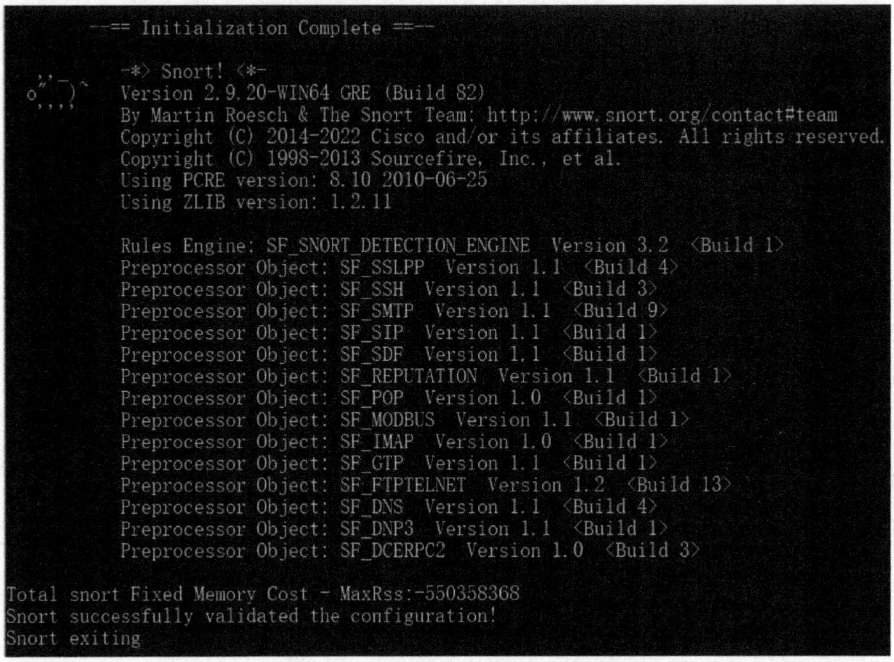

图 4-10　测试配置文件是否有问题

(2) Snort 分析网络数据流以匹配用户定义的规则，并将告警信息输出在控制台。

```
snort -c d:\snort\etc\snort.conf -l d:\snort\log -i 4 -A console
```

在另外的命令提示符窗口输入"ping 8.8.8.8"，即可看到 Snort 根据配置文件包含的规则文件中的规则对数据流量进行匹配，并输出自定义的规则告警信息，如图 4-11 所示。

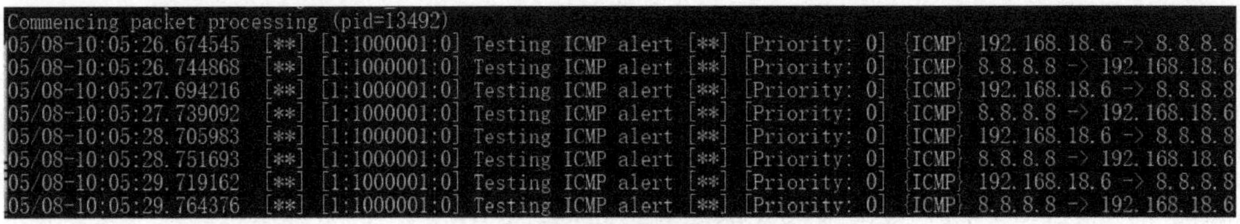

图 4-11　告警信息输出在控制台

(3) Snort 分析网络数据流以匹配用户定义的规则，并将告警信息以 fast 模式输出在日志文件夹 d:\snort\log 中，如图 4-12 所示。

```
snort -c d:\snort\etc\snort.conf -l d:\snort\log -i 4 -A fast
```

图 4-12　告警信息输出在日志文件夹

其中，alert.ids 文件可以用文本编辑器打开，如图 4-13 所示。fast 表示只写入时间戳、message、IP、端口到文件中。

```
05/08-09:57:25.004704  [**] [1:1000001:0] Testing ICMP alert [**] [Priority: 0] {IPV6-ICMP} fe80:0000:0000:0000
05/08-09:57:25.004748  [**] [1:1000001:0] Testing ICMP alert [**] [Priority: 0] {IPV6-ICMP} fe80:0000:0000:0000
05/08-09:57:29.550366  [**] [1:1000001:0] Testing ICMP alert [**] [Priority: 0] {ICMP} 192.168.18.6 -> 8.8.8.8
05/08-09:57:29.595375  [**] [1:1000001:0] Testing ICMP alert [**] [Priority: 0] {ICMP} 8.8.8.8 -> 192.168.18.6
05/08-09:57:30.563226  [**] [1:1000001:0] Testing ICMP alert [**] [Priority: 0] {ICMP} 192.168.18.6 -> 8.8.8.8
05/08-09:57:30.609914  [**] [1:1000001:0] Testing ICMP alert [**] [Priority: 0] {ICMP} 8.8.8.8 -> 192.168.18.6
05/08-09:57:31.586190  [**] [1:1000001:0] Testing ICMP alert [**] [Priority: 0] {ICMP} 192.168.18.6 -> 8.8.8.8
05/08-09:57:31.631323  [**] [1:1000001:0] Testing ICMP alert [**] [Priority: 0] {ICMP} 8.8.8.8 -> 192.168.18.6
05/08-09:57:32.597809  [**] [1:1000001:0] Testing ICMP alert [**] [Priority: 0] {ICMP} 192.168.18.6 -> 8.8.8.8
05/08-09:57:32.643489  [**] [1:1000001:0] Testing ICMP alert [**] [Priority: 0] {ICMP} 8.8.8.8 -> 192.168.18.6
```

图 4-13 fast 模式的告警信息

(4) Snort 分析网络数据流以匹配用户定义的规则，并将告警信息完整地输出在日志文件夹 d:\snort\log 中。

```
snort -c d:\snort\etc\snort.conf -l d:\snort\log -i 4
```

其中，用文本编辑器打开 alert.ids 文件可以看到如图 4-14 所示的信息。

```
[**] [1:1000001:0] Testing ICMP alert [**]
[Priority: 0]
05/08-10:00:13.885607 192.168.18.6 -> 8.8.8.8
ICMP TTL:128 TOS:0x0 ID:58325 IpLen:20 DgmLen:60
Type:8  Code:0  ID:1   Seq:153  ECHO

[**] [1:1000001:0] Testing ICMP alert [**]
[Priority: 0]
05/08-10:00:13.930925 8.8.8.8 -> 192.168.18.6
ICMP TTL:113 TOS:0x0 ID:0 IpLen:20 DgmLen:60
Type:0  Code:0  ID:1   Seq:153  ECHO REPLY
```

图 4-14 完整的告警信息

在流量较大的网络环境下运行 Snort，就需考虑如何配置 Snort 才能使它高效率地运行，这就要求使用更快的输出功能，产生更少的告警信息，可使用以下参数：

(1) -A fast：只记录告警信息中的时间戳、message、IP、端口到文件中；

(2) -b：把日志信息记录为 tcpdump 格式；

(3) -s：将告警信息记录到 Syslog。

4.3 Snort 2 的预处理器

预处理器(Preprocessor)用于将包解码器解码后的数据包进行预处理，如对分片的数据包进行重组、规范化等，方便检测引擎的检测。预处理器也可以检测数据包是否有明显的错误，如果有则直接报警输出。当某些入侵行为无法使用检测规则检测时，还能将检测算法以预处理器的形式实现，预处理器也可以进行入侵检测并生成告警。

Snort 2 中内置了一些常用的预处理器，用户可以根据需要有选择地使用，也可根据需要添加自定义的预处理器。内置的预处理器插件可以大致分为以下三类。

(1) 模拟 TCP/IP 堆栈功能的插件，如 IP 分片重组(frag3)、TCP 流重组(stream5)。

(2) 应用层解码插件，如 HTTP 解码插件、IMAP 解码插件、POP 解码插件、SMTP 解码插件、RPC 解码插件、Telnet 协商插件等。

(3) 规则匹配无法进行检测或异常检测时所用的插件，如 Port Scan(端口扫描)插件、BO (Back Orifice，后门)检测插件、ARP Spoof(ARP 欺骗)检测插件等。

预处理器是以插件形式存在的，其代码独立于 Snort 核心代码之外，用户可以在配置文件(snort.conf)中选择要加载哪些预处理器，以便 Snort 启动时可以动态加载。当 Snort 运行时，已经注册的预处理器主函数会以链表形式链接起来，进入预处理器模块的数据包会被每一个预处理器处理。

用文本编辑工具打开 Snort 的配置文件(D:\Snort\etc\snort.conf)，拖动右侧的滚动条到第 256 行，就可以看到"Step #5: Configure preprocessors"，可以根据需要启用或禁用预处理器(句首加"#"表示禁用)，对预处理器进行修改如图 4-15 所示。

```
📄 snort.conf🗷
255  ##################################################
256  # Step #5: Configure preprocessors
257  # For more information, see the Snort Manual, Configuring Snort - Preprocessors
258  ##################################################
259
260  # GTP Control Channle Preprocessor. For more information, see README.GTP
261  # preprocessor gtp: ports { 2123 3386 2152 }
262
263  # Inline packet normalization. For more information, see README.normalize
264  # Does nothing in IDS mode
265  preprocessor normalize_ip4
266  preprocessor normalize_tcp: ips ecn stream
267  preprocessor normalize_icmp4
268  preprocessor normalize_ip6
269  preprocessor normalize_icmp6
```

图 4-15　配置预处理器

下面介绍一些常用预处理插件的功能。

1. Normalize

Normalize(规范化)预处理器检测并删除数据包中的协议异常，通常在内联模式部署时使用，负责 IPv4、IPv6、ICMPv4、ICMPv6 和 TCP 等协议的数据包的规范化处理，有助于确保系统处理的数据包与网络上主机接收的数据包相同。规范化预处理器不生成事件，可在配置文件 snort.conf 的第 265～269 行进行配置。

2. Frag3

以太网中任何一个长度超过 MTU(最大传输单元)的 IP 数据包必须进行分片，分片的数据包到达目标设备后进行重组，攻击者可以利用这一重组过程进行攻击。

Frag3 预处理器能够重组 IP 分片，检测与 IP 包分片有关的攻击类型，是 Snort 应对 IP 分片攻击的有效武器，对于 Snort 非常重要，最好不要禁用它。

Frag3 的配置选项包括 preprocessor frag3_global(全局配置)和 preprocessor frag3_engine (引擎配置)两个部分，每个部分都有多个可选参数。可在配置文件 snort.conf 的第 272～273 行进行配置，内容如下：

preprocessor frag3_global: max_frags 65536

preprocessor frag3_engine: policy windows detect_anomalies overlap_limit 10 min_fragment_length 100

timeout 180

(1) max_frags：同时跟踪的最大分片数量，默认值为 8192。

(2) policy：选择基于目标的分片整理模式，可用的模式有 first、last、bsd、bsd-right、linux、windows 和 solaris。默认类型是 bsd。

(3) detect_anomalies：支持检测片段异常。

(4) overlap_limit：限制每个数据包的重叠片段数量，默认值为 0，表示不限制，如果希望进行异常检测就必须设置它。此选项必须配置 detect_anomalies 才能生效。

(5) min_fragment_length：定义最小分片大小(即有效载荷的大小)，默认为 0。在进行异常检测时，如果数据包的分片小于等于这个限定值，就会被认为是恶意行为。

(6) timeout：分片超时时间，引擎中超过此时间段的分片将被自动删除，默认值为 60 s。如果被监控网段经常出现 IP 分片，建议减少该数值，避免误报。假如攻击者猜测到 Frag3 默认值为 60 s，就会利用该信息来躲避监控，这时可以适当增大该值来防止这种攻击。

3. Stream5

Stream5 预处理器用于维护 TCP 流状态并进行会话重组。它能够追踪 TCP 连接的状态，并将分片的 TCP 数据包重组成完整的 TCP 会话，以便进行更深层次的分析和攻击检测。Stream5 对于检测基于 TCP 的攻击尤为重要，因为它能够重建攻击者可能分散在多个数据包中的攻击载荷。

可在配置文件 snort.conf 的第 276～292 行对 Stream5 预处理器进行配置，如图 4-16 所示。其中，Stream5_tcp 处理与 TCP 状态相关的数据包和流规范化，包括 TCP 有效载荷规范化。

```
275  # Target-Based stateful inspection/stream reassembly.  For more inforation, see README.stream5
276  preprocessor stream5_global: track_tcp yes, \
277       track_udp yes, \
278       track_icmp no, \
279       max_tcp 262144, \
280       max_udp 131072, \
281       max_active_responses 2, \
282       min_response_seconds 5
283  preprocessor stream5_tcp: log_asymmetric_traffic no, policy windows, \
284       detect_anomalies, require_3whs 180, \
285       overlap_limit 10, small_segments 3 bytes 150, timeout 180, \
286       ports client 21 22 23 25 42 53 79 109 110 111 113 119 135 136 137 139 143 \
287          161 445 513 514 587 593 691 1433 1521 1741 2100 3306 6070 6665 6666 6667 6668 6669 \
288          7000 8181 32770 32771 32772 32773 32774 32775 32776 32777 32778 32779, \
289       ports both 80 81 311 383 443 465 563 591 593 636 901 989 992 993 994 995 1220 1414 1830 2301 2381 2809 3037 3128 \
               3702 4343 4848 5250 6988 7907 7000 7001 7144 7145 7510 7802 7777 7779 \
290          7801 7900 7901 7902 7903 7904 7905 7906 7908 7909 7910 7911 7912 7913 7914 7915 7916 \
291          7917 7918 7919 7920 8000 8008 8014 8028 8080 8085 8088 8090 8118 8123 8180 8243 8280 8300 8800 8888 8899 9000 \
               9060 9080 9090 9091 9443 9999 11371 34443 34444 41080 50002 55555
292  preprocessor stream5_udp: timeout 180
```

图 4-16 Stream5 预处理器

stream5 的主要选项描述如下：

(1) track_tcp、track_udp 和 track_icmp：决定预处理器是否跟踪 TCP、UDP、ICMP 流，yes 表示启用，no 表示禁用。通常情况下，track_tcp、track_udp 应该设置为 yes，以确保所有 TCP 和 UDP 流量都被正确处理。

(2) max_tcp 和 max_udp：定义 TCP、UDP 流的最大允许状态数，取值范围是 1～1 048 576。增加这些值可以处理更多的并发流，但同时也会消耗更多的内存资源。

(3) max_active_responses 和 min_response_seconds：设置预处理器可以同时维持的最大活动响应数和最小响应时间。合理设置这些值可以避免长时间未响应的流占用资源。

(4) log_asymmetric_traffic：决定预处理器是否记录不对称的 TCP 流量，no 表示不记录。不对称的 TCP 流量指那些发送端和接收端之间的数据包数量或大小不成比例的流量，这种情况表明可能存在网络异常或攻击行为。

(5) policy：定义预处理器的行为模式，可用的模式有 first、last、bsd、bsd-right、linux、windows 和 solaris。

(6) detect_anomalies：表示启用 TCP 协议异常检测报警。

(7) require_3whs：设置 TCP 握手完成的等待超时阈值。如果在指定的超时时间内没有收到所有必需的握手响应，Snort 将认为连接尝试失败，并相应地记录事件。

(8) overlap_limit 和 small_segments：控制预处理器处理重叠流和小分段的容忍度。适当调整这些值可以减少误报，提高检测准确度。

(9) ports：指定预处理器监控的端口范围。用户可以根据自身网络流量的特点调整这些端口，以便集中资源处理可能含有攻击的特定端口。

(10) timeout：定义预处理器等待新数据包以维持流状态的超时时间。增加超时时间可以减少因短暂中断而导致的流重置，但也可能会增加延迟。

利用 Stream5 进行状态检查，可以帮助 Snort 匹配多种攻击。例如，Stream5 能够有效地检测到攻击者利用 TCP 流隐藏信息收集流量的试探，如 TCP 半开扫描。在这种扫描中，攻击者通常只发送 SYN 包而不等待或发送 ACK 包来完成三次握手，以此来规避传统的检测机制。它还能够进行扩展以对付无状态攻击，这些攻击可能会引起 Snort 的拒绝服务(DoS)。通过维持 TCP 流的状态，Stream5 可以帮助 Snort 更准确地识别和记录网络流量中的异常行为，从而提高整体的安全防护能力。

4. HTTP Inspect

HTTP Inspect 预处理器是用于用户应用程序的通用 HTTP 解码器，它从 TCP 流接收 TCP 负载，检测并分析 HTTP 消息的协议数据单元(PDU)。HTTP Inspect 检测并规范化所有 HTTP 包头字段和 HTTP URI 的组件，但不会规范化 TCP 端口。

HTTP Inspect 具有非常丰富的配置选项，可以将 HTTP Inspect 配置为对 HTTP 消息的各个部分(如请求行、状态行、包头、消息正文等)发出警报。例如，指定要从 HTTP 请求或响应正文读取的字节数，启用 JavaScript 检测和规范化，处理各种类型的文件解压缩，自定义 HTTP URI 的解码等。

用户可以在配置文件 snort.conf 的第 298～329 行使用各种选项对 HTTP Inspect 预处理器进行配置。

5. RPC Decode

RPC Decode 预处理器负责将 RPC 多个分段记录标准化为单个未分段记录，并检测异常的 RPC 流量。它通过将数据包标准化到数据包缓冲区中来实现。默认情况下，它针对端口 111 和 32771 的流量运行。

RPC 能被攻击者用来进行侦察和远程攻击。攻击者利用端口映射程序，如 rpcbind 和 portmapper，有可能对远程服务进行动态绑定，攻击者利用 rpcbind 收集信息、发现其他目标、进行缓冲区溢出攻击或者 RPC 服务攻击。有的攻击者通过隐藏 RPC 流量来躲避 IDS 的监控，如 RPC 特征"0186A0"被分散在多个包内，那么 Snort 就无法对其进行匹配，此时就需要用 RPC Decode 预处理器来进行标准化。

RPC Decode 可在配置文件 snort.conf 的第 332 行进行配置，RPC Decode 的配置选项

"ports list" 可以列出所需要用 RPC Decode 进行标准化处理的 RPC 端口，内容如下：

preprocessor rpc_decode: 111 32770 32771 32772 32773 32774 32775 32776 32777 32778 32779
no_alert_multiple_requests no_alert_large_fragments no_alert_incomplete

其主要选项描述如下：

(1) no_alert_multiple_requests：表示一个数据包中有多个记录时不要发出警报；

(2) no_alert_large_fragments：表示当碎片记录的总和超过一个数据包时不要发出警报；

(3) no_alert_incomplete：表示当单个片段记录超过一个数据包的大小时不要发出警报。

6. BO

BO(Back Orifice，后门)预处理检测有代表的实例是古老的 BO2K(Back Orifice 2000)，它除了可以用于 Winows95/98 系统，也可以用在 Windows NT/2000 操作系统上。BO2K 包含了 Back Orifice 所具有的功能，它虽然是古老的木马，但以它为原型改进成的更加先进的特洛伊木马依然具有一定的威胁，攻击者常利用它获取远程系统的控制权。

可在配置文件 snort.conf 的第 335 行进行配置启用 BO 检测，内容如下：

preprocessor bo

7. FTP 和 Telnet

由于 FTP 和 Telnet 协议有关，因此在预处理中放到了一起。FTP_Telnet 预处理器可以对 FTP 或 Telnet 流中嵌入的任意二进制控制代码进行解码。攻击者将控制代码插入流量中来躲避 Snort 的检测。

可在配置文件 snort.conf 的第 338～384 行对 FTP_Telnet 预处理器进行配置。

8. SMTP

SMTP 预处理器用于检测 SMTP 流量并分析 SMTP 命令和响应。SMTP 预处理器能识别 SMTP 邮件的命令、标头和正文部分，并提取和解码多用途互联网邮件扩展(MIME)附件，包括多个附件和跨越多个数据包的大型附件。

SMTP 可以检查器识别 SMTP 邮件并将其添加到 Snort 允许列表中。启用时，入侵规则会在异常 SMTP 流量上生成事件。

可在配置文件 snort.conf 的第 388～415 行对 SMTP 预处理器进行配置。

9. Sfportscan

Sfportscan 预处理器可用来应对网络攻击前侦察(Reconnaissance)阶段的扫描行为，因为在攻击发起之初，攻击者对目标网络并不了解，为了得到目标网络的服务及协议，往往会使用传统的端口扫描工具(如 Nmap)盲目发起扫描，以获得目标主机的回应。Sfportscan 恰好是应对这种扫描的工具。

使用 Sfportscan 预处理的前提是首先使用 Stream5 预处理器，可以指出类似于 UDP 和 ICMP 无连接协议的端口方向。

可在配置文件 snort.conf 的第 418 行进行配置启用 Sfportscan，内容如下：

preprocessor sfportscan: proto　{ all } memcap { 10000000 } sense_level { low }

10. ARP Spoof

ARP Spoof 预处理器用于分析 ARP 数据包并检测可能的 ARP 欺骗攻击。ARP 欺骗攻击通过发送伪造的 ARP 响应来误导网络中的设备，导致它们将数据发送到错误的目的地，从而可能实现中间人攻击或拒绝服务攻击。ARP Spoof 预处理器能够识别和警告不一致的以太网到 IP 地址的映射，帮助网络管理员及时发现和应对这些攻击。

可在配置文件 snort.conf 的第 421～422 行进行配置，启用 ARP Spoof 预处理器，其配置选项为需要监视的主机的 IP 地址和 MAC 地址，内容如下：

preprocessor arpspoof

preprocessor arpspoof_detect_host: 192.168.40.1 f0:0f:00:f0:0f:00

其中，192.168.40.1 和 f0:0f:00:f0:0f:00 分别代表要监视的主机的 IP 地址和 MAC 地址。这样配置后，Snort 将重点监控与这一 IP 和 MAC 地址相关的 ARP 流量，以检测潜在的安全威胁。

11. SSH

SSH 预处理器用于实现 SSH 流量的异常检测，并检测 Challenge-Response 缓冲溢出攻击、CRC32(循环余校验)攻击等。可在配置文件 snort.conf 的第 425～431 行进行配置。

12. DNS

DNS 预处理器用于实现 DNS 流量的异常检测，处理 DNS 应答，可检测 DNS 客户端数据溢出、废弃的记录类型等。可在配置文件 snort.conf 的第 441 行进行配置，内容如下：

preprocessor dns: ports { 53 } enable_rdata_overflow

除了上面介绍的预处理器外，还有 SSL、SIP、IMAP、POP、Modbus、DNP3 等预处理器，分别用于 SSL/TLS、SIP、IMAP、POP、Modbus、DNP3 等协议的数据规范化和异常检测。

本 章 习 题

1. Snort 有几种工作模式，各有什么特点？
2. 如何使用 Snort 的数据包记录模式将捕获到的信息记录到磁盘？
3. 在 Snort 中如何使用参数查看数据链路层的包头信息？
4. Snort 的输出插件分为几类，各有什么作用？
5. Snort 可作为 IPS 使用吗，如何部署？
6. Snort 2 版本中主要有哪些预处理插件，各有什么功能？

第 5 章　开源入侵检测系统 Snort 3

Snort 3，也称为 Snort++，是 Cisco(思科)团队历经 7 年的时间，用 C++重新设计的新一代 IPS。它采用了一种全新的设计，具有更高的性能、更快的处理速度、更好的可扩展性和可实用性，是保护用户网络免受不必要流量、恶意软件、垃圾邮件和网络钓鱼文档等影响首选的开源 IPS。

本章介绍 Snort 3 及其依赖包、功能组件的安装，将其配置为完整的网络入侵检测系统 (NIDS)，配合著名的 SIEM 工具 Splunk，对 Snort 生成的日志信息进行分析和可视化。

5.1　Snort 3 概述

Snort 3 是 Snort 入侵防护系统(IPS)的更新版本，具备 Snort 2.X 的所有功能，并包含一系列的改进和新功能。

5.1.1　Snort 3 的新功能

Snort 3 引入了一系列新的功能和改进，以提高其在现代网络环境中的性能和灵活性。以下是 Snort 3 相对于 Snort 2 的主要更新：

(1) 新的进程架构：Snort 3 采用了新的进程架构，使它能够更有效地处理现代网络环境中的复杂流量模式。

(2) 全新的 C++ 设计：Snort 3 完全采用 C++ 重写，提高了代码的模块化和可扩展性，同时简化了维护和更新过程。

(3) 多线程和共享内存：通过使用多线程和共享内存技术，Snort 3 能够更高效地利用系统资源，提高数据包处理速度和系统吞吐量。

(4) Hyperscan 集成：Snort 3 支持集成 Hyperscan，Hyperscan 是一个高性能的多模式匹配库，能够显著加快规则匹配速度，特别是在处理大量规则时。

(5) Luajit 插件系统：Snort 3 引入了基于 Luajit 的插件系统，允许用户编写自定义插件，提供更高的灵活性和定制能力。

(6) LUA 规则语法：Snort 3 的规则语法更加简洁，支持 LUA 格式，简化了规则的编写和理解，同时减少了冗余。

(7) 增强的插件系统：相比 Snort 2，Snort 3 的插件系统更加全面，提供了超过 200 个插件，覆盖了更广泛的检测和分析功能。

(8) TCP 处理重写：Snort 3 对 TCP 处理进行了重写，以提高其在处理 TCP 流量时的准确性和效率。

(9) 共享对象规则改进：Snort 3 改进了共享对象规则的处理，增强了对零日漏洞的检测能力。

(10) 性能监视器和分析方法：Snort 3 引入了新的性能监视器和分析方法，帮助用户更好地理解和优化系统性能。

5.1.2 Snort 2 与 Snort 3 的区别

Snort 2 和 Snort 3 之间最显著的区别是进程架构。

Snort 2 不支持多线程，它是多个 Snort 进程一起运行，每个进程都与单个 CPU 核心相关联，并且每个 Snort 进程只有一个用于管理和数据处理的独立线程。

而 Snort 3 的每个进程支持任意多个线程，包括一个控制线程(也称为管理线程或主线程)和多个数据包处理线程(也称为工作线程或检测线程)，每个线程都与各个 CPU 核心相关联。控制线程负责协调整个系统的运行，管理数据包处理线程的启动、停止和调度。这种设计有助于实现高效的并行处理，使得 Snort 3 能够处理高速网络流量，同时保持较低的延迟和较高的检测精度。

控制线程的主要功能如下：

(1) 初始化和配置：控制线程负责在启动时读取 Snort 3 的配置文件，包括流量收集的参数、IPS 规则、IP 信誉表、网络映射(如网络拓扑、地址列表等)等信息。它还会初始化必要的内部数据结构，为数据包处理线程准备运行环境。

(2) 资源管理和共享：控制线程负责管理 Snort 3 运行所需的各种资源，包括规则集、状态表、共享内存等。这些资源可以被所有数据包处理线程安全地访问，以确保数据的一致性和完整性。

(3) 线程管理和调度：控制线程负责启动和停止数据包处理线程，并根据需要调整线程的数量。在接收到新的数据包时，控制线程负责将这些数据包分发到不同的数据包处理线程上，以实现负载均衡。

(4) 日志和报告：控制线程还负责收集各个数据包处理线程的检测结果，并生成日志和报告。这些日志和报告对于后续的安全分析和审计至关重要。

数据包处理线程的主要功能如下：

(1) 数据包捕获：数据包处理线程负责从网络接口捕获数据包。这些数据包可能来自实时流量，也可能来自其他源(如文件、网络重放等)。

(2) 数据包处理：每个数据包处理线程都会独立地对捕获到的数据包进行处理。如果数据包触发了某个规则或满足特定条件，就会触发警报或执行其他响应操作。

(3) 结果汇总：数据包处理线程将处理结果(如警报、统计信息等)报告给控制线程，以便进行进一步的日志记录、报告生成或响应操作。

Snort 2 与 Snort 3 的主要功能区别如表 5-1 所示。

表 5-1　Snort2 与 Snort 3 的区别

特　　性	Snort 2	Snort 3
多线程支持	每个进程一个	每个进程任意多个
插件	仅限于预处理和输出	具有超过 200 个插件的完整插件系统
与端口无关的协议检查	不支持	支持
IPS 加速器/支持 Hyperscan	不支持	支持
模块化	不支持	支持
可扩展内存分配	不支持	支持
下一代 TALOS 规则，比如正则表达式/规则选项/黏性缓冲区	不支持	支持
新的和改进的 HTTP 检查器，比如支持 HTTP/2	不支持	支持
TALOS 提供的轻量级内容更新	不支持	支持

🔍 提示

TALOS(以前称为 VRT)是 Snort 的威胁情报团队，由一组领先的网络安全专家组成，他们主动发现、评估和应对黑客活动、入侵企图、恶意软件和漏洞的最新趋势。一些业内著名的安全专业人士，包括 ClamAV 团队和几本标准安全参考书的作者，都是 TALOS 的成员。该团队由 Snort、ClamAV 和 Spamcop.net 社区的大量资源支持，使其成为致力于网络安全行业进步的最大团体。

5.2　Snort 3 的安装

Snort 3 目前只有源码版(.tar.gz 的源码包)，可以手动编译安装在 Kali、CentOS、FreeBSD、Ubuntu、OracleLinux 等基于 Linux 的操作系统上，最新版本为 3.1.530，可以在 Snort 官网的 Downloads 频道(https://www.snort.org/downloads#snort-downloads)下载，下载界面如图 5-1 所示。

由于前面的章节已经用到过 Kali Linux 的虚拟机环境，为了减少虚拟机系统的使用，本章将在 Kali Linux 下安装 Snort 3，并将其配置为网络入侵检测系统(NIDS)，利用 PulledPork 实现订阅规则集的自动更新，利用 Splunk 作为安全信息和事件管理(Security Information and Event Management，SIEM)系统，实现日志信息的可视化。

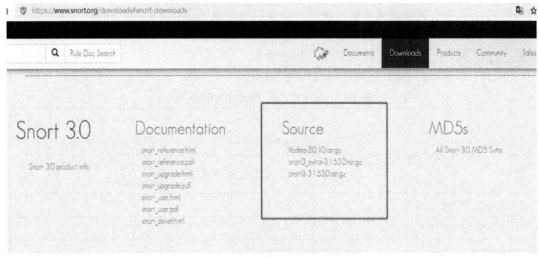

图 5-1 Snort 3 的下载界面

🔍 提示

源码安装 Snort 3 的安装过程比较繁杂，而且耗时也比较长(可能需要花费几个小时之久)。

5.2.1 安装前的准备

安装 Snort 3 前需要了解所需的安装包、安装路径及安装环境。

1. 主要安装包及功能

安装之前需要对主要安装包及功能有所了解，分别介绍如下。

(1) Snort 3-3.1.53.0.tar.gz：Snort 3 的源码安装包。

(2) libdaq-3.0.10.tar.gz：Snort 3 的数据采集器。

(3) snortrules-snapshot-31470.tar.gz：Snort 3 的订阅规则集。

(4) pulledpork3-main.zip：用来下载和合并 Snort 规则集的脚本。

(5) snort-openappid.tar.gz：使 Snort 能识别、控制和测量网络上正在使用的应用程序。

🔍 提示

以上安装包均可在 Snort 官网(https://www.snort.org)下载最新版本。另外，本章所有的安装包都已打包放在本书的配套资源中。

(6) gperftools-2.10.tar.gz：Google PerfTools 工具集，可以提高 Snort 性能、减少内存使用，可在 https://github.com/gperftools/gperftools 下载最新版。

(7) splunk-9.0.4-de405f4a7979-linux-2.6-amd64.deb：一个安全信息和事件管理(SIEM)系统，它收集、存储并允许轻松地进行分析以及可视化数据，包括 Snort 创建的警报。

2. 主要路径

用于安装和配置 Snort 3 和 PulledPork 的主要路径如表 5-2 所示。

表 5-2　安装和配置 Snort 和 PulledPork 的路径

路　　径	用　　途
/usr/local/bin	snort.exe 所在的目录
/usr/local/etc/snort	配置文件所在的目录
/usr/local/etc/snort/rules	规则文件所在的目录
/usr/local/snort/appid	AppID 的安装目录
/var/log/snort	日志文件目录
/usr/local/pulledpork	PulledPork 安装目录

3. 安装环境

1) 硬件环境准备

在安装前，按照网络拓扑将安装 Snort 3 的设备接入到交换机，并在交换机上设置端口镜像功能(中高端的交换机一般都有端口镜像功能)，将交换机指定端口的流量复制到连接了 Snort 设备的端口，以便 Snort 3 能获得需要检测的网络流量。

2) 软件环境准备

本章在 Kali Linux 虚拟机环境下进行实验，还需安装 VMware Workstations 虚拟机软件，Kali Linux 的镜像文件可自行准备，也可在本书的配套资源获取。

🔍 提示

由于 Snort 3 需要检测并分析整个网络的流量，因此应该根据自身情况给 Kali Linux 虚拟机分配尽可能多的系统资源，尤其是内存、处理器和硬盘。在 VMware Workstations 虚拟机软件中选择 Kali Linux 虚拟机，点击"编辑虚拟机设置"，在打开的"虚拟机设置"界面中分别对内存、处理器和硬盘等进行设置，如图 5-2 所示。

图 5-2　编辑虚拟机设置

启动 Kali Linux 虚拟机(用户名和密码均为 kali)，并在桌面上创建文件夹 src，将所有下载的安装包都保存到此文件夹(~/Desktop/src/)中，然后按本章下面的步骤依次进行安装。

5.2.2　安装依赖包及相关组件

安装依赖包
及相关组件

准备工作完成之后，开始正式安装 Snort 3。编译安装 Snort 3 需要
如下几个步骤。

1. 系统更新

对 Kali Linux 系统进行更新，确保拥有最新的系统和软件包列表，具体操作步骤如下。

(1) 单击桌面左上角的"Terminal Emulator"图标，启动命令行终端。

(2) 确保 Kali 虚拟机系统可以上网，可以在命令提示符下用 Ping 命令进行验证。

```
ping www.baidu.com
```

(3) 输入以下命令进行系统更新：

```
sudo apt-get update && sudo apt-get dist-upgrade -y
```

命令运行过程中会自动扫描当前系统情况，对现有软件进行升级、删除过时的老软件、下载并安装新的软件。需要更新的软件越多，此步骤耗时也越长。

💭 提示

在用上述命令进行系统更新前，可以先编辑 /etc/apt/sources.list 将 APT 源修改成国内源，这样可以提高软件下载速度，缩短系统更新所需的时间。修改 APT 源的教程很多，本书不再赘述。

(4) 更新完成之后需要重启 Kali 虚拟机系统，以便加载内核。

2. 安装基本环境和依赖包

系统更新之后就可以进行编译环境和 Snort 3 的依赖包的安装了，具体步骤如下。

(1) 安装编译环境所需的构建工具。

```
sudo apt-get install -y build-essential make cmake automake autotools-dev autoconf libtool git wget
```

(2) 安装必需的依赖包。

```
sudo apt-get install -y libdumbnet-dev libluajit-5.1-dev libpcap-dev libpcre3-dev zlib1g-dev pkg-config libhwloc-dev
```

(3) 安装可选的依赖包(强烈建议安装)。

```
sudo apt-get install -y liblzma-dev openssl libssl-dev cpputest libsqlite3-dev uuid-dev libnetfilter-queue-dev python3-sphinx
sudo apt-get install -y luajit hwloc libnet1-dev libcmocka-dev libmnl-dev libunwind-dev
```

(4) 安装 Snort 的数据采集器(Data AcQuisition，DAQ)所必需的解析器 bison 和 flex。

```
sudo apt-get install -y bison flex
```

3. 安装数据采集器 DAQ

安装编译环境和依赖包后，接下来需要进行 DAQ 的安装。由于 Snort 并不包含数据采集的模块，因此需要单独提前安装，否则 Snort 无法正常工作。与 Snort 2 不同，Snort 3 所需的 DAQ 版本为 libdaq-3.0，可以在 Snort 的官网下载最新版本，如前面的图 5-1 所示。安装 libdaq-3.0 的步骤如下。

（1）切换到保存 DAQ 安装包的路径(~/Desktop/src/)，下载 libdaq-3.0 的安装包 libdaq-3.0.10.tar.gz。

```
cd ~/Desktop/src/
wget https://www.snort.org/downloads/snortplus/libdaq-3.0.10.tar.gz
```

🔍 提示

wget 后面的下载地址可通过在超链接上单击右键选择"复制链接地址"命令获得，如图 5-3 所示。

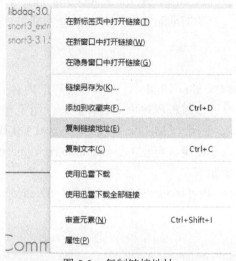

图 5-3　复制链接地址

（2）解压此安装包，用 ls 命令可以查看到 libdaq-3.0.10 文件夹，libdaq-3.0 所有的安装源码都在此文件夹中，运行此文件夹中的 bootstrap 命令生成配置脚本，再运行生成的 configure 文件进行配置编译。

```
sudo tar zxvf libdaq-3.0.10.tar.gz
ls
cd libdaq-3.0.10/
sudo ./bootstrap
sudo ./configure
```

注意：运行完 configure 命令之后需要对编译结果进行验证，看输出的结果是否如图 5-4 所示，如果是再继续下面的安装，如果不是，则需要回看哪里出了问题。

```
Build AFPacket DAQ module.. : yes
Build BPF DAQ module....... : yes
Build Divert DAQ module.... : no
Build Dump DAQ module...... : yes
Build FST DAQ module....... : yes
Build netmap DAQ module.... : no
Build NFQ DAQ module....... : yes
Build PCAP DAQ module...... : yes
Build Savefile DAQ module.. : yes
Build Trace DAQ module..... : yes
Build GWLB DAQ module...... : yes

kali@kali:~/Desktop/src/libdaq-3.0.9$
```

图 5-4　编译结果

(3) 编译完成之后，用 make 和 make install 完成 libdaq 的安装。

```
sudo make
sudo make install
```

(4) 更新动态链接库的缓存文件。在默认搜寻目录/lib 和/usr/lib 以及动态库配置文件/etc/ld.so.conf 内所列的目录下，搜索出可共享的动态链接库(格式如 lib*.so*)，进而创建出动态装入程序(ld.so)所需的连接和缓存文件。缓存文件默认为/etc/ld.so.cache，此文件保存已排好序的动态链接库名字列表，为了让动态链接库为系统所共享，需运行动态链接库的管理命令 ldconfig 更新动态链接库的缓存文件。ldconfig 位于/sbin 目录下，通常在系统启动时运行，当用户安装了一个新的动态链接库时，需要手动运行这个命令。

```
sudo ldconfig
```

4. 安装 TCMalloc

TCMalloc 全称 Thread-Caching Malloc，即线程缓存的内存分配，是 Google PerfTools 工具集中的一个库，用于改进多线程程序中的内存处理，用于替代系统的内存分配相关的函数(malloc、free、new 等)。使用 TCMalloc 可以帮助 Snort 3 实现高效的多线程内存管理，可以提高程序性能、减少内存使用。可在 https://github.com/gperftools/gperftools/releases 中下载最新版，具体安装步骤如下：

(1) 切换到保存 Google PerfTools 安装包的路径(~/Desktop/src/)，下载并解压安装包 gperftools-2.10.tar.gz。

```
cd ~/Desktop/src/
wget https://github.com/gperftools/gperftools/releases/download/gperftools-2.10/gperftools-2.10.tar.gz
sudo tar zxvf gperftools-2.10.tar.gz
```

(2) 解压后，用 ls 命令可以查看生成的 gperftools-2.10 文件夹，切换到此文件夹，运行此文件夹中的 configure 命令进行编译，再用 make 和 make install 完成 Google PerfTools 的安装。

```
ls
cd gperftools-2.10/
sudo ./configure
sudo make && sudo make install
```

(3) 更新动态链接库的缓存文件。

```
sudo ldconfig
```

5. 安装 Flatbuffers

FlatBuffers 对 Snort 3 来说是个可选组件，它是一个保存了一系列标量和矢量的缓冲区，具有速度更快、使用简单、效率高、占用空间小、跨平台等优点。它可以将数据序列化成二进制 buffer，之后的数据访问直接读取这个 buffer，不需要再进行解析，所以读取的效率很高，而且内存高效、速度快。FlatBuffers 主要针对 game development 和对性能有要求的应用，可在 https://github.com/google/flatbuffers/releases 中找到最新版，安装 FlatBuffers 的具体步骤如下。

(1) 切换到保存安装包的路径(~/Desktop/src/)，下载并解压安装包 v23.1.21.tar.gz。

```
cd ~/Desktop/src/
```

```
wget https://github.com/google/flatbuffers/archive/refs/tags/v23.1.21.tar.gz

tar zxvf v23.1.21.tar.gz
```

(2) 解压后，用 ls 命令可以查看生成的 flatbuffers-23.1.21 文件夹，创建一个构造文件夹 flatbuffers-build，切换到此文件夹，运行 cmake 命令进行编译，生成 MakeFile，再用 make 命令生成 flatc 文件，用 make install 完成 flatc 的安装。

```
ls

mkdir flatbuffers-build

cd flatbuffers-build

cmake ../flatbuffers-23.1.21

make

sudo make install
```

(3) 更新动态链接库的缓存文件。

```
sudo ldconfig
```

6. 安装 Safec

Safec 对 Snort 3 来说是个可选组件，用于对某些旧式 C 库调用进行运行时的边界检查。下载并安装 Safec(可在 https://github.com/rurban/safeclib/releases 中找到最新版)的具体步骤如下：

```
cd ~/Desktop/src/

wget https://github.com/rurban/safeclib/releases/download/v3.7.1/safeclib-3.7.1.tar.gz

tar zxvf safeclib-3.7.1.tar.gz

cd safeclib-3.7.1/

./configure

make

sudo make install

sudo ldconfig
```

7. 安装 Hyperscan

Hyperscan 是 Intel 推出的一款专注于高性能的多模、流式匹配的正则表达式引擎，在 x86 平台上运行(它还不适用于 ARM 处理器)，具有同时匹配大规模规则的强大能力，能支持几万到几十万规则的匹配，并有出色的性能与高扩展性，对网络报文处理也设计了独有的匹配模式。它支持 PCRE 语法的一个子集，并利用了 Intel SIMD 指令。Hyperscan 与 DPDK(Data Plane Development Kit，数据平面开发套件)的整合为 DPI/IDS/IPS 等产品提供了成熟高效的整套方案，实现了较高的性能，且随着包大小的增长，其性能可以达到物理的极限值。

Hyperscan 对提高 Snort 3 的性能大有帮助，它的作用如下。

(1) Snort 3 使用 Hyperscan 进行快速模式匹配。与其他可用搜索引擎相比，Hyperscan 使 Snort 3 的匹配速度得到了显著提升。Hyperscan 的匹配速度是 ac_full 引擎的两倍，是 ac_bfna 的三倍。当使用大型规则集和进行深度流检查时，Snort 3 将从 Hyperscan 中获得最大的好处。

(2) Snort 3 可以使用 Hyperscan 来帮助应用程序识别和进行 HTTP 检查。

(3) Hyperscan 还可以用于签名评估期间的文字内容搜索。默认情况下此功能会关闭，因为它会减慢启动过程。

(4) Snort 3 还有一个 pcre_to_regex 选项，它将使用 Hyperscan 而不是 pcre 来兼容 pcre 规则选项表达式。它在启动时需要更多时间，但在运行时通常更快。

综上，虽然 Hyperscan 是一个可选组件，但强烈建议安装。

Hyperscan 所需的依赖包和安装文件已经集成在 Snort 3 的安装包中，只需从 Snort 官网下载最新版的 Snort 3 解压后安装即可，具体步骤如下：

```
cd ~/Desktop/src/
wget https://www.snort.org/downloads/snortplus/Snort3-3.1.53.0.tar.gz
tar zxvf Snort3-3.1.53.0.tar.gz
cd Snort3-3.1.53.0/
sudo apt-get install hyperscan*
```

5.2.3　编译和安装 Snort 3

编译和安装
Snort 3

所需的依赖包和相关组件安装完成之后就可以进行 Snort 3 的编译和安装了，具体步骤如下。

(1) 接着上面 Hyperscan 的步骤继续进行，确认当前位置是 Snort 3 安装包源码所在的目录，此处是 Snort3-3.1.53.0，可输入 pwd 命令进行验证。

(2) 运行 configure_cmake.sh 命令进行配置编译，运行完 ./configure_cmake.sh 命令之后会生成 build 目录。

```
sudo ./configure_cmake.sh --prefix=/usr/local --enable-tcmalloc
```

参数说明：

- --prefix：用于指定 Snort 3 的安装路径(若想使用自定义的安装路径，需要用 mkdir 命令提前创建好)。

- --enable-tcmalloc：表示启用 TCMalloc 进行动态内存管理。

注意：这里需要对编译结果进行验证，看 configure_cmake.sh 命令输出的结果是否如图 5-5 所示,如果是继续下面的安装,如果不是,则需要回看哪里出了问题。这里的 JEMalloc 也是一个内存分配管理工具，和 TCMalloc 功能一样。

```
Feature options:
    DAQ Modules:       Static (afpacket;bpf;dump;fst;gwlb;nfq;pcap;savefile;trace)
    libatomic:         System-provided
    Hyperscan:         ON
    ICONV:             ON
    Libunwind:         ON
    LZMA:              ON
    RPC DB:            Built-in
    SafeC:             ON
    TCMalloc:          ON
    JEMalloc:          OFF
    UUID:              ON

-- Configuring done
-- Generating done
-- Build files have been written to: /home/kali/Desktop/src/snort3-3.1.53.0/build
```

图 5-5　编译结果

🔍 **提示**

configure_cmake.sh 命令的参数很多，可以运行 ./configure_cmake.sh --help 列出所有可选的功能，并将需要的参数附加到 ./configure_cmake.sh 命令中。

(3) 若编译没有问题则继续安装。进入 build 目录，用 make 和 make install 完成 Snort 3 的安装，并更新动态链接库的缓存文件。

```
cd build/
sudo make && sudo make install
sudo ldconfig
```

此时，Snort 3 已经安装在/usr/local 目录中，安装程序自动添加的文件及目录如表 5-3 所示。

表 5-3　Snort 3 安装程序自动添加的文件及目录

路　　径	用　　途
/usr/local/bin	保存 Snort 3 的可执行文件，如 snort、snort2lua 等
/usr/local/etc/snort	保存 Snort 3 的配置文件，如 snort.lua、snort_defaults.lua 等

🔍 **提示**

Snort 3 与 Snort 2.9.x 系列有很大不同，且不兼容。配置文件和规则文件也是不同的，可以用 Snort 3 安装程序自动添加在 /usr/local/bin 目录中的 snort2lua 命令，将旧的 Snort 配置文件和规则文件转换为 Snort 3 格式。

(4) 用可执行文件 snort 可以验证 Snort 3 是否能正确运行，运行 snort -V 命令可以查看 Snort 3 及相关依赖包的版本信息，看到如图 5-6 所示的运行结果说明 Snort 3 已经安装成功。

```
kali@kali:~/Desktop/src/snort3-3.1.53.0/build$ snort -V

    ,,_          -*> Snort++ <*-
 o"  )~        Version 3.1.53.0
  ''''         By Martin Roesch & The Snort Team
               http://snort.org/contact#team
               Copyright (C) 2014-2022 Cisco and/or its affiliates. All rights reserved.
               Copyright (C) 1998-2013 Sourcefire, Inc., et al.
               Using DAQ version 3.0.10
               Using LuaJIT version 2.1.0-beta3
               Using OpenSSL 3.0.7 1 Nov 2022
               Using libpcap version 1.10.3 (with TPACKET_V3)
               Using PCRE version 8.45 2021-06-15
               Using ZLIB version 1.2.13
               Using Hyperscan version 5.4.0 2021-01-26
               Using LZMA version 5.4.0
```

图 5-6　查看 Snort 3 的版本信息

(5) 也可以用安装程序在/usr/local/etc/snort/目录中添加的默认配置文件 snort.lua 进行测试，部分输出结果如图 5-7 所示，在最后可以看到"Snort successfully validated the configuration (with 0 warnings). o")~ Snort exiting"的显示信息。

```
snort -c /usr/local/etc/snort/snort.lua
```

```
kali@kali:/usr/local/etc/snort$ snort -c /usr/local/etc/snort/snort.lua

o")~    Snort++ 3.1.53.0

Loading /usr/local/etc/snort/snort.lua:
Loading snort_defaults.lua:
Finished snort_defaults.lua:
        stream_udp
        stream_file
        arp_spoof
        back_orifice
        dns
        imap
        netflow
        normalizer
        pop

fast pattern groups
            to_server: 1
            to_client: 1

search engine (ac_bnfa)
            instances: 2
            patterns: 416
        pattern chars: 2508
           num states: 1778
     num match states: 370
         memory scale: KB
         total memory: 68.5879
       pattern memory: 18.6973
    match list memory: 27.3281
    transition memory: 22.3125

pcap DAQ configured to passive.

Snort successfully validated the configuration (with 0 warnings).
o")~    Snort exiting
```

图 5-7　用默认配置文件进行测试

5.2.4　配置网卡

Offload 技术是针对网络数据包处理而进行优化的技术,将本来应该由操作系统协议栈进行的一些数据包处理(如分片、重组等)放到网卡硬件中去做,降低系统 CPU 消耗的同时,提高处理的性能。现在越来越多的网卡支持 Offload 特性(包括 LSO/LRO、GSO/GRO 等),来提升网络的收/发性能。

1. 网卡的 Offload 特性

(1) LSO(Large Segment Offload)对应的是发送方向,操作系统只需要提交一次传输请求给网卡,网卡负责将数据发送出去,当要发送的数据包超过 MTU(Maximum Transmission Unit,最大传输单元)时,网卡负责将数据包拆分成多个不超过 MTU 的包,并根据需要计算每个包的校验和(checksum)。

(2) LRO(Large Receive Offload)对应的是接收方向,将网卡接收的多个碎片包合并成一个大的数据包,一次性提交给操作系统协议栈处理,以减少上层协议栈的处理开销,从而降低 CPU 的负载。

(3) GSO(Generic Segmentation Offload)是 LSO 的升级,比 LSO 更通用,可以自动检测网卡是否支持分包,若支持则直接将数据包发给网卡,否则就分包后发给网卡。

(4) GRO(Generic Receive Offload),是 LRO 的升级,比 LRO 更通用,通过合并接收到的多个数据包来减少网络协议栈处理的负担,提高网络传输效率和降低 CPU 使用率。GRO 采用延迟合并技术,数据包接收后不会立即被处理,而是会被暂存在一定的缓冲区中,等待其他数据包到达后进行合并。当合并后的数据包达到一定的大小或满足其他合并条件时,GRO会将其送到网络协议栈进行处理。这样,网络协议栈只需要对合并后的大数据包进行一次处理,而不需要对多个小数据包分别处理,从而降低了 CPU 的使用率并提高了处理效率。

新的网卡驱动一般采用 GSO/GRO,而不是 LSO/LRO。

网卡的这些 Offload 特性对于大多数情况来说是首选,因为它们减轻了系统负载,提高了系统性能。但对于 NIDS 来说,最好禁用 LRO 和 GRO,因为它们会导致 NIDS 截断更长的数据包。

2. 查看网卡的 Offload 特性

可以通过 ethtool -k eth0 命令来查看网卡各个选项的当前状态(其中 eth0 是接口名称,可用 ip add 或 ifconfig 命令查看),也可用 sudo ethtool -k eth0 | grep receive-off 只查看 LRO 和 GRO 的状态,其输出结果如图 5-8 所示。可以看到,默认 GRO 是启用的、LRO 是禁用的,fixed 表示其值不可以更改。

```
sudo ethtool -k eth0 | grep receive-off
```

```
kali@kali:/usr/local/etc/snort$ ethtool -k eth0 | grep receive-off
generic-receive-offload: on
large-receive-offload: off [fixed]
```

图 5-8 查看 LRO 和 GRO 的状态

3. 禁用 GRO

1) 临时禁用 GRO

可以用 sudo ethtool -K eth0 gro off 命令临时禁用 GRO,但系统重新启动时又会恢复到启用的状态。

```
sudo ethtool -K eth0 gro off
```

2) 永久禁用 GRO

若要使系统重新启动后也禁用 GRO,则可以创建自定义的 systemD 脚本,在每次系统启动时自动设置 GRO 的值,其操作步骤如下。

(1) 创建 systemD 脚本。

```
sudo vi /lib/systemd/system/ethtool.service
```

(2) 输入以下信息,其中 eth0 为接口名称。

```
[Unit]
Description=Ethtool Confistration for Network Interface
[Service]
Requires=network.target
Type=oneshot
ExecStart=/sbin/ethtool -K eth0 gro off
ExecStart=/sbin/ethtool -K eth0 lro off
[Install]
WantedBy=multi-user.target
```

(3) 输入 :wq 保存文件并退出，再输入下面的命令启用服务。

```
sudo systemctl enable ethtool
sudo service ethtool start
```

(4) 重新启动系统，验证 LRO 和 GRO 的状态是否为 off。

```
sudo ethtool -k eth0 | grep receive-offload
```

可以看到系统重新启动后，LRO 和 GRO 的值依然为 off。至此，网卡配置完成。

5.2.5　Snort 3 的相关参数

Snort 3 的绝大多数功能都是通过可执行文件 snort 来实现的，它有很多参数，可以用 snort -? 获取帮助信息，而且大部分的参数及用法与 Snort 2 相同，在此不再赘述，只将本章用到的参数列出，如表 5-4 所示。

表 5-4　Snort 的部分参数

参　数	作　　　用
-c	指定配置文件的路径
-R	指定要使用的规则文件的路径
-l	指定日志文件目录
-i	指定 Snort 要监听的接口，可用 ifconfig 或 ip add 命令查看
-q	静默运行
-D	作为守护进程运行
-A	指定报警方式，值 alert_fast 表示用快速输出插件将报警信息输出到控制台
-s	设置 snaplen，使 Snort 不会截断和丢弃过大的数据包，默认值为 1518，可设置的范围为 0~65 535
-k	设置校验和模式，默认值为 all，表示 Snort 将丢弃具有错误校验和的数据包，none 值表示忽略错误的校验和

5.3　Snort 3 的配置

与 Snort 2 一样，Snort 3 也是基于规则进行入侵检测的。规则库中的每条规则都对应一条网络攻击的特征，Snort 3 通过攻击特征来识别网络发生的攻击行为，所以必须为 Snort 3 配置合适的规则，同时还需要对 Snort 3 的配置文件进行配置。

5.3.1　使用注册规则集

可以直接从 Snort 官网的 Downloads 频道下载最新的规则，并将其应用到 Snort 3 中。与 Snort 2 一样，Snort 3 也有免费版(Community)、注册版(Registered)、收费版(Subscription)三类规则。免费版可以直接下载，注册版需要在官网注册账号，收费版需额外购买，收费版规则集中的规则将在 30 天后添加到注册版规则集中。

下面以注册版规则为例介绍 Snort 使用规则的配置方法，可以分解为下载规则、修改配置文件和运行 Snort 三个部分。

1. 下载规则

要使用规则，首先需要下载规则，其具体步骤如下。

(1) 打开 Snort 官网(https://www.snort.org/)，点击首页右上角的"Sign In"按钮用注册的账号登录，再进入"Downloads"频道下载注册规则集(Registered)，如图 5-9 所示。

图 5-9　下载注册规则集

(2) 下载最新的注册规则集(文件名中的数字最大的为最新规则)。将下载的规则 snortrules-snapshot-31470.tar.gz 存放到保存安装包的路径(~/Desktop/src/)，再将其解压到 Snort 3 的安装路径中(/usr/local/etc/snort)。

```
cd ~/Desktop/src/

wget https://www.snort.org/downloads/registered/snortrules-snapshot-31470.tar.gz

sudo tar zxvf snortrules-snapshot-31470.tar.gz -C /usr/local/etc/snort
```

(3) 切换到 /usr/local/etc/snort 目录，用 ls 命令可以查看解压的 4 个规则目录 builtins、etc、rules 和 so_rules。也可以用 tree /usr/local/etc/snort/ -Ld 2 命令列出目录的结构，如图 5-10 所示。

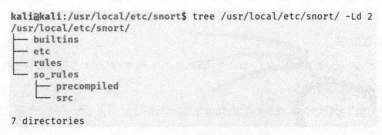

图 5-10　注册规则集的目录结构

各个规则目录的作用如表 5-5 所示。

表 5-5 规则目录的作用

目录名称	用 途
builtins	包含内置规则的引用和信息的规则文件
etc	包含与规则集匹配的三个配置文件(snort.lua、snort_defaults.lua、file_magic.lua)
rules	包含注册规则集的各个规则文件
so_rules	包含规则源码、为不同操作系统预编译的动态链接库文件及编译后的规则

与 Snort 2 不同的是，Snort 3 将配置文件从一个改成三个，扩展名为.lua，其作用如下：

- file_magic.lua：告诉 Snort 如何识别文件类型；
- snort_defaults.lua：配置 Snort 的全局参数(系统范围)；
- snort.lua：Snort 特定实例的配置文件，启动时会加载，用来描述 Snort 如何运行，可以用 include 语句将 file_magic.lua 和 snort_defaults.lua 包含进来。

(4) 用 etc 目录中的三个配置文件替换 /usr/local/etc/snort 中安装程序自动生成的三个默认配置文件，这样只需对配置文件做简单的修改即可让 Snort 3 使用官网下载的注册规则集了。

```
sudo cp /usr/local/etc/snort/etc/* /usr/local/etc/snort
```

提示

可以用 ls -l 命令列出目录中各文件和文件夹的详细信息来验证是否替换成功，如图 5-11 所示。

```
kali@kali:/usr/local/etc/snort$ ls -l
total 192
-rw-r--r-- 1 root root   590 Jan 25 15:05 balanced.lua
drwxr-xr-x 2 1210 root  4096 Dec  8 14:12 builtins
-rw-r--r-- 1 root root   616 Jan 25 15:05 connectivity.lua
drwxr-xr-x 2 1210 root  4096 Dec  8 14:12 etc
-rw-r--r-- 1 root root 38857 Feb 13 05:32 file_magic.lua
-rw-r--r-- 1 root root 43355 Jan 25 15:05 file_magic.rules
-rw-r--r-- 1 root root   410 Jan 25 15:05 inline.lua
-rw-r--r-- 1 root root  1123 Jan 25 15:05 max_detect.lua
drwxr-xr-x 2 1210 root  4096 Dec  8 14:12 rules
-rw-r--r-- 1 root root   814 Jan 25 15:05 security.lua
-rw-r--r-- 1 root root  5426 Jan 25 15:05 sensitive_data.rules
-rw-r--r-- 1 root root 47313 Feb 13 05:32 snort_defaults.lua
-rw-r--r-- 1 root root 11685 Feb 13 05:32 snort.lua
drwxr-xr-x 4 1210 root  4096 Dec  8 14:12 so_rules
-rw-r--r-- 1 root root   791 Jan 25 15:05 talos.lua
```

图 5-11 列出目录中各文件和文件夹的详细信息

2. 修改配置文件

需要修改 Snort 的两个配置文件 snort_defaults.lua 和 snort.lua 才能正确使用下载的规则。

1) 修改 snort_defaults.lua

用 vi 修改/usr/local/etc/snort/snort_defaults.lua 中路径变量的值，即修改第 25～27 行，再保存并退出 vi。

```
sudo vi /usr/local/etc/snort/snort_defaults.lua
```

修改前：

RULE_PATH = '../rules'

BUILTIN_RULE_PATH = '../builtin_rules'

PLUGIN_RULE_PATH = '../so_rules'

修改后(注意"/"不能省略，否则会报错)：

RULE_PATH = 'rules/'

BUILTIN_RULE_PATH = 'builtins/'

PLUGIN_RULE_PATH = 'so_rules/'

🔍 提示

进入 vi 后，输入": set number"可以显示行号，按键盘上的"Insert"键或"i"键进入插入模式，按"Esc"键回到命令模式，输入": wq"保存修改并退出 vi。

2) 修改 snort.lua

用 vi 对 /usr/local/etc/snort/snort.lua 做如下修改：

sudo vi /usr/local/etc/snort/snort.lua

(1) 修改第 86 行(行号可能略有不同)。

修改前：

file_id = { file_rules = file_magic }

修改后：

file_id = { rules_file = 'file_magic.rules' }

(2) 修改第 247 行(行号可能略有不同)。

修改前：

variables = default_variables_singletable

修改后：

variables = default_variables

(3) 若要启用内置规则(/usr/local/etc/snort/builtins/builtins.rules 中的规则)，则可去掉第 174 行(行号可能略有不同)的注释。

修改前：

--enable_builtin_rules = true,

修改后：

enable_builtin_rules = true,

同时还需要在第 180 行"rules = [["的下面再新增一行，输入下面的内容：

include $BUILTIN_RULE_PATH/builtins.rules

配置文件 snort.lua 的 IPS 模块修改完成的代码如下所示：

ips =

{

　　-- use this to enable decoder and inspector alerts

　　enable_builtin_rules = true,

```
-- use include for rules files; be sure to set your path
-- note that rules files can include other rules files
--include = 'snort3-community.rules',


-- RULE_PATH is typically set in snort_defaults.lua
rules = [[
    include $BUILTIN_RULE_PATH/builtins.rules
    include $RULE_PATH/snort3-app-detect.rules
    include $RULE_PATH/snort3-browser-chrome.rules
    ……此处省略很多规则文件……
]],
variables = default_variables
}
```

3. 运行 Snort

接下来执行命令 snort 就可以测试或运行 Snort 3 了。

1) 测试 Snort 3

输入 "snort -c /usr/local/etc/snort/snort.lua" 进行测试,从此命令的输出结果可以看到, Snort 3 会加载配置文件里指定的所有规则(一共有 45 092 个规则,其中内置规则 623 个,另外还有 616 个重复的规则),并对这些规则进行详细的分类统计,如图 5-12 所示。

```
snort -c /usr/local/etc/snort/snort.lua
```

```
ips policies rule stats
          id  loaded  shared  enabled     file
           0   45092     616    45092      /usr/local/etc/snort/snort.lua

rule counts
        total rules loaded: 45092
            duplicate rules: 616
                 text rules: 44469
              builtin rules: 623
              option chains: 45092
              chain headers: 2137
                   flowbits: 703
       flowbits not checked: 68

port rule counts
             tcp    udp   icmp     ip
    any     2430    386    466    293
    src     1349    169      0      0
    dst     5320   1018      0      0
    both     109     54      0      0
    total   9208   1627    466    293

service rule counts            to-srv  to-cli
                        bgp:       4       0
                      dcerpc:    301     203
                        dhcp:     32       9
```

图 5-12　规则的统计信息

如果配置文件和规则文件都没有问题,则可以在输出结果的最后面看到 "Snort successfully validated the configuration (with 0 warnings).　o")~　Snort exiting" 的显示信息。

2) 在接口运行 Snort

在接口上以检测模式运行 Snort("eth0" 为 Kali 中默认的接口名),并将报警信息输出到控制台。

sudo snort -c /usr/local/etc/snort/snort.lua -i eth0 -A alert_fast

可以看到 Snort 3 加载配置文件及规则文件等,最后会显示如下信息,并开始数据包处理。

pcap DAQ configured to passive.

Commencing packet processing

++ [0] eth0

此时如果 eth0 接口有符合规则的敏感数据流量进出(比如在物理机上 Ping Kali 虚拟机),报警信息就会不断地在控制台显示,如图 5-13 所示,直到按 Ctrl - C 或 Ctrl - Z 停止 Snort。

```
pcap DAQ configured to passive.
Commencing packet processing
++ [0] eth0
02/14-03:37:05.367830 [**] [1:382:11] "PROTOCOL-ICMP PING Windows" [**] [Classification: Misc activity] [Prior
ity: 3] {ICMP} 192.168.18.1 → 192.168.18.231
02/14-03:37:05.367830 [**] [1:29456:3] "PROTOCOL-ICMP Unusual PING detected" [**] [Classification: Information
Leak] [Priority: 2] {ICMP} 192.168.18.1 → 192.168.18.231
02/14-03:37:05.367830 [**] [1:384:8] "PROTOCOL-ICMP PING" [**] [Classification: Misc activity] [Priority: 3] {
ICMP} 192.168.18.1 → 192.168.18.231
02/14-03:37:05.367854 [**] [1:31767:2] "SERVER-OTHER MRLG fastping echo reply memory corruption attempt" [**]
[Classification: Misc Attack] [Priority: 2] {ICMP} 192.168.18.231 → 192.168.18.1
02/14-03:37:05.367854 [**] [1:408:8] "PROTOCOL-ICMP Echo Reply" [**] [Classification: Misc activity] [Priority
: 3] {ICMP} 192.168.18.231 → 192.168.18.1
02/14-03:37:06.376786 [**] [1:382:11] "PROTOCOL-ICMP PING Windows" [**] [Classification: Misc activity] [Prior
ity: 3] {ICMP} 192.168.18.1 → 192.168.18.231
```

图 5-13　报警信息显示在控制台

5.3.2　使用自定义规则

Snort 官网提供的规则集是通用的规则,而且还有重复的规则,这都会影响 Snort 的性能,无法满足用户环境的需求,用户可以根据自己的网络情况自行定义新规则或修改现有的规则,所有规则都可以增、删、改(直接打开规则目录 /usr/local/etc/snort/rules/ 中的各个规则文件进行修改即可)。

用户也可以根据需要创建自定义的规则文件,再在自定义的规则文件中创建用户自定义的规则,最后对 Snort 进行配置让自定义的规则生效。

1. 创建自定义的规则文件和规则

创建自定义的规则文件和规则的具体操作步骤如下。

(1) 直接利用 vi 编辑器在规则目录(/usr/local/etc/snort/rules/)中创建自定义的规则文件 test.rules。

sudo vi /usr/local/etc/snort/rules/test.rules

(2) 在 test.rules 文件中添加下面的自定义规则(此规则用于检测任意的 ICMP 流量),然后保存并退出 vi。

注意:编写自己的规则时,设置的 SID 值应该大于 1 000 000。

alert icmp any any -> any any (msg:"ICMP Traffic Detected"; sid:10000001; metadata:policy security-ips alert;)

2. 使用自定义的规则文件和规则

想让 Snort 使用自定义的规则文件中的规则有两种方法:

(1) 用 -R 参数直接指定自定义的规则文件;

(2) 将自定义的规则文件添加到配置文件 snort.lua 中。

1) 直接指定自定义的规则文件

直接指定自定义的规则文件的具体操作步骤如下:

(1) 用 -R 参数直接指定自定义的规则文件,验证自定义规则的格式是否正确。

snort -c /usr/local/etc/snort/snort.lua -R /usr/local/etc/snort/rules/test.rules

如果自定义规则的格式没有问题,则可以在输出结果的最后面看到 "Snort successfully validated the configuration (with 0 warnings).　o")~　Snort exiting" 的显示信息。另外,还可以在规则统计信息里看到规则的总数增加了 1 个,由原来的 45 092 变成了 45 093。

(2) 在接口上以检测模式运行 Snort("eth0" 为 Kali 中默认的接口名),并将报警信息输出到控制台。

sudo snort -c /usr/local/etc/snort/snort.lua -R /usr/local/etc/snort/rules/test.rules -i eth0 -A alert_fast

(3) 在 Kali 虚拟机中再打开一个终端,用 Ping 命令进行验证(如 Ping 8.8.8.8),稍等片刻就可以在运行上述命令的终端控制台看到如下所示的报警信息。

02/19-07:01:37.409029 [**] [1:10000001:0] "ICMP Traffic Detected" [**] [Priority: 0] [AppID: ICMP] {ICMP} 192.168.18.231 -> 8.8.8.8

02/19-07:01:37.409029 [**] [1:29456:3] "PROTOCOL-ICMP Unusual PING detected" [**] [Classification: Information Leak] [Priority: 2] [AppID: ICMP] {ICMP} 192.168.18.231 -> 8.8.8.8

02/19-07:01:37.453045 [**] [1:408:8] "PROTOCOL-ICMP Echo Reply" [**] [Classification: Misc activity] [Priority: 3] [AppID: ICMP] {ICMP} 8.8.8.8 -> 192.168.18.231

02/19-07:01:38.410843 [**] [1:366:11] "PROTOCOL-ICMP PING Unix" [**] [Classification: Misc activity] [Priority: 3] [AppID: ICMP] {ICMP} 192.168.18.231 -> 8.8.8.8

第一条报警信息是匹配刚刚自定义的规则的,其他的报警信息是匹配官网下载的注册规则集中的规则的。

2) 将自定义的规则文件添加到配置文件中

将自定义的规则文件添加到配置文件中的具体操作步骤如下。

(1) 用 vi 打开配置文件 /usr/local/etc/snort/snort.lua。

sudo vi /usr/local/etc/snort/snort.lua

(2) 在第 180 行(行号可能略有不同)的 "rules = [[" 下面添加下面的内容,将自定义的规则文件 test.rules 包含进来,如图 5-14 所示,然后保存并退出 vi。

include $RULE_PATH/test.rules

```
179     -- RULE_PATH is typically set in snort_defaults.lua
180     rules = [[
181         include $RULE_PATH/test.rules
182         include $BUILTIN_RULE_PATH/builtins.rules
183         include $RULE_PATH/snort3-app-detect.rules
184         include $RULE_PATH/snort3-browser-chrome.rules
```

图 5-14　将规则文件 test.rules 添加到配置文件

(3) 输入"snort -c /usr/local/etc/snort/snort.lua"进行测试,看配置文件和规则文件是否有错误。

```
snort -c /usr/local/etc/snort/snort.lua
```

(4) 若没有问题,再在接口上以检测模式运行 Snort("eth0"为 Kali 中默认的接口名),并将报警信息输出到控制台。

```
sudo snort -c /usr/local/etc/snort/snort.lua -i eth0 -A alert_fast
```

(5) 用 Ping 命令进行验证(如 Ping 8.8.8.8),看是否出现与前面类似的报警信息。

5.3.3 启用 JSON 输出插件

启用 JSON 输出插件,可以将 Snort 3 的告警信息写入 JSON 格式的文本文件,以便导入到安全信息和事件管理系统 SIEM 中(如 Splunk)。

1. 修改配置文件启用 JSON 输出插件

修改配置文件启用 JSON 输出插件的操作步骤如下。

(1) 打开配置文件 snort.lua 进行修改,启用 JSON 输出插件。

```
sudo vi /usr/local/etc/snort/snort.lua
```

(2) 修改第 7 部分的配置输出(7. configure outputs,大约 240 行),添加如下内容,然后保存并退出 vi。

```
---------------------------------------------------------------------
-- 7. configure outputs
---------------------------------------------------------------------
alert_json =
{
    file = true,
    limit = 100,
    fields = 'seconds action class b64_data dir dst_addr dst_ap dst_port \
    eth_dst eth_len eth_src eth_type gid icmp_code icmp_id icmp_seq \
    icmp_type iface ip_id ip_len msg mpls pkt_gen pkt_len pkt_num priority \
    proto rev rule service sid src_addr src_ap src_port target tcp_ack \
    tcp_flags tcp_len tcp_seq tcp_win tos ttl udp_len vlan timestamp',
}
```

其中,limit 用来指定文件大小的上限,fields 是用来指定要输出哪些字段。

2. 测试 JSON 输出插件

测试 JSON 输出插件的步骤如下。

(1) 在接口上以检测模式运行 Snort,并将报警信息记录到日志目录 /var/log/snort 中。

```
sudo snort -c /usr/local/etc/snort/snort.lua -s 65535 -k none -l /var/log/snort -i eth0
```

(2) 在 Kali 虚拟机的终端输入"ping www.baidu.com"进行测试,再打开 /var/log/snort 文件夹,可以看到自动创建了一个名为"alert_json.txt"的日志文件,可以用 cat 或 tail 命令打开进行查看。

```
sudo cat /var/log/snort/alert_json.txt

sudo tail -f   /var/log/snort/alert_json.txt
```

(3) 每条报警信息在此文件中占一行,格式为"":字段名":字段值",每个字段之间用逗号隔开,部分内容如下:

{ "seconds" : 1677144886, "action" : "allow", "class" : "none", "b64_data" : "pZcBAAABAAAAAAAAA3d3dwViYWlkQNjb20AAAEAAQ==", "dir" : "C2S", "dst_addr" : "192.168.18.2", "dst_ap" : "192.168.18.2:53", "dst_port" : 53, "eth_dst" : "00:50:56:E9:87:31", "eth_len" : 73, "eth_src" : "00:0C:29:31:34:B3", "eth_type" : "0x800", "gid" : 1, "iface" : "eth0", "ip_id" : 16822, "ip_len" : 39, "msg" : "DNS Traffic Detected", "mpls" : 0, "pkt_gen" : "raw", "pkt_len" : 59, "pkt_num" : 1, "priority" : 0, "proto" : "UDP", "rev" : 0, "rule" : "1:10000002:0", "service" : "unknown", "sid" : 10000002, "src_addr" : "192.168.18.231", "src_ap" : "192.168.18.231:56884", "src_port" : 56884, "tos" : 0, "ttl" : 64, "udp_len" : 39, "vlan" : 0, "timestamp" : "02/23-04:34:46.125810" }

{ "seconds" : 1677144981, "action" : "allow", "class" : "none", "b64_data" : "ITP3YwAAAAC+hQQAAAAAABAREhMUFRYXGBkaGxwdHh8gISIjJCUmJygpKissLS4vMDEyMzQ1Njc=", "dir" : "S2C", "dst_addr" : "192.168.18.231", "dst_ap" : "192.168.18.231:0", "eth_dst" : "00:0C:29:31:34:B3", "eth_len" : 98, "eth_src" : "00:50:56:E9:87:31", "eth_type" : "0x800", "gid" : 1, "icmp_code" : 0, "icmp_id" : 35004, "icmp_seq" : 8, "icmp_type" : 0, "iface" : "eth0", "ip_id" : 2671, "ip_len" : 64, "msg" : "ICMP Traffic Detected", "mpls" : 0, "pkt_gen" : "raw", "pkt_len" : 84, "pkt_num" : 63, "priority" : 0, "proto" : "ICMP", "rev" : 0, "rule" : "1:10000001:0", "service" : "unknown", "sid" : 10000001, "src_addr" : "110.242.68.4", "src_ap" : "110.242.68.4:0", "tos" : 0, "ttl" : 128, "vlan" : 0, "timestamp" : "02/23-04:36:21.305777" }

3. 后台静默运行 Snort

从上面的运行结果可以看出,用上面的参数运行 Snort 命令时,Snort 会完全获得当前终端的使用权(终端的命令提示符没有了,无法在当前终端输入其他任何命令。如果想在 Kali 上运行其他命令,必须再重新打开新的终端。),直到用 Ctrl-C 或 Ctrl-Z 停止 Snort 的运行,终端的命令提示符才会出现。

若不希望 Snort 完全获得当前终端的使用权,可以使用 -q 和 -D 参数使 Snort 在后台静默运行,同时将报警信息输出到日志文件(需提前创建好日志目录 /var/log/snort)。

```
sudo mkdir /var/log/snort

sudo snort -q -D -c /usr/local/etc/snort/snort.lua -s 65535 -k none -l /var/log/snort -i eth0
```

可以看到命令运行后不会有任何输出,直接回到终端的命令提示符。此时可以用 ps -ef | grep snort 命令查看 Snort 的 PID(进程号),如图 5-15 所示,4390 就是 Snort 的 PID。

```
kali@kali:~$ sudo snort -q -D -c /usr/local/etc/snort/snort.lua -s 65535 -k none -l /var/log/snort -i eth0
kali@kali:~$ ps -ef |grep snort
root      4390    1  7 05:22 ?        00:00:00 snort -q -D -c /usr/local/etc/snort/snort.lua -s 65535 -k none -l /var/log/snort -i eth0
kali      4394  1569  0 05:22 pts/2    00:00:00 grep snort
```

图 5-15　查看 Snort 的 PID

后台静默运行 Snort 时,Snort 不受终端控制,无法用 Ctrl-C 或 Ctrl-Z 终止。若想结束 Snort 3 的运行,可以用 kill 命令。

```
sudo kill -9 PID 号
```

另外,需要注意的是,修改了配置文件或规则文件之后,必须重新启动 Snort 所做的修改才会生效。用 kill 命令终止 Snort 后可以再重启,但这样会造成 Snort 运行的中断,而且进程号也会变化。若希望 Snort 重启但进程号不变,可在使用 kill 命令时加 -SIGHUP 参数，执行结果如图 5-16 所示。

kill -SIGHUP PID 号

```
kali@kali:~$ sudo snort -q -D -c /usr/local/etc/snort/snort.lua -s 65535 -k none -l /var/log/snort -i eth0
kali@kali:~$ ps -ef |grep snort
root        4390       1  7 05:22 ?        00:00:00 snort -q -D -c /usr/local/etc/snort/snort.lua -s 65535 -k none -l /var/log/snort -i eth0
kali        4394    1569  0 05:22 pts/2    00:00:00 grep snort
kali@kali:~$ sudo kill -SIGHUP 4390
kali@kali:~$ ps -ef |grep snort
root        4390       1  2 05:22 ?        00:00:13 snort -q -D -c /usr/local/etc/snort/snort.lua -s 65535 -k none -l /var/log/snort -i eth0
kali        4425    1569  0 05:31 pts/2    00:00:00 grep snort
```

图 5-16　重启 Snort 进程但 PID 不变

5.4　Snort 3 功能组件的安装及配置

除了前面介绍的 Snort 3 的基本功能之外，还有很多可选的功能组件或第三方的软件可以增强 Snort 3 的功能。

5.4.1　OpenAppID

OpenAppID 是一种面向 Snort 的开放的、以应用程序为中心的检测语言和处理模块，可以使用户能够创建、共享和实现应用程序和服务检测。

OpenAppID 使 Snort 能够识别、控制和测量网络上正在使用的应用程序。它由一组匹配特定类型网络数据的包(签名)组成，包括 OSI 参考模型第 7 层应用程序，如 Facebook、DNS、Netflix、Discus 和 Google，以及使用这些服务的应用程序，如 Chrome、Http、Https 等。

利用 OpenAppID，用户可以根据需要创建操作应用程序层流量的规则(比如阻止 Facebook)，并记录检测到的每种类型的流量统计数据。

1. 安装与配置 OpenAppID

OpenAppID 的安装与配置步骤如下：

(1) 在 Snort 官网 https://www.snort.org/downloads#openappid 中找到最新版的 OpenAppID，在链接上单击鼠标右键，选择"复制链接地址"(注意：一定要用复制的链接地址代替下面 wget 命令中的地址，否则命令可能会报错)，在 Kali 虚拟机中将下载的 OpenAppID 安装包存放到保存安装包的路径(~/Desktop/src/)。

cd ~/Desktop/src/

wget https://www.snort.org/downloads/openappid/26425

(2) 解压下载的安装包，用 ls 命令可以查看 odp 目录。

mv 26425 26425.tar.gz

sudo tar zxvf 26425.tar.gz

ls

(3) 在 Snort 3 的安装路径中(/usr/local/etc/snort)新建一个名为 appid 的目录，并将解压得到的 odp 目录全部复制到此目录。

sudo mkdir /usr/local/etc/snort/appid

sudo cp -r odp /usr/local/etc/snort/appid

(4) 修改 Snort 的配置文件 snort_defaults.lua，定义 APPID_PATH 的路径变量。

```
sudo vi /usr/local/etc/snort/snort_defaults.lua
```

在第 27 行 "PLUGIN_RULE_PATH = 'so_rules/'" 的下面新增一行，输入如下内容(注意这里必须用绝对路径)，然后保存并退出 vi。

```
APPID_PATH = '/usr/local/etc/snort/appid'
```

(5) 修改 Snort 的配置文件 snort.lua，设置 app_detector_dir 选项，使之指向刚定义的 APPID_PATH 路径变量。

```
sudo vi /usr/local/etc/snort/snort.lua
```

在第 97 行 "}" 的上面新增一行，输入如下内容，然后保存并退出 vi。

```
app_detector_dir = APPID_PATH
```

2. 测试 OpenAppID

完成配置之后，可以进行测试，看 OpenAppID 是否工作，步骤如下。

(1) 以 -c 参数指定刚编辑好的配置文件，运行 Snort 命令进行测试。

```
snort -c /usr/local/etc/snort/snort.lua
```

如果配置文件及包含在配置文件中的规则文件没有问题，则可以在输出结果的最后面看到 "Snort successfully validated the configuration (with 0 warnings).　o")~　Snort exiting" 的显示信息。

(2) 编辑前面 5.3.2 节创建的自定义测试规则文件 test.rules。

```
sudo vi /usr/local/etc/snort/rules/test.rules
```

添加下面的规则，当检测到 DNS 的流量时报警(appids 的值为 DNS)，然后保存并退出 vi。

```
alert udp any any -> any any ( msg:"DNS Traffic Detected"; appids:"DNS"; sid:10000002; metadata:policy security-ips alert; )
```

(3) 验证刚刚添加的规则是否正确，若正确则可以在输出结果的最后面看到 "Snort successfully validated the configuration (with 0 warnings).　o")~　Snort exiting" 的显示信息。

```
sudo snort -c /usr/local/etc/snort/snort.lua -R /usr/local/etc/snort/rules/test.rules
```

(4) 在接口上以检测模式运行 Snort("eth0" 为 Kali 中默认的接口名)，并将报警信息输出到控制台。

```
sudo snort -c /usr/local/etc/snort/snort.lua -R /usr/local/etc/snort/rules/test.rules -i eth0 -A alert_fast -s 65535 -k none
```

(5) 在 Kali 虚拟机中打开 Firefox 浏览器，随便打开一个网站(如 www.baidu.com)进行浏览，这样会生成很多 DNS 的数据包。此时再切换回运行 Snort 命令的终端，可以看到大量如下所示的 DNS 报警信息，AppID 的值为 DNS，可见是通过 OpenAppId 进行识别的。

```
02/19-04:19:48.927166 [**] [1:10000002:0] "DNS Traffic Detected" [**] [Priority: 0] [AppID: DNS]
{UDP} 192.168.18.231:43027 -> 192.168.18.2:53

02/19-04:19:50.131606 [**] [1:10000002:0] "DNS Traffic Detected" [**] [Priority: 0] [AppID: DNS]
{UDP} 192.168.18.231:54135 -> 192.168.18.2:53

02/19-04:19:50.131753 [**] [1:10000002:0] "DNS Traffic Detected" [**] [Priority: 0] [AppID: DNS]
{UDP} 192.168.18.231:58402 -> 192.168.18.2:53
```

3. 记录 OpenAppID 的统计信息

如果希望了解每个 OpenAppID 检测器检测到多少流量,可以在配置文件 snort.lua 中启用 OpenAppID 的统计信息,并在运行 Snort 命令时使用"-l"参数指定日志目录,其具体步骤如下。

(1) 确保日志目录存在,如果没有可用下面的命令创建。

```
sudo mkdir /var/log/snort
```

(2) 修改配置文件 snort.lua 使 OpenAppID 检测器能够记录统计信息。

```
sudo vi /usr/local/etc/snort/snort.lua
```

在第 97 行"app_detector_dir = APPID_PATH"的后面加一个逗号,并在下面新增一行,输入"log_stats = true,"。appid 部分的完整设置如下,注意逗号不能省略,然后保存并退出 vi。

```
appid =
{
    -- appid requires this to use appids in rules
    --app_detector_dir = 'directory to load appid detectors from'
    app_detector_dir = APPID_PATH,
    log_stats = true,
}
```

(3) 在接口上以检测模式运行 Snort,并将数据记录到日志目录/var/log/snort 中。

```
sudo snort -c /usr/local/etc/snort/snort.lua -R /usr/local/etc/snort/rules/test.rules -i eth0 -A alert_fast -s
65535 -k none -l /var/log/snort
```

(4) 在 Kali 虚拟机中打开 Firefox 浏览器浏览网站进行测试,再打开/var/log/snort 文件夹可以看到自动创建了一个名为"appid_stats.log"的日志文件,可以用 cat 或 tail 命令打开进行查看。

```
sudo cat /var/log/snort/appid_stats.log
sudo tail -f   /var/log/snort/appid_stats.log
```

部分输出统计信息如下所示。这是一个逗号分隔的文件,各项内容分别为显示时间(unixtime)、检测器、发送字节数(tx)和接收字节数(rx)。注意,此文件中记录的统计信息与由规则生成的报警信息是不同的。

```
1677140242,__unknown,586,480
1677140242,DNS,3833,1887
1677140242,NetBIOS-ns,828,0
1677140242,HTTPS,24704,150998
1677140242,SSL client,22869,143933
1677140242,Baidu,22869,143933
1677140242,MDNS,2688,0
```

5.4.2 PulledPork

PulledPork 是管理 Snort 规则集的工具,可以自动从 Snort 官网下载并合并指定的规则集，它的功能包括下载新规则集之前进行 MD5 验证、对共享对象(SO)规则进行完整处理、生成 so_rule 存根文件、修改规则集状态(如禁用规则)等。

1. 获取 Oinkcode

要从 Snort 下载免费的注册规则集，需要一个 Oinkcode，在 Snort 网站上注册即可获得 Oinkcode。PulledPork 可以使用 Oinkcode 自动下载规则。

打开 Snort 官网(https://www.snort.org/)，点击首页右上角的"Sign In"按钮用注册的账号登录，再点击"My Account"页面左侧导航栏中的"Oinkcode"，即可看到该账号的 Oinkcode，如图 5-17 所示。

图 5-17　获取 Oinkcode

2. 安装 PulledPork

PulledPork 的安装步骤如下：

(1) 在 Snort 官网 https://www.snort.org/downloads 页面最底部的 Additional Downloads 部分找到最新版的 PulledPork(也可以在本书的配套资料中下载安装包 pulledpork3-main.zip)，在 Kali 虚拟机中将下载的 PulledPork 安装包存放到保存安装包的路径(~/Desktop/src/)，解压后可以看到主程序 pulledpork.py 和两个文件夹 etc、lib。

(2) 在/usr/local/bin 目录中创建名为 pulledpork3 的文件夹，并将主程序 pulledpork.py 和 lib 库复制到此文件夹中。

```
sudo mkdir /usr/local/bin/pulledpork3
cd ~/Desktop/src/
sudo cp pulledpork3-main/pulledpork.py /usr/local/bin/pulledpork3
sudo cp -r pulledpork3-main/lib/ /usr/local/bin/pulledpork3
```

(3) 更改 lib 文件夹的权限，将所有权利授予所有用户。

```
sudo chmod 777 /usr/local/bin/pulledpork3/lib
```

(4) 给主程序 pulledpork.py 加上可执行权限。

```
sudo chmod +x /usr/local/bin/pulledpork3/pulledpork.py
```

(5) 在 /usr/local/etc 中创建名为 pulledpork3 的文件夹，并将解压的安装包中的 etc 文件夹中的配置文件 pulledpork.conf 复制到此文件夹。

```
sudo mkdir /usr/local/etc/pulledpork3
```

```
sudo cp pulledpork3-main/etc/pulledpork.conf /usr/local/etc/pulledpork3
```

（6）运行主程序测试是否能正常运行，如果成功，则可以看到如图 5-18 所示的版本信息。

```
/usr/local/bin/pulledpork3/pulledpork.py   -V
```

```
kali@kali:~/Desktop/src$ /usr/local/bin/pulledpork3/pulledpork.py  -V
/usr/local/bin/pulledpork3/lib/snort.py:933: SyntaxWarning: "is" with a literal. Did you mean "=="?
  if type is 'enable':
/usr/local/bin/pulledpork3/lib/snort.py:935: SyntaxWarning: "is" with a literal. Did you mean "=="?
  elif type is 'disable':
/usr/local/bin/pulledpork3/lib/snort.py:937: SyntaxWarning: "is" with a literal. Did you mean "=="?
  elif type is 'drop':
PulledPork v3.0.0.4

  https://github.com/shirkdog/pulledpork3

   .---,\    )   PulledPork v3.0.0.4
   `--=\\  /    Lowcountry yellow mustard bbq sauce is the best bbq sauce. Fight me.
    `-=\\/
   .-~~~~.Y|\\_  Copyright (C) 2021 Noah Dietrich, Colin Grady, Michael Shirk
 @_/     / 66\_  and the PulledPork Team!
  |    \  \  _(")
   \   /-| ||'-'   Rules give me wings!
    \_\  \_\\
~~~~~~~~~~~~~~~~~~~~~~~~~~~~~~~~~~~~~~~~~~~~~~~~~~~~~~
```

图 5-18　显示版本信息

3. 修改配置文件 pulledpork.conf

接下来对 PulledPork 的配置文件 pulledpork.conf 进行修改。

```
sudo vi /usr/local/etc/pulledpork3/pulledpork.conf
```

（1）修改第 3～5 行，将要下载的规则集类型设置为 true(最好只选择一种)，其中 community_ruleset 是社区规则集，registered_ruleset 是注册规则集，LightSPD_ruleset 是 Talos_LightSPD 规则集(也是注册账号就可以免费下载的规则集)。

修改前：

```
community_ruleset = false
```

```
registered_ruleset = false
```

```
LightSPD_ruleset = false
```

修改后：

```
community_ruleset = false
```

```
registered_ruleset = false
```

```
LightSPD_ruleset = true
```

（2）修改第 8 行，设置从 Snort 官网获取的 oinkcode 值。(提示：oinkcode 的值最好直接复制，不要手工输入。)

修改前：

```
oinkcode = xxxxx
```

修改后：

```
oinkcode = 395bc868c6b3fee30234f7d2592c4dxxxxxxxxxxx
```

（3）注释掉第 19 行，因为本书篇幅的限制，这里并未设置 blocklist(阻止列表)。

修改前：

```
blocklist_path = /usr/local/etc/lists/default.blocklist
```

修改后：

blocklist_path = /usr/local/etc/lists/default.blocklist

(4) 去掉第 30 行的注释，指定可执行文件 snort 的路径。

修改前：

#snort_path = /usr/local/bin/snort

修改后：

snort_path = /usr/local/bin/snort

(5) 修改第 58 行，指定保存单个组合规则文件的位置(这是必需的，并且必须使用绝对路径)。

修改前：

rule_path = /usr/local/etc/rules/pulledpork.rules

修改后：

rule_path = /usr/local/etc/snort/rules/pulledpork.rules

(6) 修改第 77 行，指定 so_rules 文件夹的路径。

修改前：

sorule_path = /usr/local/etc/so_rules/

修改后：

sorule_path = /usr/local/etc/snort/so_rules/

保存并退出 vi，输入下面的命令，PulledPork 会下载、合并规则，并将规则写入到自动生成的 pulledpork.rules 文件中，如图 5-19 所示。

sudo /usr/local/bin/pulledpork3/pulledpork.py -c /usr/local/etc/pulledpork3/pulledpork.conf

```
kali@kali:~/Desktop/src$ sudo /usr/local/bin/pulledpork3/pulledpork.py -c /usr/local/etc/pulledpork3/pulledpork.conf

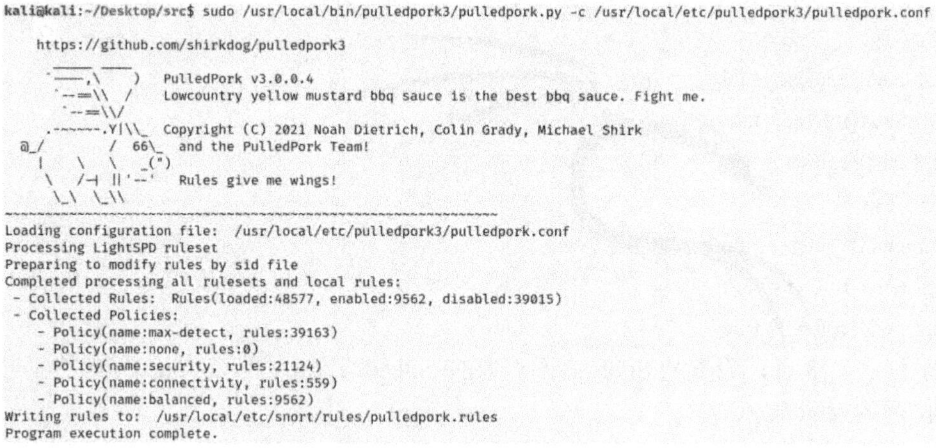

    https://github.com/shirkdog/pulledpork3

     `-----,\    )  PulledPork v3.0.0.4
      `--==\\  /    Lowcountry yellow mustard bbq sauce is the best bbq sauce. Fight me.
       `--==\\/
    .------.Y|\\    Copyright (C) 2021 Noah Dietrich, Colin Grady, Michael Shirk
  @_/    /  66\_    and the PulledPork Team!
    |   \   \   _(")
     \   /-| ||'--'   Rules give me wings!
      \_\  \_\\
~~~~~~~~~~~~~~~~~~~~~~~~~~~~~~~~~~~~~~~~~~~~~~~~~~~~~~~~~~~~~~~~~~~~~~~~~~~~~~~~
Loading configuration file: /usr/local/etc/pulledpork3/pulledpork.conf
Processing LightSPD ruleset
Preparing to modify rules by sid file
Completed processing all rulesets and local rules:
 - Collected Rules:  Rules(loaded:48577, enabled:9562, disabled:39015)
 - Collected Policies:
   - Policy(name:max-detect, rules:39163)
   - Policy(name:none, rules:0)
   - Policy(name:security, rules:21124)
   - Policy(name:connectivity, rules:559)
   - Policy(name:balanced, rules:9562)
Writing rules to: /usr/local/etc/snort/rules/pulledpork.rules
Program execution complete.
```

图 5-19　下载并合并规则

4. 修改 Snort 3 的配置文件 snort.lua

修改 Snort 3 的配置文件 snort.lua 使 Snort 3 能够使用 PulledPork 下载的规则文件 pulledpork.rules。

(1) 用 vi 打开 Snort 3 的配置文件 snort.lua。

sudo vi /usr/local/etc/snort/snort.lua

(2) 修改第 5 节 configure detection(配置检测器)的 IPS 部分，在第 173 行(行号可能略有不同) "enable_builtin_rules = true," 的下面新增一行，输入 "include = RULE_PATH .. "pulledpork.rules"," 。注意：逗号不能省略。

修改前：

```
ips =
{
    -- use this to enable decoder and inspector alerts
    enable_builtin_rules = true,
```

修改后：

```
ips =
{
    -- use this to enable decoder and inspector alerts
    enable_builtin_rules = true,
include = RULE_PATH .. "pulledpork.rules",
```

至此，PulledPork 的安装和配置就全部完成了，可以用下面的命令测试 Snort 的配置文件和规则文件是否有问题。若没问题，则最后会显示 "Snort successfully validated the configuration (with 0 warnings).   o")~   Snort exiting" 的信息。

```
sudo snort -c /usr/local/etc/snort/snort.lua --plugin-path /usr/local/etc/snort/so_rules
```

5.4.3 Snort 3 自启动脚本

如果希望系统启动时 Snort 3 能自动运行，可以通过创建自定义的 systemD 脚本来实现，其操作步骤如下。

(1) 创建名为 snort 的用户账号和组账号。出于安全原因，建议让 snort 以常规(非 root)用户的身份在启动时运行。

```
sudo groupadd snort
sudo useradd snort -r -s /sbin/nologin -c SNORT_IDS -g snort
```

其中，参数 -r 表示创建系统账号，参数 -s 指定用户登录后所使用的 shell，参数 -c 指定备注文字，参数 -g 指定用户所属的组。

(2) 删除日志目录(/var/log/snort)中旧的日志文件。如果想保留这些日志，可以将它们移动到其他位置保存。

```
sudo rm /var/log/snort/*
```

(3) 更改 snort 用户对日志目录(/var/log/snort)的操作权限，并将日志目录的所有者和组都改成 snort。

```
sudo chmod -R 5775 /var/log/snort
sudo chown -R snort:snort /var/log/snort
```

其中，5775 表示设置所有者和与所有者同一个组的成员都有可读可写可执行的权限，其他用户有可读可执行权限，同时设置了 SUID 和 SBIT 的特殊权限；参数 -R 表示对目录下的所有文件与子目录进行相同的权限或所有者的变更。可以用 ls -l 或 l 命令验证权限及所有者的变化情况。

更改前，日志目录(/var/log/snort)的权限和所有者如图 5-20 所示。

```
drwxr-xr-x  3 root               root            4096 May  8  2020 runit
drwxr-x—    2 root               adm             4096 Jan 28  2020 samba
drwxr-xr-x  2 root               root            4096 Feb 25 08:36 snort
drwx——     2 speech-dispatcher  root            4096 Nov 25 08:04 speech-dispatcher
```

图 5-20   更改前日志目录的权限和所有者

更改后，日志目录(/var/log/snort)的权限和所有者如图 5-21 所示。

```
drwxr-xr-x  3 root               root            4096 May  8  2020 runit
drwxr-x—    2 root               adm             4096 Jan 28  2020 samba
drwsrwxr-t  2 snort              snort           4096 Feb 25 08:36 snort
drwx——     2 speech-dispatcher  root            4096 Nov 25 08:04 speech-dispatcher
```

图 5-21   更改后日志目录的权限和所有者

(4) 用 vi 创建一个名为 snort3.service 的 systemD 服务文件，并添加下面的内容，再保存并退出 vi。

```
sudo vi /lib/systemd/system/snort3.service
[Unit]
Description=Snort3 NIDS Daemon
After=syslog.target network.target
[Service]
Type=simple
ExecStart=snort -c /usr/local/etc/snort/snort.lua -s 65535 -k none \
-l /var/log/snort -D -u snort -g snort -i eth0 -m 0x1b --create-pidfile \
--plugin-path=/usr/local/etc/snort/so_rules
[Install]
WantedBy=multi-user.target
```

(5) 启用刚创建的 snort3.service 的 systemD 服务。

```
sudo systemctl enable snort3.service
sudo service snort3 start    或  sudo systemctl start snort3
```

(6) 检查 snort3.service 的 systemD 服务的状态，应该可以看到 "active (running)" 的字样，如图 5-22 所示。

```
service snort3 status    或  sudo systemctl status snort3
```

```
kali@kali:~$ service snort3 status
● snort3.service - Snort3 NIDS Daemon
     Loaded: loaded (/lib/systemd/system/snort3.service; enabled; preset: disabled)
     Active: active (running) since Sun 2023-02-26 03:58:33 EST; 14s ago
   Main PID: 1450 (snort)
      Tasks: 2 (limit: 4604)
     Memory: 159.7M
        CPU: 5.399s
     CGroup: /system.slice/snort3.service
```

图 5-22   查看 snort3.service 的状态

如果有任何问题，可以使用以下命令检查服务的完整输出：

```
sudo journalctl -u snort3.service
```

(7) 如果设置了 PulledWork 进行 Snort 规则集的管理，那么还需要修改 PulledWork 的配置文件。

```
sudo vi /usr/local/etc/pulledpork3/pulledpork.conf
```

修改第 41 行，指定正在运行的 Snort 进程/守护程序的 PID 文件的路径，因为当 PulledWork 更新了规则后需要告诉 Snort 重新加载新规则(启动 snort3.service 服务时会自动在 /var/log/snort 目录中创建名为 snort.pid 的 PID 文件)。

修改前：

```
#pid_path=/var/log/snort/snort.pid
```

修改后：

```
pid_path=/var/log/snort/snort.pid
```

至此，Snort 3 自启动脚本配置完成，可以重新启动 Kali 虚拟机进行验证，用 ps -ef|grep snort 命令查看 Snort 的 PID(进程号)。当 Snort 3 检测敏感流量时，报警信息会保存在日志目录 /var/log/snort 的 alert_json.txt 文件中，可以用 cat 或 tail 命令打开进行查看。

```
sudo cat /var/log/snort/alert_json.txt
sudo tail -f   /var/log/snort/alert_json.txt
```

5.4.4　Splunk

如前所述，Snort 可以将日志信息输出到控制台或其他格式(如 json、unified2 等)的文件，而它本身并没有提供将日志信息进行图形化展示的插件，这就影响了其日志的可读性和用户体验。但 Snort 可以方便地与 SIEM(Security Information and Event Management，安全信息和事件管理)进行配合解决这个问题。

SIEM 是一种安全解决方案，它对企业中所有资源(包括网络、系统和应用)产生的安全信息(包括日志、报警等)进行统一、实时的监控、历史分析，对外部的入侵和内部的违规、误操作行为进行监控、审计分析、调查取证、出具各种报表报告，以实现资源合规性管理的目标，同时提升企业的安全运营、威胁管理和应急响应的能力。

大多数的 SIEM 可提供强大的工具对日志信息进行搜索和汇总，帮助用户及早识别潜在的安全威胁和漏洞，以免业务运营遭受破坏。SIEM 还可以发现异常用户行为，并运用人工智能确保诸多与威胁检测和事件响应相关的手动流程完成自动化运行。SIEM 已经成为现代安全运营中心(SOC)用于安全性和合规性管理用例的主流技术。

SIEM 是大多数企业网络防御的核心部分。完整的 SIEM 解决方案包含从各种数据源收集信息、长时间保留信息、在不同事件之间关联、创建关联规则或警报、分析数据并使用可视化和仪表板监控数据等能力。

全球权威咨询和研究机构 Gartner 的 Peer Insights 平台评选了 Splunk、AlienVault 统一安全管理平台(AlienVault Unified Security Management)、Elastic Logstash、Exabeam 安全管理平台(Exabeam Security Management Platform)、Fortinet FortiSIEM、IBM QRadar SIEM 等 12 款顶级 SIEM 工具。另外还有 AlienVault OSSIM、SIEMonster、Apache Metron、ELK Stack 等开源 SIEM 工具。

🔍 提示

Gartner Peer Insights 是一个由 IT 决策者和专业人员对其使用的设备、服务进行在线评级和评论的平台。

在 2022 年 Gartner® 安全信息和事件管理(SIEM)魔力象限™中，Splunk 连续九年被评为"领导者"。本节介绍用 Splunk 分析和可视化 Snort 生成的日志信息。

1. 获取 Splunk

(1) 进入 Splunk 官网(https://www.splunk.com/zh_cn/download.html)下载 Splunk Enterprise 的 60 天试用版(试用版到期可以将许可证改成免费版，只是小部分功能无法使用，如与集群相关的功能、将 Splunk 应用程序部署到其他服务器的功能等)，如图 5-23 所示。

图 5-23　下载 Splunk Enterprise

(2) 点击"下载并免费试用 60 天"，将打开一个注册页面，这时需要在 Splunk 官网创建一个新账户(若已经拥有账户，则可以直接登录)。导航到 Splunk 的主页，点击右上角的绿色"Free Splunk"按钮，创建一个新账户并登录才能下载。登录成功后点击"Linux"选项卡，如图 5-24 所示。

图 5-24　下载 Linux 系统的 Splunk 安装包

(3) 单击 ".deb" 右边的 "Download Now" 按钮，同意许可，再点击 "下载" 按钮即可开始下载。如果想使用 wget 命令下载安装程序，可取消这个下载，再单击 "通过命令行下载(wget)" 复制下载的 wget 字符串，如图 5-25 所示。

图 5-25　通过命令行下载(wget)

(4) 回到 Kali 虚拟机的命令终端，切换到保存安装包的路径(~/Desktop/src/)，利用复制的 wget 字符串完成下载。

```
cd ~/Desktop/src/
wget -O splunk-9.0.4-de405f4a7979-linux-2.6-amd64.deb "https://download.splunk.com/products/splunk/
releases/9.0.4/linux/splunk-9.0.4-de405f4a7979-linux-2.6-amd64.deb"
```

2. 安装 Splunk

安装 Splunk 的步骤如下：

(1) 用 dpkg 命令运行下载的 .deb 安装程序，安装程序将 Splunk 安装到 /opt/Splunk 路径。

```
cd ~/Desktop/src/
sudo dpkg -i splunk-9.0.4-de405f4a7979-linux-2.6-amd64.deb
```

注意：安装 Splunk 的卷时必须要有 5 GB 的空闲空间，否则 Splunk 将无法启动。另外，Splunk 将所有收集到的日志数据的索引存储在安装路径的子文件夹中，因此要确保该卷有足够的空间保存所有的数据。

(2) 用 chown 命令更改安装路径 /opt/splunk 的所有权。

```
sudo chown -R splunk:splunk /opt/splunk
```

(3) 运行下面的命令启动 Splunk，接受许可并接受所有默认选项。

```
sudo /opt/splunk/bin/splunk start --answer-yes --accept-license
```

此命令运行过程中，系统会要求为 Splunk 创建一个管理员账号(用于后续登录 Splunk 的 Web 界面)，并完成一些必要的配置。完成后会显示 "The Splunk web interface is at http://kali:8000" 的信息(其中的 "kali" 是当前登录到的 Kali 系统的用户名)。

以上信息说明 Splunk 服务使用端口 8000。用户可以在 Kali 虚拟机用 "http://kali:8000" 或 "http://127.0.0.1:8000" 或 "http://localhost:8000" 访问 Splunk；也可以用 "http://kali 虚拟机的 IP 地址:8000" 远程登录进行访问。

(4) 在 Kali 虚拟机上打开 Firefox 浏览器,在地址栏输入 http://kali:8000(若希望显示中文网页,可以输入 http://kali:8000/zh-CN),打开 Splunk 的 Web 界面,输入刚才创建的管理员账号的用户名和密码,点击"Sign In"按钮登录。登录成功之后即可进入 Splunk 的主界面,如图 5-26 所示。

图 5-26　Splunk 主界面

3. 将 Splunk 配置为开机自启动

将 Splunk 配置为在 Kali 系统引导时自动启动,具体步骤如下。

(1) 停止 Splunk 的运行。

```
sudo /opt/splunk/bin/splunk stop
```

(2) 将 Splunk 配置为开机自启动,运行成功将显示"Init script is configured to run at boot."的信息。

```
sudo /opt/splunk/bin/splunk enable boot-start
```

(3) 启动 Splunk。

```
sudo /opt/splunk/bin/splunk start
```

4. 安装并配置 Snort 3 JSON Alerts 插件

Snort 3 JSON Alerts 插件允许 Splunk 接收(收集)Snort 3 创建的日志,并对其进行规范化(确保字段命名与 NIDS 数据一致),这样 Splunk 就可以轻松地显示 Snort 3 的数据了。

1) 安装 Snort 3 JSON Alerts 插件

安装 Snort 3 JSON Alerts 插件的步骤如下。

(1) 在 Splunk 的主界面单击左侧导航栏中的"+Find More Apps(+查找更多应用)",进入 Splunkbase(Splunk 插件的在线存储库,它扩展并增强了 Splunk 安装的功能)。

(2) 在左上角的搜索栏中输入"Snort",按回车键确认,稍候片刻即可看到查询的结果,如图 5-27 所示。

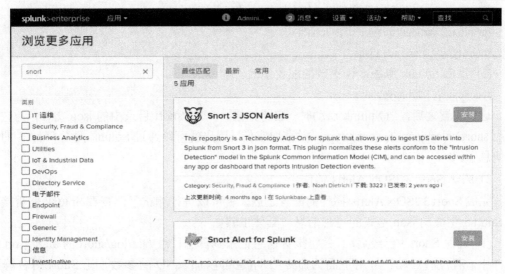

图 5-27　搜索 Snort 3 JSON Alerts 插件

(3) 单击 Snort 3 JSON Alerts 插件右侧绿色的"安装"按钮，输入在 Splunk 官网 Splunk. com 注册的用户名和密码(不是之前安装 Splunk 时创建的管理员账号用户名和密码)，再点击"登录和安装"按钮下载并安装此插件，如图 5-28 所示。

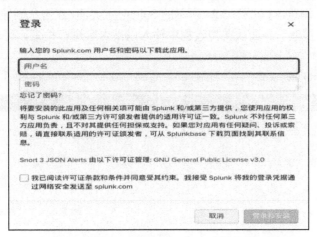

图 5-28　登录 Splunk.com 官网安装插件

(4) 安装完成之后，图 5-27 中插件右侧绿色的"安装"按钮会变成灰色的"已安装"按钮，说明 Snort 3 JSON Alerts 插件现在已经安装在本地 Splunk 服务器上了。

2) 配置 Snort 3 JSON Alerts 插件

接下来需要对 Snort 3 JSON Alerts 插件进行配置，让 Splunk 知道 Snort 3 生成的日志文件的存储位置，以便 Splunk 能够接收它们，具体步骤如下：

(1) 创建 /opt/splunk/etc/apps/TA_Snort3_json/local 文件夹用于保存配置文件，并在其中新建名为 inputs.conf 的配置文件。

```
sudo mkdir /opt/splunk/etc/apps/TA_Snort3_json/local
sudo vi /opt/splunk/etc/apps/TA_Snort3_json/local/inputs.conf
```

(2) 在 inputs.conf 文件中输入以下文本，保存并退出 vi。

```
[monitor:///var/log/snort/*alert_json.txt*]
sourcetype = snort3:alert:json
```

(3) 重启 Splunk 服务，让更改的配置生效。

```
sudo /opt/splunk/bin/splunk restart
```

这样配置之后，当 Splunk 启动时，它将扫描 /var/log/snort 目录中的 json 文件，为它们分配 snort3:alert:json 的 sourcetype，并获取它们，用户就可以通过 Splunk 搜索 Snort 3 的日志信息了。

3) 测试 Snort 3 JSON Alerts 插件

完成 Snort 3 JSON Alerts 插件的配置之后，就可以进行测试了，查看 Splunk 能否接收到 Snort 3 生成的 json 格式的日志信息，具体步骤如下：

(1) 确保 Snort 3 已经启动，并将报警信息记录到日志目录 /var/log/snort 的 alert_json.txt 文件中。若没有启动，可用下面的命令启动(也可以加 -q -D 的参数，让 Snort 后台静默运行)。

```
sudo snort-c /usr/local/etc/snort/snort.lua -s 65535-k none -l /var/log/snort -i eth0
```

(2) 在 Kali 虚拟机的终端输入"ping www.baidu.com"产生敏感流量，此时报警信息就会写入 /var/log/snort 文件夹的 alert_json.txt 文件中。

(3) 用 Firefox 浏览器打开图 5-24 所示的 Splunk 主界面，点击左侧导航栏中的"Search & Reporting"进入"搜索"界面，在搜索栏中输入以下内容进行搜索，可以看到如图 5-29 所示的搜索结果。

```
sourcetype="snort3:alert:json"
```

图 5-29　搜索结果

(4) 若希望短期获得大量的测试数据生成报警信息，以便更好地学习和理解 Snort 3 和 Splunk，可以从 https://download.netresec.com/pcap 下载一些数据集(PCAP 文件)。用下面的命令下载某个数据集，再运行 Snort 命令加载下载的数据集(若是 .gz 文件，则需要先解压）。

```
cd ~/Desktop/src/
wget https://download.netresec.com/pcap/maccdc-2012/maccdc2012_00000.pcap.gz
gunzip maccdc2012_00000.pcap.gz
sudo snort -c /usr/local/etc/snort/snort.lua -r ~/Desktop/src/maccdc2012_00000.pcap -l /var/log/snort -s
65535 -k none
```

📖 提示

配置文件 snort.lua 中应该启用内置规则和官网下载的注册规则集(见 5.3.1 节)，这样才能生成报警信息。

5. 使用 Splunk

Splunk 收集到日志数据后，可以通过 Splunk 主界面的"Search & Reporting"进入"搜索"界面查看运行搜索、设计数据可视化、保存报表和新建仪表板，还可以将搜索结果以不同的格式导出，保存为报表、告警或仪表板面板等，可以可视化搜索结果并使用仪表板面板与他人分享。

Splunk 允许用户修改面板搜索或选择不同的可视化效果，例如设计成饼图或条形图等。选择可视化后，用户可以自定义其外观。

为了帮助用户尽快了解 Splunk 的使用，Splunk 提供了视频、文档等使用说明，本书由于篇幅所限，不再详述，仅以下面几个例子对 Splunk 的搜索语法做简单介绍，其他的使用方法请自行参考相关资料。

1) 显示表中所有的事件以及时间、源地址、目标地址和提示信息

(1) 在"搜索"界面的搜索栏中输入下面的内容进行搜索，可以看到如图 5-30 所示的结果。默认显示"事件"视图，可以看到每个符合搜索条件的事件各个字段的值。

```
sourcetype="snort3:alert:json"
| table _time src_ap dst_ap msg
```

图 5-30 "事件"视图

(2) 点击"模式"、"统计信息"和"可视化"可以切换不同的视图，以不同的方式查看搜索结果。"模式"视图对搜索结果进行统计，总结出模式的个数和占比，如图 5-31 所示。

图 5-31　"模式"视图

(3) "统计信息"视图以列表的方式对搜索结果进行统计，如图 5-32 所示。

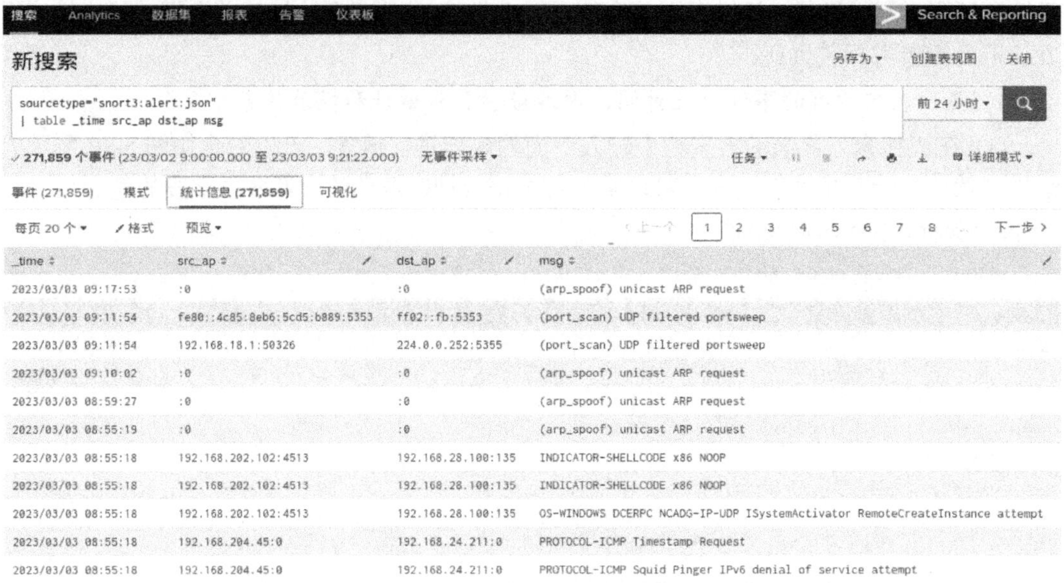

图 5-32　"统计信息"视图

2) 按目标地址显示所有事件的计数

(1) 在"搜索"界面的搜索栏中输入下面的内容进行搜索，可以看到如图 5-33 所示的结果。

```
sourcetype="snort3:alert:json"
| stats count by dest
```

图 5-33　按目标地址显示所有事件的计数

(2) 在"可视化"视图可以以饼图、柱状图、条形图等方式对搜索结果进行显示。以饼图显示结果如图 5-34 所示。

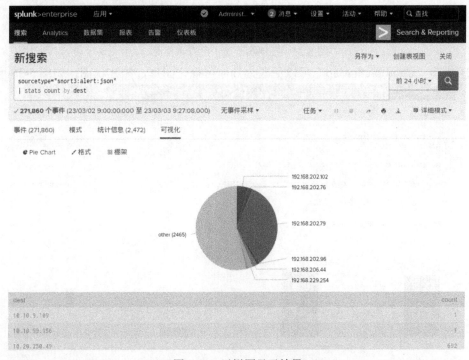

图 5-34　以饼图显示结果

3) 在地图上显示所有事件源

(1) 在"搜索"界面的搜索栏中输入下面的内容进行搜索，可以看到如图 5-35 所示的结果，在地图上显示所有事件源。

```
sourcetype="snort3:alert:json"
| iplocation src_addr
| stats count by Country
| geom geo_countries featureIdField="Country"
```

图 5-35　在地图上显示所有事件源

(2) 点击"Choropleth Map"可以更改为其他可视化图形，如柱状图，如图 5-36 所示。

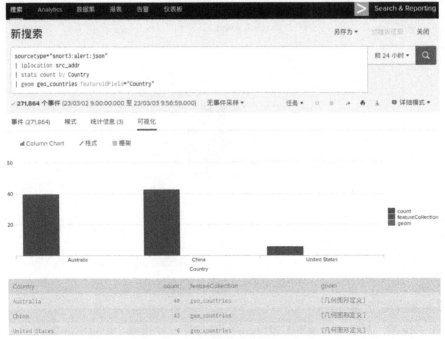

图 5-36　用柱状图显示所有事件源

5.5　Snort 3 的检查器

Snort 3 的 Inspector(检查器)的功能相当于 Snort 2 的预处理器,用于对解码后的数据包进行错误检测和预处理,方便检测引擎的检测。

与 Snort 2 一样,Snort 3 也内置了一些常用的检查器,如 normalize、stream5、http_inspect、http2_inspect、RPC Decode、bo、smtp、arpspoof、ssh、dce、dns、ssl、sip、imap、pop、modbus、dnp3 等,用户可以根据需要有选择地使用,也可根据需要添加自定义的预处理器。

可以在配置文件 snort_defaults.lua 中配置各个检查器的默认参数,并在配置文件 snort.lua 的第 44 行开始设置要启用哪些检查器,如图 5-37 所示。若想禁用某个检查器,只需在句首加 "--" 注释掉即可。

```
snort.lua
33
34  -- 2. configure inspection
35
36
37  -- mod = { } uses internal defaults
38  -- you can see them with snort --help-module mod
39
40  -- mod = default_mod uses external defaults
41  -- you can see them in snort_defaults.lua
42
43  -- the following are quite capable with defaults:
44
45  stream = { }
46  stream_ip = { }
47  stream_icmp = { }
48  stream_tcp = { }
49  stream_udp = { }
50  stream_user = { }
51  stream_file = { }
52
53  arp_spoof = { }
54  back_orifice = { }
55  dnp3 = { }
56  dns = { }
57  http_inspect = { }
58  http2_inspect = { }
59  imap = { }
60  modbus = { }
61  netflow = {}
62  normalizer = { }
63  pop = { }
64  rpc_decode = { }
65  sip = { }
66  ssh = { }
67  ssl = { }
```

图 5-37　启用的检查器

可以在 Kali 的命令行终端用 "snort --help-module mod" 命令查看某个检查器的功能、配置参数、对应规则的 GID:SID 和规则信息、计数器参数等,如图 5-38 所示。

```
kali@kali:~$ snort --help-module arp_spoof

arp_spoof

Help: detect ARP attacks and anomalies

Type: inspector (network)

Usage: inspect

Instance Type: singleton

Configuration:

ip4 arp_spoof.hosts[].ip: host ip address
mac arp_spoof.hosts[].mac: host mac address

Rules:

112:1 (arp_spoof) unicast ARP request
112:2 (arp_spoof) ethernet/ARP mismatch for source hardware address
112:3 (arp_spoof) ethernet/ARP mismatch for destination hardware address in reply
112:4 (arp_spoof) attempted ARP cache overwrite attack

Peg counts:

arp_spoof.packets: total packets (sum)
```

图 5-38　启用的检查器

本 章 习 题

1. 简述 Snort 3 与 Snort 2 的区别。
2. Snort 3 的数据采集器是什么？
3. 为何要禁用 GRO？
4. 简述 Hyperscan 的作用。
5. 如何自定义规则？
6. 简述 OpenAppID 的作用。
7. 简述 TCMalloc 的作用。
8. Snort 3 的常用参数有哪些？
9. 如何重启 Snort 但保持 PID 不变？
10. Snort 3 的配置文件有哪几个，其作用是什么？

第6章　　Snort 的规则

Snort 是一个强大的、基于特征检测的轻量级网络入侵检测系统，它能根据规则对数据流量进行实时分析，并根据检测结果采取一定的动作。对于 Snort 来说，规则很重要，它是检测引擎的核心内容，是检测引擎判断数据包是否非法的依据。

本章介绍 Snort 规则的基本语法、存储结构、规则组成等基本概念，并介绍规则的编写与测试的方法。

6.1　规　则　概　述

Snort 根据规则对数据流量进行实时分析，通过攻击特征来识别网络发生的攻击行为，根据检测结果采取一定的动作。用户可以直接使用从官网下载的规则，也可以根据需要进行自定义。

6.1.1　规则的基本语法

Snort 规则库中的每条规则都对应一种网络攻击的特征，规则有其固定的语法要求。

1. 简单案例

下面是一条简单的规则，括号外面的部分是规则头，括号里面的部分是规则选项。

```
alert icmp $EXTERNAL_NET any -> $HOME_NET any (msg:"NMAP ping sweep Scan"; dsize:0;
sid:10000004; rev:1;)
```

其中，变量 $EXTERNAL_NET 和 $HOME_NET 分别表示外部网络和内部网络，默认值均为 any，表示任意，这两个变量的值可以在 Snort 的配置文件中修改。这条规则的作用是：只要检测到外部网络到内部网络的数据大小(dsize)是 0 的 ICMP 包，就发出提示信息为"NMAP ping sweep Scan"的告警。

2. 规则的语法要求

Snort 规则库中可以有很多规则，规则有以下的语法要求。

(1) 规则分类存放在不同的规则文件中。每个规则文件都是文本文件,其命名格式为"类名.rules"。

(2) 需要使用的规则文件应该用 include 语句包含在配置文件(如 Snort 2 的 snort.conf 和 Snort 3 的 snort.lua)中,语法格式为"include <include file_path/name>"。

(3) 若想禁用已包含在配置文件中的规则文件,可以在句首加"#"将其注释掉。

(4) 在每个规则文件中可以添加一条或多条规则,每条规则占一行。暂时不用的规则可以用"#"注释掉。

(5) Snort 3 增加了 #begin 和 #end 注释,允许规则编写者轻松注释多行。

3. 规则的应用逻辑

每条规则中的各个规则选项之间是"与"的关系。只有当一个数据包与一条规则中所有的规则选项都匹配时,才算匹配该规则,从而判定该数据包为有害数据包。

而在庞大的规则库中,不同的规则之间是"或"的关系,只要一个数据包与某条规则匹配,就判定该数据包为有害数据包。

6.1.2   规则的存储结构

Snort 用一个二维链表存储规则,每一条规则都包括规则头和规则选项两个部分,二维链表的其中一维表示规则头,另一维表示规则选项。

每一条规则的规则头部分都以 RuleTreeNode(规则树节点)存储,规则选项部分则以 OptTreeNode(规则选项节点)存储,同一条规则的规则树节点与规则选项头节点链接起来,具有相同规则动作(如 alert、log、pass 等)的规则树节点也链接起来,形成链表判定树,如图 6-1 所示。

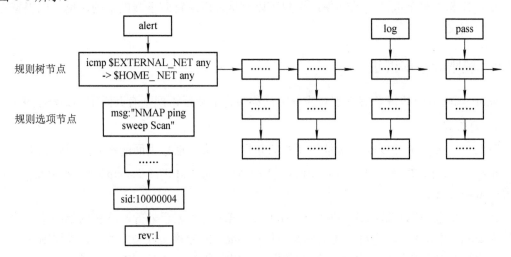

图 6-1   链表判定树

当检测引擎处理数据包时,会使数据包逐个通过 alert、log、pass 等规则动作的链表判定树。如果数据包与规则树节点匹配,则继续与规则选项节点匹配,若所有的规则选项节点都能匹配,则将触发执行相对应的动作,如 alert、log、pass 等。如果数据包与规则树节点不匹配，则切换到下一条规则的规则树节点判定是否匹配。

6.2 规则的组成

Snort 的规则由规则头(Rule Header)和规则选项(Rule Option)组成。规则头由规则动作、协议类型、源 IP、源端口、数据方向、目标 IP、目标端口组成；规则选项则包含告警信息和应该检查数据包的哪些部分的信息(如 msg、flow、content、reference 等)，以确定是否应该采取规则动作，规则选项是规则匹配的核心部分。每条规则的规则选项部分都可以包含多个可选选项，其语法格式如下：

(关键字:参数; 关键字:参数; 关键字:参数; ……)

每个选项都由关键词和参数组成，中间用冒号":"分隔开，不同选项之间使用分号";"分隔。

6.2.1 规则头

规则头包括 7 个部分，按照顺序分别是规则动作(Action)、协议类型(Protocol)、网络(Networks)、端口(Ports)、方向操作符(Direction Operator)、网络(Networks)、端口(Ports)。

Action Protocol Networks Ports Direction Operator Networks Ports

举例如下：

alert tcp $HOME_NET any -> $EXTERNAL_NETE $HTTP_PORTS (RULE_OPTIONS)

alert udp $EXTERNAL_NET $FILE_DATA_PORTS -> $HOME_NET any (RULE_OPTIONS)

对于规则头的语法，Snort 2 和 Snort 3 有一些区别。在 Snort 2 中，规则头任何一个部分都不可以省略。而在 Snort 3 中，选项 Protocol、Networks、Ports 和 Direction Operator 是可选的，若省略则表示匹配任意，类似用关键字 any，方向是双向(入站/出站)。下面的规则头表示任意地址的 TCP 流量都要告警。

alert tcp (RULES_OPTIONS)

Snort 3 的语法有助于更快地创建规则、减少冗余的规则。但在实际使用时最好有选择性地省略选项，以免在读取规则时产生歧义。

1. 规则动作

规则动作是数据包匹配规则条件时 Snort 应采取的动作。Snort 有以下可选择的规则动作，其中 drop、reject 和 sdrop 只在内联模式时可用。

(1) alert：使用选定的告警方法产生告警信息，并记录当前数据包。这是最常用的规则动作。

(2) log：按照已配置的格式记录当前数据包。

(3) pass：忽略当前数据包。

(4) drop：丢弃并记录当前数据包。

(5) reject：拒绝并记录当前数据包，如果协议是 TCP，则发送 TCP 重置消息；如果协议是 UDP，则发送 ICMP 端口不可达消息。

(6) sdrop：阻止当前数据包，但不记录它。

此外，用户还可以根据需要自定义动作：先定义自己的规则类型(ruletype)，并与一个或多个输出插件关联，再将此规则类型用作 Snort 规则中的规则动作。

例如，下面的代码可定义一个规则类型，并将 Snort 的信息输出成 tcpdump 文件格式。

```
ruletype suspicious
{    type log
     output log_tcpdump: suspicious.log
}
```

2. 协议类型

Snort 工作在网络层和传输层，不能直接工作在应用层，写规则时协议可以写 TCP、UDP、ICMP、IP，不能写 ARP、FTP、TELNET、SMTP、HTTP 等。在 Snort 3 中新增了协议关键字 HTTP 进行 HTTP 内容检测。

在 Snort 2 中，编写规则以检测 HTTP URI、Header 或 Body 中的内容时使用的协议为 TCP。在 Snort 3 中，则可以用新的协议关键字 HTTP，这就提供了以下好处。

(1) 无论 HTTP 是否使用标准端口，Snort 都可以进行检测并对 HTTP 内容进行告警。因此，规则编写者不必担心某些恶意软件正在通信的端口是否为标准端口。

(2) 无须在 metadata 选项中定义服务映射(如 service http)。

(3) 使用 Snort 3 新的黏性缓冲区和动态缓冲区的功能，对 Snort 3 的规则进行简化和潜在的性能改进。

3. 网络

规则头的第 3 和第 6 部分为网络，分别表示数据包的源 IP 和目标 IP。其表示方式可以有单个 IP、IP 组、IP 取反、变量和关键词 any 5 种，分别举例如下。

(1) 关键词 any：表示任意 IP 地址。

(2) 单个 IP 格式：直接指定单个 IP 地址。

```
alert tcp 192.168.1.5 any -> 192.168.1.58 any
```

上面的规则头代码表示对源地址为 192.168.1.5 且目标地址为 192.168.1.58 的 TCP 流量进行告警。

(3) IP 组格式：代表多个 IP 地址，用方括号括起来的单个 IP 地址或 CIDR 格式的地址的组合，多个地址之间用逗号分隔。**注意**：地址之间不要出现空格。

```
alert tcp [192.168.1.1,192.168.1.56,192.168.1.60] any -> any any
```

上面的规则头代码表示对源地址为 192.168.1.1 或 192.168.1.56 或 192.168.1.60 且目标地址为任意地址的 TCP 流量进行告警。

```
alert tcp 192.168.1.0/24 any -> any any
```

上面的规则头代码表示对源地址为 192.168.1.0/24 网段的地址且目标地址为任意地址的 TCP 流量进行告警。

```
alert tcp [192.168.1.0/20,192.168.1.15/20] any -> [ 192.168.1.20/30] any
```

上面的规则头代码表示对源地址为 192.168.1.0/20 或 192.168.1.15/20 网段的地址且目

标地址为 192.168.1.20/30 的 TCP 流量进行告警。

(4) IP 取反格式：在 IP 地址中使用否定运算符(!)告诉 Snort 匹配除列出的 IP 地址之外的其他地址。

alert tcp !192.168.1.56 any -> 192.168.1.58 any (msg:"ip any")

上面的规则头代码表示对源地址不是 192.168.1.56 且目标地址为 192.168.1.58 的 TCP 流量进行告警。

alert tcp ![192.168.1.1,192.168.1.56,192.168.1.60] any -> any any

上面的规则头代码表示对源地址不是 192.168.1.1、192.168.1.56 和 192.168.1.60 且目标地址为任意地址的 TCP 流量进行告警。

alert tcp ![192.168.1.0/20, 192.168.1.15/20] any -> any any

上面的规则头代码表示对源地址不是 192.168.1.0/20 和 192.168.1.15/20 网段的地址且目标地址为任意地址的 TCP 流量进行告警。

(5) 变量格式：使用配置文件中定义的 IP 变量(如 $HOME_NET、$EXTERNAL_NET)表示源目 IP 地址。

alert tcp $HOME_NET any -> any any

上面的规则头代码表示对源地址为变量 $HOME_NET 定义的值且目标地址为任意地址的 TCP 流量进行告警。

4. 端口

规则头的第 4 和第 7 部分为端口，分别表示数据包的源端口和目标端口。端口号可以通过多种方式指定，包括单个端口、端口范围、端口取反、端口变量和关键词 any，分别举例如下。

(1) 关键词 any：表示任意端口。

(2) 单个端口：直接指定单个端口号。

alert tcp any 90-> any 80

上面的规则头代码表示对源端口为 90 且目标端口为 80 的 TCP 流量进行告警。

(3) 端口范围：可以用范围运算符“:”指示，可以以多种方式应用范围运算符，以表示不同的含义。

alert tcp any 90:100-> any 80:100

上面的规则头代码表示对源端口为 90～100 且目标端口为 80～100 的 TCP 流量进行告警。

alert tcp any 90: -> any :100

上面的规则头代码表示对源端口为大于等于 90 且目标端口为小于等于 100 的 TCP 流量进行告警。

alert tcp any [90,9090,80,443] -> any :100

上面的规则头代码表示对源端口为 90、9090、80 或 443 且目标端口为小于等于 100 的 TCP 流量进行告警。

(4) 端口取反：使用否定运算符“!”指示。

alert tcp any ![90:100]-> any 80:100

上面的规则头代码表示对源端口不是 90～100 且目标端口为 80～100 的 TCP 流量进行告警。

```
alert tcp any !90: -> any :100
```

上面的规则头代码表示对源端口不是大于等于 90 且目标端口为小于等于 100 的 TCP 流量进行告警。

```
alert tcp any ![90,9090,80,443] -> any :100
```

上面的规则头代码表示对源端口不是 90、9090、80 和 443 且目标端口为任意的 TCP 流量进行告警。

(5) 端口变量：使用配置文件中定义的端口变量(如 $HTTP_PORTS、$SSH_PORTS、$SHELLCODE_PORTS 等)表示源目端口。

```
alert tcp any $HTTP_PORTS -> any :100
```

上面的规则头代码表示对源端口为变量 $HTTP_PORTS 定义的值且目标端口为任意的 TCP 流量进行告警。

5. 方向操作符

规则头的第 5 部分表示应用该规则的数据流方向。

(1) ->：表示左边的地址和端口是源，右边的是目的。

(2) <>：双向运算符，表示规则将被应用在两个方向上。若想同时监视双向的流量，可以用这个操作符。

6.2.2 规则选项

规则选项部分是整个 Snort 引擎的核心，使用规则选项时要特别注意分号 ";" 和冒号 ":" 这两个符号的使用。

Snort 提供的规则选项很多，可分为 General(常规)、Payload(有效载荷)、Non-payload(非有效载荷)和 Post-Detection(后检测)四类。

1. General Rule Options

General Rule Options(常规规则选项)通常用来提供资讯给规则使用，这些资讯对检测过程和结果没有任何影响，如 msg、reference、gid、sid、rev、classtype、priority、metadata 等。

1) msg(message)

msg 选项用于匹配规则时向日志记录和警报引擎输出指定的文字信息，其值为一个简单的文本字符串，利用 "\" 作为转义字符来表示特殊字符(如分号 ";")。msg 的语法格式如下：

```
msg:"<message_text>";
```

2) reference

reference 选项可以引入 Snort 认可的外部网站作为外部攻击识别系统，以便提高入侵检测的强度。输出插件可以使用此插件来提供有关生成的警报的其他信息的链接。一条规则中可以添加多个 reference 选项，其语法格式如下：

```
reference:<id_system>, <id>; [reference:<id_system>, <id>;]
```

reference 支持的外部系统定义在 Snort 安装路径 etc 文件夹(D:\Snort\etc)的 reference.config 文件内，如图 6-2 所示。

```
reference.config
 2  # The following defines URLs for the references found in the rules
 3  #
 4  # config reference: system URL
 5
 6  config reference: bugtraq    http://www.securityfocus.com/bid/
 7  config reference: cve        http://cve.mitre.org/cgi-bin/cvename.cgi?name=
 8  config reference: arachNIDS  http://www.whitehats.com/info/IDS
 9  config reference: osvdb      http://osvdb.org/show/osvdb/
10
11  # Note, this one needs a suffix as well.... lets add that in a bit.
12  config reference: McAfee     http://vil.nai.com/vil/content/v_
13  config reference: nessus     http://cgi.nessus.org/plugins/dump.php3?id=
14  config reference: url        http://
15  config reference: msb        http://technet.microsoft.com/en-us/security/bulletin/
```

图 6-2　reference.config 文件

举例：下面的规则有 2 个 reference 选项，分别参考了 2015-4902 的 cve 系统和 http://oracle.com/security-alerts/cpuoct2015.html 的 url 信息。

alert file (msg:"FILE-JAVA Oracle Java JNLP progress-class remote code execution attempt"; file_data; content:"<jnlp",fast_pattern,nocase; content:"progress-class"; content:"javax.naming.InitialContext",within 40; metadata:policy max-detect-ips drop; reference:cve,2015-4902; reference:url,oracle.com/security-alerts/cpuoct2015.html; classtype:attempted-user; gid:1; sid:300299; rev:1;)

3) gid(GeneratorID)

gid 选项表示事件识别码，用于标识在触发特定规则时由 Snort 的哪个部分生成事件。gid 与规则子系统相关联，值超过 100 的 gid 都是为特定的预处理器和解码器指定。这些事件识别码预先定义在 Snort 安装路径 etc 文件夹(D:\Snort\etc)的 gen-msg.map 文件内，如图 6-3 所示。

```
gen-msg.map
 1  # $Id$
 2  # GENERATORS -> msg map
 3  # Format: generatorid || alertid || MSG
 4
 5  1 || 1 || snort general alert
 6  2 || 1 || tag: Tagged Packet
 7  3 || 1 || snort dynamic alert
 8  100 || 1 || spp_portscan: Portscan Detected
 9  100 || 2 || spp_portscan: Portscan Status
10  100 || 3 || spp_portscan: Portscan Ended
11  101 || 1 || spp_minfrag: minfrag alert
12  102 || 1 || http_decode: Unicode Attack
```

图 6-3　gen-msg.map 文件

如果未在规则中指定 gid 关键字，则默认为 1，并且该规则将成为常规规则子系统(snort general alert)的一部分。当用户自定义新的 gid 时，为避免与 Snort 中定义的 gid 冲突，建议使用大于等于 1 000 000 的值。gid 选项应该与 sid 选项一起使用。

gid 的语法格式如下：

gid:<generator_id>;

4) sid(snort_rules_id)

sid 选项表示规则编号，用于唯一标识 Snort 规则，它使输出插件可以轻松识别规则。此选项应与 rev 选项一起使用。sid 的值的范围可分为以下三部分。

(1) 小于 100：保留给未来扩充时使用。

(2) 100～1 000 000：用于 Snort 官方预设配置的规则项目。

(3) 大于 1 000 000：本地自定义的规则项目。

sid 的语法格式如下：

sid:<snort_rules_id>;

Snort 3 规定，所有规则必须具有 sid 选项，且 sid 不允许为 0。

5) rev(Revision)

rev 选项表示规则的修正号，用于唯一标识 Snort 规则的修订版本，通常与 sid 一起使用。sid 的语法格式如下：

rev:<revision_integer>;

6) classtype

classtype 选项表示规则的分类号，用于将规则分类。它将所涉及的入侵检测规则进行分类并且赋予其一个预设的优先等级。classtype 的语法格式如下：

classtype:<classname>;

Snort 提供了一组默认的攻击类别，供其提供的默认规则集使用。这些分类可以让 Snort 更好地组织产生的事件数据，在运行时更有弹性。Snort 定义的默认攻击类别保存在 Snort 安装路径 etc 文件夹(D:\Snort\etc)的 classification.config 文件中，如图 6-4 所示。该文件使用以下语法：

config classification: <class name>,<class description>,<default priority>

```
classification.config
27  # config classification:shortname,short description,priority
28  #
29
30  config classification: not-suspicious,Not Suspicious Traffic,3
31  config classification: unknown,Unknown Traffic,3
32  config classification: bad-unknown,Potentially Bad Traffic, 2
33  config classification: attempted-recon,Attempted Information Leak,2
34  config classification: successful-recon-limited,Information Leak,2
```

图 6-4　classification.config 文件

classification.config 文件定义了 38 个默认攻击类别，它们有 4 个默认优先级排序，优先级值为 1 表示级别高，是最严重的；优先级值为 4 表示级别非常低，是最不严重的。

在规则中，可以配合 priority(优先级)选项修改默认的优先级，其语法格式如下：

priority:<priorityinteger>;

举例一：下面的规则将攻击类别设置为 attempted-admin(尝试获得管理员特权)，并将其优先级修改为 10(attempted-admin 类别默认的优先级为 1)。

alert TCP any any -> any 80 (msg: "EXPLOIT ntpdx overflow"; dsize: > 128; classtype:attempted-admin; priority:10;

举例二：下面的规则将攻击类别设置为 attempted-recon(企图泄露信息)，并将优先级设置为该类型的默认值(attempted-recon 类别默认的优先级为 2)。

alert TCP any any -> any 25 (msg:"SMTP expn root"; flags:A+; content:"expn root"; nocase; classtype:

attempted-recon;)

7) metadata

metadata 选项表示元数据，允许规则编写者嵌入关于规则的附加信息，通常采用键值对格式。键和值之间用空格分隔，不同键之间用逗号分隔。metadata 的语法如下：

metadata:key1 value1;

metadata:key1 value1, key2 value2;

举例：下面规则中的 metadata 选项设置了一个键值对，键名为 ruleset，键值为 community。

alert icmp $EXTERNAL_NET any -> $HOME_NET any (msg:"PROTOCOL-ICMP Destination Unreachable Host Precedence Violation"; icode:14; itype:3; metadata:ruleset community; classtype:misc-activity; sid:397; rev:9;)

在 Snort 2 中，metadata 选项中的某些关键字(如 engine、soid 和 service)会影响 Snort 检测行为，例如在提供主机属性表时使用基于目标的服务标识符的键，如表 6-1 所示。

表 6-1　影响 Snort 检测行为的 metadata 关键字

关键字	描　　述	值格式
engine	指示共享库规则	shared
soid	共享库规则生成器和 SID	gid/sid
service	基于目标的服务标识符	http

在 Snort 3 中，engine、soid 和 service 已经不是 metadata 选项的关键字了，metadata 选项是真正的元数据，对检测没有影响。Snort 3 不关心元数据的内部结构和语法。在图 6-5 所示的规则案例中，Snort 3 将 service 作为独立的规则选项放在 metadata 选项的后面，这样既不会影响 Snort 检测行为，当有多个服务时 service 关键字也不需要重复。

```
Snort 2:
alert tcp any any -> any any
(
        msg: "Service Key Example";
        ...;
        metadata:service http, service smtp;
        sid:14;
)

Snort 3:
alert tcp any any -> any any
(
        msg: "Service Key Example";
        ...;
        service:http, smtp;
        sid:14;
)
```

在metadata选项中，每添加一个服务就需要重复一次service关键字。

service 关键字

service作为独立的关键字，无需重复。

图 6-5　service 作为独立的规则选项

2. Payload Rule Options

Payload Rule Options(有效载荷类规则选项)可以在数据包有效载荷内搜索并检测数据，并且很多规则选项之间是可以相互关联的。最主要的规则选项是 content 以及相关的修饰词选项，如 nocase、rawbytes、depth、offset、distance、within 等，它们能对 content 选项进行补充说明。除此之外还有 isdataat、pcre、byte_test、byte jump、ftpbounce、asn1、cvs 等几十个规则选项，还有与 DCE/RPC 2、SIP、GTP 等预处理器相关的多个规则选项，由于篇幅限制，这里主要介绍 content 及其相关的修饰词选项，其他的规则选项的功能及语法可以参考 Snort 安装路径的 doc 文件夹(D:\Snort\doc)中的用户手册 snort_manual.pdf 或 Snort 官网的 Snort 3 Rule Writing Guide(链接地址为 https://docs.snort.org/)。Snort 3 也删除了一些规则选项，如 uricontent、http_encode 等。

1) content

content(内容)是 Snort 最重要的规则选项之一，用于搜索数据包有效载荷中的特定内容，并基于该数据触发响应。在进行内容匹配时，使用的是最高效的字符串搜索算法 Boyer-Moore(简称 BM)。如果数据包有效载荷中的任何位置包含与指定内容完全匹配的数据，则表示匹配成功，Snort 将执行其余的规则选项测试。请注意，内容匹配时区分大小写。content 的语法格式如下：

```
content:[!]"<content_string>";
```

其中，"!" 表示取反，即在不包含此内容的数据包上触发警报；content_string 指定的内容可以包含混合文本和二进制数据。二进制数据通常包含在管道字符 "|" 内，可以表示为十六进制数字的字节码，这是描述复杂二进制数据的简便快捷方法。另外，在一个规则中可以指定多个 content 规则选项，这样可以定制规则以减少误报。

2) content 的修饰词选项

如前所述，Snort 提供了对 content 的修饰词选项，用于对 content 选项进行补充说明。

注意：对于 content 的修饰词选项的语法，Snort 2 和 Snort 3 有较大的区别。

在 Snort 2 中，修饰词选项的格式和其他规则选项一样，选项名称和值之间用 ":" 分隔，不同修饰词之间用 ";" 分隔，只是需要放在 content 选项的后面，具体格式如下：

```
content:"要匹配的内容"; [修饰词选项 1:值; 修饰词选项 2:值;……]
```

而在 Snort 3 中，修饰词选项需要放在 content 选项的内部，名称和值之间用空格分隔，不同修饰词之间用逗号 "," 分隔，具体格式如下：

```
content:"要匹配的内容", [修饰词选项 1 值; 修饰词选项 2 值;……];
```

下面 17 个 content 修饰词选项的案例均采用 Snort 3 的格式。

(1) nocase：表示忽略大小写，语法格式为 "nocase;"。下面的规则表示字符串 "USER root" 不区分大小写。

```
alert tcp any any -> any 21 (msg:"FTP ROOT"; content:"USER root",nocase;)。
```

(2) rawbytes：表示匹配原始数据包数据，忽略任何由预处理器完成的解码，其语法格式为 "rawbytes;"。下面的规则告诉模式匹配器查看原始流量，而不是解码器提供的解码流量。

```
alert tcp any any -> any 21 (msg:"Telnet NOP"; content:"|FF F1|", rawbytes;)
```

(3) depth：表示匹配深度，指定 Snort 应该搜索指定模式的数据包的深度，与 offset 一起使用。例如，depth 为 5 则告诉 Snort 只在有效载荷的前 5 个字节中查找指定的模式。depth 关键字允许大于或等于正在搜索的模式长度的值，允许的取值范围为 1～65 535。depth 的语法格式为 "depth [<number>|<var_name>];"。

(4) offset：表示匹配起始偏移，指定从何处开始搜索数据包中的模式。例如，offset 为 5 是告诉 Snort 在有效载荷的前 5 个字节之后开始查找指定的模式。offset 允许 −655 535 到 65 535 之间的值。其语法格式为 "offset [<number>|<var_name>];"。下面的规则显示了

content、offset 和 depth 的组合使用，表示在有效载荷的前 5 个字节之后、20 个字节之内查找 "cgi-bin/phf"。

> alert tcp any any -> any 80 (content:"cgi-bin/phf", offset 4, depth 20;)

（5）distance：表示匹配相对于上个模式的偏移距离，与 offset 类似，只是它是相对于前一个模式匹配的结束而不是数据包的开始，与 within 一起使用。distance 的语法格式为 "distance [<byte_count>|<var_name>];"。下面的规则可以匹配正则表达式/ABC.{1,}DEF/，表示字符串 "ABC" 和 "DEF" 之间间隔一个字符。

> alert tcp any any -> any any (content:"ABC"; content:"DEF", distance 1;)

（6）within：表示相对于上个模式之后的匹配深度，使 content 关键字的模式匹配之间最多有 N 个字节，其语法格式为 "within [<number>|<var_name>];"。下面的规则将 "EFG" 的搜索范围限制在 "ABC" 后的 10 个字节之内。

> alert tcp any any -> any any (content:"ABC"; content:"EFG", within 10;)

（7）http_client_body：将搜索限制在 HTTP 客户端请求的主体上。使用此选项检查的数据量取决于 HttpInspect 的 post_depth 配置选项。当 post_depth 设置为 −1 时，与此关键字匹配的模式将不起作用。http_client_body 不能与 rawbytes 一起使用，其语法格式为 "http_client_body;"。下面的规则将对模式 "ABC" 的搜索限制在 HTTP 客户端请求的原始主体上。

> alert tcp any any -> any 80 (content:"ABC", http_client_body;)

（8）http_cookie：将搜索限制在 HTTP 客户端请求或 HTTP 服务器响应的 Cookie 头部字段，不能与 rawbytes、http_raw_cookie 和 fast_pattern 一起使用，其语法格式为"http_cookie;"。

（9）http_raw_cookie：将搜索限制为 HTTP 客户端请求或 HTTP 服务器响应的未规范化 (UNNORMALIZED)的 Cookie 头部字段，不能与 rawbytes、http_cookie 和 fast_pattern 一起使用，其语法格式为 "http_raw_cookie;"。

（10）http_header：将搜索限制在 HTTP 客户端请求或 HTTP 服务器响应的头部字段，不能与 rawbytes 一起使用，其语法格式为 "http_header;"。

（11）http_raw_header：将搜索限制为 HTTP 客户端请求或 HTTP 服务器响应的未规范化 (UNNORMALIZED)的头部字段，不能与 rawbytes、http_header 和 fast_pattern 一起使用，其语法格式为 "http_raw_header;"。

（12）http_method：将搜索限制为从 HTTP 客户端请求中提取的方法，不能与 rawbytes 和 fast_pattern 一起使用，其语法格式为 "http_raw_header;"。

（13）http_uri：将搜索限制在规范化(NORMALIZED)请求的 URI 字段，不能与 rawbytes 一起使用，其语法格式为 "http_uri;"。

（14）http_raw_uri：将搜索限制在规范化(NORMALIZED)请求的 URI 字段，不能与 rawbytes、http_uri 和 fast_pattern 一起使用，其语法格式为 "http_raw_uri;"。

（15）http_stat_code：将搜索限制为从 HTTP 服务器响应中提取的状态代码字段，不能与 rawbytes 和 fast_pattern 一起使用，其语法格式为 "http_stat_code;"。

（16）http_stat_msg：将搜索限制为从 HTTP 服务器响应中提取的状态消息字段，不能与 rawbytes 和 fast_pattern 一起使用，其语法格式为 "http_stat_msg;"。

（17）fast_pattern：用于设置要与快速模式匹配器一起使用的 content 选项，它是加速规则匹配过程、提高检测效率的一种重要机制。在规则匹配过程中，Snort 会先检查数据包中是否包含 fast_pattern 指定的 content 选项，如果不包含，则无须进一步匹配该规则，从而节省了大量的计算资源。fast_pattern 指定的 content 选项最好具有较低的重复率和较高的区分度，这样能够有效减少匹配过程中的误判和漏判。fast_pattern 快速模式匹配器不区分大小写。每条规则只能指定一次 fast_pattern 选项，且不能与 http_cookie、http_raw_uri、http_raw_header、http_raw_cookie、http_method、http_stat_code、http_stat_msg 一起使用。语法格式为"fast_pattern;"。

在下面的规则中，"ssh"被指定为 fast_pattern，意味着 Snort 会首先检查数据包中是否包含这个字符串。如果包含，则继续匹配规则的其他部分；如果不包含，则直接跳过该规则。

```
alert tcp $EXTERNAL_NET any -> $HOME_NET 22 (msg:"SSH Brute-Force Login Attempt"; flow:to_server,
established; content:"ssh", fast_pattern; content:"Failed password"; classtype:misc-attack; sid:1234567; rev:1;)
```

在 Snort 3 中，如果未明确指定 fast_pattern 选项，Snort 将自动选择规则中最长的 content 选项作为快速模式匹配的目标。但有时最长的 content 选项并不是最优选择，此时需要手动添加 fast_pattern 选项来指定更合适的匹配内容。下面的规则将内容"IJKLMNO"用于快速模式匹配器，即使它比第一个内容"ABCDEFGH"更短。

```
alert tcp any any -> any 80 (content:"ABCDEFGH"; content:"IJKLMNO", fast_pattern;)
```

如果 content 选项很长，但只需其中的一部分就能满足"唯一性"，可以通过 fast_pattern_offset 和 fast_pattern_length 两个修饰词，将指定 content 选项的一部分设置为 fast_pattern，用于快速模式匹配器，这样可以减少在快速模式匹配器中存储模式所需的内存。其中，fast_pattern_offset 指定了在 content 选项字符串中开始搜索快速模式匹配点的偏移量；fast_pattern_length 定义了在进行快速模式匹配时要检查的字符数。对于偏移量和长度，有效值分别是 0：65 535 和 1：65 535。

在下面的规则中，将第二个 content 选项的"/not_a_cnc_endpoint.php"部分作为快速模式内容，如果快速模式匹配成功，则完整内容"/index/not_a_cnc_endpoint.php"仍会作为 content 规则选项进行评估。

```
alert tcp any any -> any 80 (content:"ABCDEFGH";
content:"/index/not_a_cnc_endpoint.php",fast_pattern_offset 6,fast_pattern_length 23;)
```

3）isdataat

isdataat 选项用于验证有效载荷在指定位置是否有数据，可以选择查找与上一个内容匹配的末尾相关的数据，其语法格式为"isdataat:[!]<int>[, relative|rawbytes];"。其中 rawbytes 修饰符表示查看原始数据包的数据，忽略预处理器所做的任何解码，只要先前的内容匹配在原始数据包的数据中，则此修饰符可以与 relative 修饰符一起使用。

下面的规则为查找数据包中是否存在字符串"PASS"，并验证字符串"PASS"后面至少有 50 个字节。

```
alert tcp any any -> any 111 (content:"PASS"; isdataat:50,relative;)
```

下面的规则为查找数据包中是否存在字符串"foo"，并验证有效载荷里字符串"foo"后面没有 10 个字节。

```
alert tcp any any -> any 111 (content:"foo"; isdataat:!10,relative;)
```

4）pcre

pcre 选项允许使用 Perl 兼容的正则表达式(Perl Compatible Regular Expressions，PCRE)来进行复杂的模式匹配。这个选项非常强大，提供了超越传统字符串匹配的灵活性和表达能力，可用于检测各种复杂的网络流量模式，如特定的 HTTP 请求、SQL 注入尝试、恶意软件通信等。语法格式如下：

> pcre:[!]"/pcre_string/[flag…]";

其中"!"表示可以否定 pcre 规则选项，让 Snort 仅在正则表达式不匹配时发出警报。编写的正则表达式用双引号括起来，必须以正向斜线开始和结束。用户可以在正斜线结尾后指定可选的"flag"(标志)，以表示 pcre 修饰符。这些修饰符及其作用简述如下：

① i：表示不区分大小写。

② s：表示在特殊字符中包含换行符。

③ m：表示多行模式，允许^和$分别匹配每行的开始和结束，而不仅仅是整个字符串的开始和结束。

④ x：表示模式中的空白数据字符将被忽略，除非转义或在字符类中。

⑤ A：表示模式必须在缓冲区的开始处匹配，类似"^"。

⑥ E：表示将 '$' 设置为仅匹配目标字符串的末尾。

⑦ G：表示反转量词(如 *、+、?、{n,m} 等)的"贪婪模式"，使它们默认是非贪婪模式(也称懒惰模式，会尽可能少地匹配字符)，但如果后面跟着问号(?)，则为贪婪模式(会尽可能多地匹配字符)。

⑧ O：表示覆盖此表达式配置的 pcre_match_limit(限制给定 pcre 选项匹配的重复数量，默认为 1500)和 pcre_match_limit_recursion(限制给定 pcre 选项使用的堆栈数量，默认为 1500)。

⑨ R：表示从前一个模式结束的位置进行匹配，类似"distance:0"。

⑩ B：表示不要使用解码的缓冲区，类似 rawbytes。

⑪ C：表示匹配规范化的 HTTP 请求或 HTTP 响应 cookie，类似 http_cookie。

⑫ D：表示匹配未规范化的 HTTP 请求或 HTTP 响应包头，类似 http_raw_header。

⑬ H：表示匹配规范化的 HTTP 请求或 HTTP 响应包头，类似 http_header。

⑭ I：表示匹配未规范化的 HTTP 请求 URI 缓冲区，类似 http_raw_uri。

⑮ K：表示匹配未规范化的 HTTP 请求或 HTTP 响应 cookie，类似 http_raw_cookie。

⑯ M：表示匹配规范化 HTTP 请求方法，类似 HTTP_method。

⑰ P：表示匹配未规范化的 HTTP 请求主体，类似 http_client_body。

⑱ S：表示匹配 HTTP 响应状态代码，类似 http_stat_code。

⑲ U：表示匹配解码后的 URI 缓冲区，类似 uricontent 和 http-URI。

⑳ Y：表示匹配 HTTP 响应状态消息，类似 http_stat_msg。

🔍 提示

Snort 3 删除了以下 pcre 选项：B、C、D、H、I、K、M、P、S、U 和 Y。

下面的规则可以对 URI "foo.php?id=<some numbers>"进行不区分大小写的搜索。

> alert tcp any any -> any 80 (content:"/foo.php?id="; pcre:"/\/foo.php?id=[0-9]{1,10}/i";)

在这个规则中，添加了一个 content 选项，这是非常明智的做法。在使用 pcre 的规则中添加至少有一个 content 关键字，可以使快速模式匹配器过滤掉不匹配的数据包，这样就不需要对每个数据包都进行 pcre 评估。

　5) file_data

file_data 选项用于将检测用的游标设置为以下缓冲区之一。

(1) 当检测到的流量是 HTTP 时，它将缓冲区设置为无分块/压缩/规范化的 HTTP 响应主体、HTTP 解块(dechunked)响应主体、HTTP 解压缩的响应主体(当检查 gzip 打开时)、HTTP 标准化响应主体(当标准化 javascript 打开时)、HTTP UTF 规范化响应主体(当规范化 UTF 打开时)或以上所有内容。

(2) 当检测到的流量是 SMTP/POP/IMAP 时，它将缓冲区设置为 SMTP/POP/IMAP 数据体(包括关闭解码时的电子邮件头和 MIME)、Base64 解码的 MIME 附件(当 b64 解码深度大于 −1 时)、未编码的 MIME 附件(当 bitenc 解码深度大于 −1 时)、引用的可打印解码 MIME 附件(当 qp 解码深度大于 −1 时)、Unix 到 Unix 解码的附件(当 uu 解码深度大于 −1 时)。

(3) 如果它不是由(1)和(2)设置的，那么它将被设置为有效载荷。

在 Snort 3 中，file_data 选项必须位于 content 选项之前，并在更改之前保持有效。此选项可以在一个规则中多次使用，其语法格式为 "file_data;"。

　6) pkt_data

pkt_data 选项用于将检测用的游标设置为原始传输的有效负载。pkt_data 选项必须位于 content 选项之前，并在更改之前保持有效。此选项可以在一个规则中多次使用，其语法格式为 "pkt_data;"。

3. Non-payload Detection Rule Options

Non-payload Detection Rule Options(非有效载荷检测规则选项)用来对数据包的非有效载荷部分(即数据包的包头)进行检测。这类规则选项主要有以下关键字。

　1) flow

flow 选项用于指定数据流的方向，使规则只适用于客户机或服务器，与会话跟踪一起使用，其语法格式如下：

```
flow:[(established|not_established|stateless)]
[,(to_client|to_server|from_client|from_server)]
[,(no_stream|only_stream)]
[,(no_frag|only_frag)];
```

其中，established 表示在已建立的 TCP 连接上触发；not_established 表示未建立 TCP 连接时触发；stateless 表示无论流处理器(stream processor)的状态如何都会触发(对于导致计算机崩溃的数据包很有用)；to_client 与 from_server 相同，表示服务端对客户端的响应；to_server 与 from_client 相同，表示客户端到服务器的请求；no_stream 表示在流重组时不触发(对于 dsize 和 stream5 很有用)；only_stream 表示仅在流重组时触发；no_frag 表示分片重组时不触发；only_frag 表示只有分片重组时才会触发。

下面的规则表示服务端对客户端的响应且在已建立 TCP 连接时才会触发。

```
alert tcp $HOME_NET any -> $EXTERNAL_NET any ( msg:"APP-DETECT psyBNC access"; flow:
to_client,established; content:"Welcome!psyBNC@lam3rz.de",fast_pattern,nocase; metadata:ruleset community;
classtype:bad-unknown; sid:493; rev:11; )
```

2) flowbits

flowbits 选项与 Session 预处理器的会话跟踪一起使用，允许规则在传输协议会话期间跟踪状态，对于 TCP 会话最有用，其语法格式为 "flowbits:[set|setx|unset|toggle|isset|isnotset|noalert|reset][, <bits/bats>][, <GROUP_NAME>];"。其中，set 表示设置当前流的指定状态，并在指定 GROUP_NAME 时将它们分配给组；setx 表示设置当前流的指定状态，并清除组中的其他状态；unset 表示取消当前流的指定状态；toggle 表示对于指定的每个状态，在未设置状态时设置指定状态，在设置状态时取消设置；isset 表示检查是否设置了指定的状态；isnotset 表示检查是否未设置指定的状态；noalert 表示不生成警报，不管其他检测选项是什么；reset 表示重置给定流上的所有状态。

3) ttl

ttl 选项用于检查数据包的 IP 包头中 TTL(Time-To-Live，生存时间)字段的值，可用于检测 traceroute 尝试，取值范围为 0 到 255，其语法格式为 "ttl:[<, >, =, <=, >=]<number>;" 或 "ttl:[<number>]-[<number>];"。

例如，"ttl:<3;" 表示 TTL 值小于 3；"ttl:3-5;" 表示 TTL 值在 3 到 5 之间；"ttl:-5;" 表示 TTL 值在 0 到 5 之间；"ttl:5-;" 表示 TTL 值在 5 到 255 之间。

4) tos

tos 选项用于检查数据包的 IP 包头中 TOS(Type of Service，服务类型)字段的值，其语法格式为 "tos:[!]<number>;"。

5) id

id 选项用于检查数据包的 IP 包头中 ID(Identifier，标识符)字段的值。一些工具(如漏洞利用、扫描器等)专门为各种目的设置了这个字段，如 31337，其语法格式为"id:<number>;"。

6) ipopts

ipopts 选项用于检查数据包的 IP 包头中是否存在 IP 选项。每个规则只能指定一个 ipopts 关键字，其语法格式为 "ipopts:<rr|eol|nop|ts|sec|esec|lsrr|lsrre|ssrr|satid|any>;"。其中，rr 表示路由记录(Record Route)，eol 表示列表末尾(End of list)，nop 表示没有选项(No Op)，ts 表示时间戳(Time Stamp)，sec 表示 IP 安全(IP Security)，esec 表示 IP 扩展安全(IP Extended Security)，lsrr 表示松散源路由(Loose Source Routing)，lsrre 表示适用于 MS99 和 CVE 的松散源路由(Loose Source Routing (for MS99 -and CVE--))，ssrr 表示严格源路由(Strict Source Routing)，satid 表示流标识符(Stream identifier)，any 表示已设置任意 IP 选项。最常用的选项是 lsrr 和 ssrr。

7) fragbits

fragbits 选项用于检查数据包的 IP 包头中是否设置了分片和保留位，其语法格式为 "fragbits:[+*!]<[MDR]>;"。其中，"+" 表示在指定的位上匹配，再加上任何其他位；"*" 表示如果设置了任何指定的位，则匹配；"!" 表示如果未设置指定的位，则匹配；M 表示更多碎片(More Fragments)；D 表示不分片(Don't Fragment)；R 表示保留位(Reserved Bit)。

8) dsize

dsize 选项用于测试数据包有效载荷的大小，可以检查可能导致缓冲区溢出的异常大小的数据包，其语法格式为 "dsize:min<>max;" 或 "dsize:[<|>]<number>;"。例如，"dsize:

300<>400;"可查找介于 300 到 400 字节(包括 300 和 400)的 dsize。

9) flags

flags 选项用于检查是否设置了特定的 TCP 标志位,其语法格式为 "flags:[!|*|+] <FSRPAUCE0>"。其中,F 表示 FIN 位,即 Finish;S 表示 SYN,即 Synchronize sequence numbers;R 表示 RST,即 Reset;P 表示 PSH,即 Push;A 表示 ACK,即 Acknowledgment;U 表示 URG,即 Urgent;C 表示 CWR,即 Congestion Window Reduced,减少拥塞窗口;0 表示没有设置标志位。

10) seq

seq 选项用于检查特定的 TCP 序列号,其语法格式为 "seq:<number>;"。

11) ack

ack 选项用于检查特定的 TCP 确认号,其语法格式为 "ack:<number>;"。

12) window

window 选项用于检查特定的 TCP 窗口大小,其语法格式为 "window:[!]<number>;"。

13) itype

itype 选项用于检查 ICMP 数据包的类型(type)字段的值。拒绝服务和泛洪攻击的数据包会使用无效的 ICMP 类型,可以使用这个规则选项对无效的 ICMP 类型进行检测,也就是说,这个规则选项中的值可以不是正常的数值。itype 的语法格式为 "itype:min<>max;" 或 "itype:[<|>]<number>;"。

14) icode

icode 选项用于检查 ICMP 数据包的代码(code)字段的值,其语法格式为 "icode:min<> max;" 或 "icode:[<|>]<number>;"。

4. Post-Detection Rule Options

Post-Detection Rule Options(后检测规则选项)是在规则被触发后发生的、特定于规则的触发器,主要有以下规则选项。

1) logto

logto 选项用于把日志记录到一个用户指定的文件,而不是输出到标准的输出文件。使用这个选项,可以非常方便地对来自 NMAP 扫描、HTTP CGI 扫描等的数据进行处理。注意该选项在 Snort 处于二进制日志记录模式时不起作用。logto 的语法格式为 "logto:"filename";"。

2) session

session 选项用于从 TCP 会话中提取用户数据。可以使用这个规则选项查看用户在 telnet、rlogin、ftp 甚至 Web 会话中输入的内容,其语法格式为 "session:[printable|binary|all];"。其中,printable 表示只打印用户能看到或能输入的数据,binary 表示以二进制格式打印数据,all 表示用十六进制值替换不可打印字符。

3) resp

resp 选项用于启用主动响应,以便消除干扰会话。resp 选项在被动模式和内联模式均可使用。

4) react

react 选项用于支持主动响应，向客户端发送网页或其他内容，并关闭连接，使用户能够对匹配 Snort 规则的流量做出反应。react 选项在被动模式和内联模式均可使用。

5) tag

tag 选项允许规则记录多个触发该规则的数据包。

6) replace

replace 选项可以用相同长度的给定字符串替换前面匹配的内容，且它只能在内联模式下使用。

7) detection_filter

detection_filter 选项用于按源或目标 IP 地址进行跟踪，如果规则匹配的速率超过配置的速率，那么它将触发。

8) rem

rem(Remarks，备注)是一个新选项，允许在规则正文中包含任意注释。

6.3　规则的编写与测试

Snort 是基于规则的入侵检测系统，只要用户针对入侵行为提取特征，根据特征编写规则并将其加入 Snort 中，就可检测相应的攻击。编写规则时，要掌握规则的相关概念，注意规则语法和逻辑关系，并进行测试。不符合语法要求的规则是无法被载入到检测机制的，不符合逻辑的规则无法生效。如果载入语法有错的规则，可能会导致不可预料的后果。

1. 编写规则

要获取或者更新 Snort 规则，主要有以下 3 种方法。

(1) 从 Snort 官网下载规则。Snort 官网提供了免费版(Community)、注册版(Registered)和收费版(Subscription)三类规则，并不定期地进行规则更新，用户可以根据需要下载，并在此基础上根据自身网络的需要进行微调。这些规则是官方发布的，具有较好的通用性和稳定性。收费版的规则比免费版和注册版规则全面且时效性更好。

(2) 可以在 Snort 官网注册，并加入相关的邮件列表获取检测规则。一些安全专家会根据流行的安全漏洞编写出 Snort 规则并通过邮件列表发布，供订阅邮件列表的用户使用，这些检测规则通常比较及时。用户在使用前需要对规则进行必要的检查，阻止错误的或者恶意的规则，在确保安全的前提下将规则更新到 Snort 中。

(3) 用户自己编写规则。Snort 的规则编写并不复杂，用户了解了基本语法就可以自己分析攻击行为进而编写规则。用户自己编写规则能够很好地满足自身的安全需求，也最为有效。

为了更好地使用 Snort 系统，真正发挥它的防护效用，用户往往需要自己编写一定数量的规则，根据实际网络环境制定安全策略，并将安全策略体现到 Snort 的检测规则中。例如，需要知道网络中的哪些服务需要开放，哪些服务需要关闭；网络边界如果已经部署防火墙，则还需要知道防火墙所执行的安全策略。

在一些情况下，用户需要编写 Snort 规则以应对新出现的网络攻击。为了达成此目的，用户必须详尽了解攻击的具体信息。很多安全类网站都会公布漏洞以及漏洞的利用方法,一些黑客网站甚至有具体的攻击程序。用户可以通过这些渠道了解攻击方法,掌握攻击实施的基本手段和思路。Snort 是基于网络的入侵检测系统,在获得攻击基本信息的基础上,用户需要进一步分析攻击流量与正常流量的区别,识别攻击特征,如数据包内容、使用的端口、设置的标识位、协议类型和选项等信息。攻击特征必须具有很好的区分度,即在正常网络通信中这种特征不会出现,而在特定类型的网络攻击中相应特征必然出现。如果攻击特征没有选择好,就很容易出现误报和漏报。提取攻击特征后,就可以依据 Snort 规则的语法对特征进行描述,并在 Snort 启动时将规则载入到负责特征匹配的检测引擎。

在自定义规则时,可以先从简单的规则开始,逐步增加规则选项、修改源目地址及端口等,以便减小规则的匹配范围,减少误报。

2. 测试规则

编写好 Snort 规则之后,可以利用 Scapy 构造符合规则要求的数据包,以便进行规则测试。

Scapy 是一个强大的交互式数据包处理程序,它不但能够构造或者解码网络协议数据包,还能够发送、捕捉、匹配请求和回复包等。Scapy 可以处理端口扫描、路由跟踪、探测或网络发现(类似于 hping、NMAP、arpspoof、arping、p0f 的功能)。Scapy 有大部分网络协议的构造函数,可以根据函数构造一个或多个数据包。

3. 举例

下面以 ICMP 流量为例举例说明规则的编写与测试的流程。

(1) 修改上一章 5.3.2 节创建的规则文件 test.rules(在规则目录 /usr/local/etc/snort/rules/中)的测试规则,使其能检测源、目 IP 地址分别为 192.168.18.231 和 8.8.8.8 的普通 ICMP 流量。

规则的编写
与测试

```
alert icmp 192.168.18.231 any -> 8.8.8.8 any ( msg:"ICMP Traffic Detected"; sid:10000001; metadata:
policy security-ips alert; )
```

(2) 输入下面的命令启动 Snort,将报警信息输出到控制台。

```
sudo snort -c /usr/local/etc/snort/snort.lua -i eth0 -A alert_fast
```

(3) 可以直接用 Ping 命令进行测试,看是否可以匹配指定流量。

(4) 测试成功之后,再将规则修改为如下内容,使其能检测含有特定内容的 ICMP 流量。通过 2 个 content 选项对 ICMP 包的内容进行限制,其中第一个 content 选项 "content:"|06 06 06 06|"; depth:4; offset:8;"表示 Snort 会从数据区载荷的第 8 字节后的 4 字节中开始匹配 content 选项内容。第二个 content 选项 "content:"|06 06 06 06|";within:4; distance:6;"表示 Snort 会从上一个 content 选项匹配成功的串尾跳过 6 字节后开始匹配 4 字节。

```
alert icmp 192.168.18.231 any -> 8.8.8.8 any ( msg:"ICMP Traffic Detected"; content:"|06 06 06 06|", depth 4,
offset 8; content:"|06 06 06 06|", within 4, distance 6; sid:10000001; metadata:policy security-ips alert; )
```

(5) 输入下面的命令启动 Snort,将报警信息输出到控制台。

```
sudo snort -c /usr/local/etc/snort/snort.lua -i eth0 -A alert_fast
```

(6) 利用 Scapy 构造 ICMP 数据包进行测试,步骤如下。

① 在 Kali 虚拟机中输入下面的命令安装 Scapy。

```
sudo apt-get install scapy
```

② 安装完成后，即可输入下面的命令启动 Scapy，启动成功可以看到 Scapy 的提示符为 ">>>"。

```
sudo scapy
```

③ 输入下面 4 行代码，以 IP 类对象为例构造一个数据包，定义为 ICMP 类对象，构造符合规则内容要求的数据包，并在 eth0 接口每隔 1 秒循环发送数据包(按 Ctrl + C 组合键可以停止数据包的发送)，如图 6-6 所示。

```
i=IP(src="192.168.18.231",dst="8.8.8.8")
u=ICMP()
pay="12345678\x06\x06\x06\x06abcdef\x06\x06\x06\x06"
sendp(Ether()/i/u/pay,iface="eth0",loop=1,inter=1)
```

图 6-6　利用 Scapy 构造 ICMP 数据包

④ 用 Wireshark 抓包验证 ICMP 内容，如图 6-7 所示。

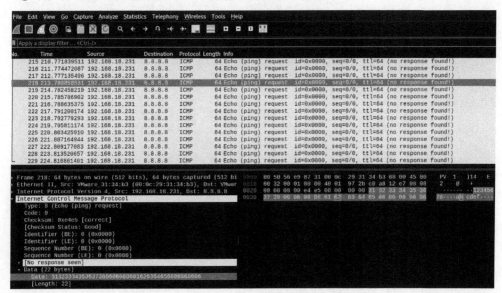

图 6-7　用 Wireshark 捕获构造的 ICMP 数据包

⑤ 验证 Snort 是否可以匹配上述 ICMP 流量，输出预期的告警信息，如图 6-8 所示。

```
10/26-04:25:00.535482 [**] [1:10000001:0] "ICMP Traffic Detected" [**] [Priority: 0] {ICMP} 192.168.18.231 →
8.8.8.8
10/26-04:25:01.538158 [**] [1:10000001:0] "ICMP Traffic Detected" [**] [Priority: 0] {ICMP} 192.168.18.231 →
8.8.8.8
10/26-04:25:02.540738 [**] [1:10000001:0] "ICMP Traffic Detected" [**] [Priority: 0] {ICMP} 192.168.18.231 →
8.8.8.8
```

图 6-8　输出预期的告警信息

⑥ 测试完成后，输入 quit 或按 Ctrl + D 组合键退出 Scapy 程序。

本 章 习 题

1. Snort 检测规则存储在何处？
2. 触发规则 Snort 将会产生几种动作类型？
3. 如何利用 Scapy 测试 Snort 规则？
4. 在 Snort 规则中，msg、content、reference 选项有何含义？
5. 说明下面的规则的含义。

alert tcp $EXTERNAL_NET $HTTP_PORTS -> $HOME_NET any (msg:"Overflow attempt"; content:"Content-Encoding|3A|", nocase; content:"|C5 FC FC FC FC 00 D6|",within 50; metadata:policy max-detect-ips drop; reference:cve,2008-5352; classtype:misc-attack; sid:17562; rev:13;)

附录　正则表达式

正则表达式由普通字符和元字符(Meta Characters)组成。普通字符包括大小写的字母和数字，而元字符则具有特殊的含义，正则表达式常见的元字符及其含义如下。

(1) \：转义字符，用于转义那些具有特殊含义的字符(如"."　"*"　"?"等)，使其失去原有的特殊含义，从而能够匹配该字符本身。例如，"\."表示"."应该被当作一个普通的字符来对待，而不是一个特殊字符。

(2) ^：匹配输入字符串的开始位置。例如，^A 表示以特定的字符 A 开始。

(3) $：匹配输入字符串的结束位置。例如，a$ 表示必须以 $ 左边的字符 a 结尾。

(4) *：匹配前面的子表达式零次或多次，等价于{0,}。例如，A* 表示字符 A 可以出现零次或多次。

(5) +：匹配前面的子表达式一次或多次，等价于{1,}。例如，A+ 表示字符 A 可以出现一次或多次。

(6) ?：匹配前面的子表达式零次或一次，等价于{0,1}。例如，A? 表示字符 A 可以出现零次或一次。

(7) {n}：N 是一个非负整数，匹配确定的 n 次。

(8) {n,}：N 是一个非负整数，至少匹配 n 次。

(9) {n,m}：M 和 n 均为非负整数，其中 $n<=m$，最少匹配 n 次且最多匹配 m 次。

(10) .：匹配除"\n"之外的任何单个字符。要匹配包括"\n"在内的任何字符，请使用像"[.\n]"的模式。例如，A.B 表示 A 开始 B 结束的任意 3 个字符的字符串。

(11) (pattern)：匹配 pattern 并获取这一匹配。

(12) (?:pattern)：匹配 pattern 但不获取匹配结果。这在使用"或"字符(|)来组合一个模式的各个部分是很有用的。例如，"industry|industries"就可以用"industr(?:y|ies)"代替。

(13) (?=pattern)：正向预查，在任何匹配 pattern 的字符串开始处匹配查找字符串。例如，"Windows(?=95|98|NT|2000)"能匹配"Windows2000"中的"Windows"，但不能匹配"Windows3.1"中的"Windows"。

(14) (?!pattern)：负向预查，在任何不匹配 pattern 的字符串开始处匹配查找字符串。例如，"Windows(?!95|98|NT|2000)"能匹配"Windows3.1"中的"Windows"，但不能匹配"Windows2000"中的"Windows"。

(15) x|y：匹配 x 或 y。

(16) [xyz]：字符集合，匹配所包含的任何一个字符。例如，[Rr]oot 表示匹配 Root 或 root。

(17) [^xyz]：负值字符集合，匹配未包含的任意字符。例如，[^0-9]表示排除字符 0～9。

(18) [a-z]：字符范围，匹配指定范围内的任意字符。

(19) [^a-z]：负值字符范围，匹配任何不在指定范围内的任意字符。

(20) \b：匹配一个单词边界，也就是单词和空格间的位置。

(21) \B：匹配非单词边界。

(22) \cx：匹配由 x 指明的控制字符。x 的值必须为 A-Z 或 a-z 之间。

(23) \d：匹配一个数字字符，等价于[0-9]。

(24) \D：匹配一个非数字字符，等价于[^0-9]。

(25) \f：匹配一个换页符，等价于 \x0c 和 \cL。

(26) \n：匹配一个换行符，等价于 \x0a 和 \cJ。

(27) \r：匹配一个回车符，等价于 \x0d 和 \cM。

(28) \s：匹配任何空白字符，包括空格、制表符、换页符等。

(29) \S：匹配任何非空白符。

(30) \t：匹配一个制表符。

(31) \w：匹配包括下画线的任何单词字符，等价于[a-zA-Z0-9_]。

(32) \W：匹配任何非单词字符。

(33) \xn：匹配对应的 16 进制字符 n，其中 n 为两个确定的 16 进制数字。例如，"\x41"匹配字母"A"。

(34) \num：用于引用前面捕获的组，可以使用括号()来捕获匹配的子串，再使用\num 来引用这些捕获的组，其中 num 是捕获组的编号，从 1 开始。例如，"(.)\1"匹配诸如"aa""bb""cc"等任何两个连续相同的字符序列。

参 考 文 献

[1]　王群，徐鹏，李馥娟. 网络攻击与防御技术[M]. 北京：清华大学出版社，2019.

[2]　孙建国，赵国冬. 网络安全实验教程[M]. 4 版. 北京：清华大学出版社，2019.

[3]　薛静锋，祝烈煌. 入侵检测技术[M]. 北京：人民邮电出版社，2016.

[4]　杨东晓，熊瑛，车碧琛. 入侵检测与入侵防御[M]. 北京：清华大学出版社，2020.

[5]　海吉. 网络安全技术与解决方案[M]. 田果，刘丹宁，译. 北京：人民邮电出版社，2010.

[6]　王震. 计算机网络安全的入侵检测技术分析[J]. 中国信息化，2021(12)：61-62.

[7]　王业. 入侵检测技术在计算机网络安全中的应用分析[J]. 无线互联科技，2022，19(14)：99-101.

[8]　李文锋. 浅谈入侵检测方法[J]. 电子技术与软件工程，2015(12)：224.

[9]　张明. 浅析 IP 分片对网络的影响[J]. 计算机与网络，2014，40(09)：64-67.

[10]　闫新娟，严亚周，吕明娥. 基于协议分析的入侵检测研究综述[J]. 网络安全技术与应用，2014(11)：244-245.

[11]　马恺. 网络入侵检测系统性能研究[J]. 赤峰学院学报(自然科学版)，2018，34(11)：48-51.

[12]　刘红阳. 基于 Snort 的工业控制系统入侵检测系统设计[D]. 北京：北方工业大学，2019.

[13]　冷峰，张翠玲，陈闻宇，等. 从 Snort 规则的协议信息分析攻击[J]. 计算机应用，2022，42(S1)：173-177.

[14]　邹亚君，吕沂伦，何天晴. 浅析以 NIDS 为例的入侵检测[J]. 网络安全技术与应用，2021(06)：13-15.

[15]　帅隆文. 基于 Snort 的工业控制系统入侵检测系统设计与实现[D]. 沈阳：中国科学院大学(中国科学院沈阳计算技术研究所)，2021.

[16]　高小虎. 基于 Snort 的入侵检测防御系统在校园网中的快速部署和有效应用[J]. 信息与电脑(理论版)，2018(17)：48-49，53.

[17]　潘力. 入侵检测技术在计算机网络安全维护中的运用分析[J]. 信息记录材料，2023，24(04)：125-127.

[18]　张凡. 基于异常的网络入侵检测方法研究[D]. 曲阜：曲阜师范大学，2022.

[19]　李钊，张先荣，郭帆. 一种基于 Web 日志的混合入侵检测方法[J]. 黑龙江工业学院学报(综合版)，2022，22(07)：47-52.

[20]　陈翔. 开放集合下的网络入侵检测方法研究[D]. 合肥：中国科学技术大学，2021.

[21]　于博文. 基于深度包检测和生成对抗网络的入侵检测关键技术研究与实现[D]. 南京：南京邮电大学，2021.

[22]　陈虹宇. 基于 Web 日志的混合入侵检测模型的研究与实现[D]. 南京：东南大学，2021.

[23]　李佳慧. Snort 入侵检测方法的优化和实现[D]. 吉林：东北师范大学，2021.

[24]　刘金龙，刘鹏，裴帅，等. 基于关联规则的网络异常检测系统设计与实现[J]. 信息技术与网络安全，2020，39(11)：14-22.

[25]　丁佳. 基于 Snort 检测端口扫描攻击规则的探讨[J]. 网络空间安全，2020，11(10)：68-72.

[26]　张振雄. 基于 Snort 的入侵检测系统的设计与实现[D]. 杭州：中国计量大学，2020.

[27]　孙凯. 基于 Snort 的工业控制系统入侵检测技术研究与实现[D]. 西安：西安电子科技大学，2020.

[28]　李佳慧. Snort 入侵检测方法的优化和实现[D]. 吉林：东北师范大学，2021.

[29]　陈锦蓉. 面向 Web 防护的 Snort 预处理器与规则匹配优化研究[D]. 长沙：长沙理工大学，2018.

[30]　张建辉. 基于 Snort 的入侵检测系统的研究及实现[D]. 西安：西安电子科技大学，2018.

[31]　姚鑫洋，古春生. 基于 Snort 的 BM 模式匹配算法的改进[J]. 无线互联科技，2023，20(04)：118-120.

[32]　代善国. 基于 Pfsense + Snort 的网络入侵检测与防护系统[J]. 网络安全和信息化，2022(09)：123-126.

[33]　田里，喻潇，王捷，等. 基于 Snort 的网络安全入侵检测预防系统设计[J]. 电子设计工程，2021，29(18)：148-151，156.

[34]　邝劲松. Snort 入侵检测系统的规则匹配优化研究[D]. 衡阳：南华大学，2017.